高职高专"十三五"规划精品教材

机械制图与计算机绘图（含习题集）

（第三版）

主　编　徐亚娥
副主编　郭　平
参　编　李晓玲　　冯　岩
　　　　王美蓉　　周海霞
主　审　蓝汝铭

西安电子科技大学出版社

内 容 简 介

　　本教材是在第二版的基础上修订而成的。这次修订，更新了计算机绘图软件版本，订正了第二版中的个别差错，教材中的图形尺寸数字样式、极限与配合、形状与位置公差等改为最新国家标准，修改后的习题更为经典、实用、精准。

　　本教材由主教材和习题集两部分构成。

　　主教材共 10 章，内容分别为绪论、制图基本知识、投影基础、立体表面的交线、组合体、机件的表达方法、标准件和常用件、零件图、装配图、计算机绘图。书末附录给出了需要经常查用的 11 个附表。

　　本教材可作为高职高专院校机电类专业的通用教材，也可作为从事机电专业的技术人员的参考书。

　　★ 本书配有电子教案，需要的教师可与出版社联系，免费赠送。

图书在版编目(CIP)数据

机械制图与计算机绘图：含习题集/徐亚娥主编. —3 版.
—西安：西安电子科技大学出版社，2013.6(2019.11 重印)
高职高专"十三五"规划精品教材
ISBN 978 - 7 - 5606 - 2922 - 3

Ⅰ. 机… Ⅱ. 徐… Ⅲ. ① 机械制图—高等职业教育—教材
② 自动绘图—高等职业教育—教材 Ⅳ. TH126

中国版本图书馆 CIP 数据核字(2012)第 212069 号

策　　划	毛红兵
责任编辑	夏大平　毛红兵
出版发行	西安电子科技大学出版社(西安市太白南路 2 号)
电　　话	(029)88242885　88201467　　邮　编　710071
网　　址	www.xduph.com　　　　电子邮箱　xdupfxb001@163.com
经　　销	新华书店
印刷单位	陕西天意印务有限责任公司
版　　次	2013 年 6 月第 3 版　2019 年 11 月第 9 次印刷
开　　本	787 毫米×1092 毫米　1/16　印张 24
字　　数	429 千字
印　　数	28 001～30 000 册
定　　价	49.00 元(含习题集)

ISBN 978 - 7 - 5606 - 2922 - 3/TH

XDUP　3214003 - 9

＊＊＊如有印装问题可调换＊＊＊

前　言

本教材(主教材和习题集)是由具有丰富教学经验的一线教师总结多年教学经验,参考同类教材编写而成的。本教材第二版出版三年多以来,以其图例美观、内容适用、难度合适而获得广大师生的欢迎。

"机械制图与计算机绘图"是相关专业高职学生必修的专业基础课。本次教材修订旨在从高职人才培养需求出发,注重实用性,突出实践能力的培养,遵循"以应用为目的,以必需、够用为度"的原则,为培养高素质应用人才打好基础。根据第二版教材使用情况,这次作了以下修订。

1. 将原主教材第 9 章计算机绘图软件版本改为 AutoCAD 2011。

2. 原对教材中的个别不足及错误作了修改。

3. 将原教材中所有的图形的尺寸数字样式改为符合国家标准(GB)样式的字体。

4. 针对原教材中的极限与配合、形状与位置公差等内容采用了最新的《机械制图》国家标准。

第三版教材具有如下特点:

1. 先进性:采用最新《机械制图》和《技术制图》国家标准。使用最新版本的计算机绘图软件 AutoCAD 2011。本教材有机械制图与计算机绘图两部分内容,便于学生应用 CAD 软件绘制机械图样。

2. 实用性:对基础理论以"必需、够用"为选材原则,内容取材合理,难度分量合适,符合学生实际水平,突出高职教育特色。

3. 直观性:文字简练,简明扼要,插图大小合适、美观、清楚、准确。书中插图统一用 AutoCAD 绘制,为作者原创图形,因而图形正确率高。插图图线符合国标规定,全书图线粗细统一、标注规范、风格一致。

4. 实践性:有配套的习题集。习题集内容丰富、选题典型、难度合适、图形准确。

本书由西安铁路职业技术学院教授徐亚娥任主编,郭平任副主编,西安航空学院蓝汝铭任主审。参加编写的人员有:徐亚娥(第 4 章、第 8 章),郭平(第 1 章、第 5 章、第 6 章、第 7 章),西安航空学院李晓玲(第 9 章),西安铁路职业技术学院冯岩(第 2 章),王美蓉(第 3 章),周海霞(第 0 章和附录)。全书由徐亚娥统稿。

由于编者水平有限,书中难免存在不足之处,敬请读者批评指正。

编　者

2013 年 2 月

第 二 版 前 言

本教材第一版出版近三年以来，以其版面布局合理，图例清楚美观、比例大小合适，内容难度适中而赢得广大用户的欢迎。本次根据使用中教师反馈意见作了以下调整与修订。

1. 将原教材第9章计算机绘图软件版本改为 AutoCAD 2007。

2. 对原教材及作业中出现的个别不足及错误作了修改。

3. 为使教学更接近实际，组合体章节中尺寸标注及读装配图内容有所增加。在习题集中增加了组合体与装配图及计算机绘图内容。

4. 采用最新《机械制图》和《技术制图》国家标准。如零件的表面粗糙度根据新国标进行了修订。

本教材还具有如下特点：

1. 文字叙述简洁，通俗易懂，简明扼要，重点突出，可读性强。书中插图统一用 Auto-CAD 绘制，图文并茂，配合得当，图例典型。插图图线符合国标规定，图形绘制和标注规范，大小合适、清晰、美观。

2. 突出对学生画图、读图能力的培养，坚持以"掌握概念、注重应用、培养能力"为主线，对基础理论以"必需、够用"为选材原则，突出职教特色。

3. 本教材包含机械制图与计算机绘图两部分内容，计算机绘图部分例题与制图部分内容紧密结合，便于学生应用 CAD 软件绘制机械图样，培养计算机绘图技能。习题集中的习题都是精选的典型题目，难度合适、实用性强。

4. 教材取材合理，分量合适，符合"少而精"原则；深浅适合，符合学生的实际水平。

本书由徐亚娥任主编，郭平任副主编，蓝汝铭任主审。参加编写的人员有：徐亚娥（绪论、第1章（与郭平合编）、第2章、第3章、第4章、第8章及附录）、郭平（第1章（与徐亚娥合编）、第5章、第6章、第7章）、李晓玲（第9章）。全书由徐亚娥统稿。

由于编者水平有限，书中难免存在缺点和错误，敬请读者批评指正。

编　者
2008 年 12 月

第 一 版 前 言

本教材是根据 21 世纪高职高专院校的培养目标及学生的特点，以及高职高专机械制图课程的教学要求，根据制图教学改革实践经验，由具有丰富教学经验的一线教师总结多年教学经验编写而成的。

编写本教材时充分考虑了国家关于改革高职高专培养模式的情况，注重实用性，突出实践能力的培养，遵循"以应用为目的，以必需、够用为度"的原则，对于画法几何内容仅作了必要的介绍，注重对学生组合体的画图、读图能力的培养，强化"空间到平面之间"的相互转化，对于机件的表达方法即剖视图、断面图作了详细的介绍；增加了计算机绘图的内容，着重介绍运用 AutoCAD 软件的绘图方法。附录简明、实用。学生通过本教材的学习，在后续课程或今后的生产中可以达到熟练地绘图和读图的目的。

本教材可作为高职高专院校的机械制图教材，也适合于高等工科学校师生及有关工程技术人员使用。

本教材具有如下特点：

1. 采用最新《机械制图》和《技术制图》国家标准。

2. 文字叙述简洁，通俗易懂，简明扼要，重点突出，可读性强。书中插图统一用 Auto-CAD 绘制，图文并茂，配合得当，图例典型。插图图线符合国标规定，图形绘制和标注规范，大小合适，清晰，美观。

3. 突出画图、读图能力的培养，坚持以"掌握概念、注意应用、培养能力"为主线，对基础理论以"必需、够用"为度，突出高职教育特色。

4. 本教材由主教材和习题集两部分构成。本教材的主教材部分分机械制图与计算机绘图两部分内容，计算机绘图部分例题与制图部分内容紧密结合，便于学生应用 Auto-CAD 软件绘制机械图样，掌握计算机绘图技能。习题集中的习题都是精选的典型题目，难度合适，实用性强。

5. 教材取材合理，分量合适，符合"少而精"原则；深浅适合，符合学生的实际水平。

本书由西安铁路职业技术学院徐亚娥任主编，西安铁路职业技术学院郭平、西安理工大学高等技术学院张素芳任副主编，西安航空技术高等专科学校蓝汝铭任主审。参加编写的人员有：陕西工业职业技术学院冯丽萍（第 1 章），张素芳（第 2、3 章），徐亚娥（绪论、第 4 章、第 8 章及附录），郭平（第 5、7 章），西安理工大学高等技术学院孟令楠（第 6 章），西安航空技术高等专科学校李晓玲（第 9 章）。全书由徐亚娥统稿。

感谢责任编辑夏大平、毛红兵两位老师为本书提出过宝贵建议，感谢关心和帮助本书出版的所有人员。

由于编者水平有限，书中难免存在缺点和错误，敬请读者批评指正。

编　者
2005 年 10 月

目　　录

第0章 绪 论

0.1 本课程的研究对象

根据投影原理、标准或有关规定，表示物体形状、大小和技术要求的图形，称为图样。在现代生产活动中，无论是机器、仪器的设计、制造与维修，还是船舶、桥梁、房屋等工程的设计与建造，都必须通过图样来表达设计意图；在生产中，设计者用图样表达设计的对象，制造者从图样中了解设计要求并制造产品；使用者通过图样了解其结构和性能，掌握正确的使用与维护方法。人们还运用图样进行技术交流，用以表达设计思想，进行技术改造，指导生产加工，因而图样被认为是"工程界的语言"。不同行业的图样，所表达的对象不同。本书所研究的图样主要是机械图样。它用来准确地表达机件的形状和尺寸以及制造和检验该机件时所需要的技术要求。机械图样是机械制造工程中的重要技术文件。因此，凡是从事工程技术工作的人员都必须具备绘制和阅读图样的能力，以适应工作的需要。

随着计算机技术的普及和发展，计算机绘图在广大技术人员中得到广泛应用，机械制图与计算机绘图相结合是课程发展的必然趋势，也是对传统机械制图课程的重大突破。本教材的主教材就是由机械制图与计算机绘图两部分组成的。

机械制图就是研究机械图样的绘制(画图)和阅读(读图)规律与方法的一门学科，是研究绘制、阅读图样原理和方法的一门技术基础课。计算机绘图是通过掌握 AutoCAD 软件的绘图方法与技巧，以更高的质量与更快的速度绘制机械图样。

0.2 本课程的主要任务和要求

本课程的主要任务是培养学生具有一定的绘图与读图能力，空间想象和思维能力，计算机绘图能力。其主要任务是：

(1) 掌握正投影的基本原理及应用；

(2) 遵守国家标准的有关规定，正确绘制和识读零件图与装配图；

(3) 培养学生的空间想象和思维能力以及分析、解决问题的能力；

(4) 培养学生耐心细致的工作作风和认真负责的工作态度；

(5) 培养学生计算机绘图的基本技能。

0.3 本课程的学习方法

学习本课程要做到以下 5 点：

（1）掌握基本投影理论与方法，注意空间几何关系的分析，掌握空间形体与投影图之间的内在联系。

（2）注意理论联系实际，多动手，多读图，多想象，细观察。及时完成一定数量的习题和制图作业，注重由空间物体绘制成图样以及由图样想象物体空间形状的一系列循序渐进的练习。

（3）严格遵守国家标准的有关规定。

（4）画图时要树立对生产负责的观念，养成认真细致的良好习惯，以不断提高绘图质量和速度。

（5）在学习过程中，要有意识地培养和提高自学能力和独立工作能力。

本课程只能为学生的绘图和读图能力打下初步基础，在后续课程以及生产实习、课程设计和毕业设计中学生还需继续提高。

第1章 制图基本知识

1.1 国家标准《机械制图》的有关规定

图样是现代工业生产最基本的技术文件，是设计、制造和维修机械设备的重要技术资料，是一种交流技术思想的语言。为此，国家标准对图样的画法、尺寸注法、所用代号等均作了统一的规定。我们在学习机械制图时必须严格遵守这些规定。

本节主要介绍有关图纸幅面、比例、字体、图线、尺寸注法等几个国家标准。

1.1.1 图纸幅面及格式

为了便于图样的绘制、使用和保管，图样均应画在具有一定格式和幅面的图纸上。

绘制技术图样时，应优先采用表1-1所规定的基本幅面。必要时，也允许选用国家标准中所规定的加长幅面。

表1-1 图纸幅面及图框的尺寸（GB/T 14689—2008）

幅面代号	A0	A1	A2	A3	A4
$B \times L$	841×1189	594×841	420×594	297×420	210×297
e	20			10	
c	10			5	
a	25				

注：尺寸单位均为毫米（mm）。GB/T是指国家标准中的推荐性标准。

在图纸上必须用粗实线画出图框。图框格式分为留有装订边和不留装订边两种，如图1-1和图1-2所示。两种格式图框周边尺寸e、a、c见表1-1。但应注意，同一产品的图样应采用同一种格式。GB是指国家标准中的强制性标准。

图框的右下角应绘制标题栏，如图1-1和图1-2所示。标题栏中的文字方向为看图方向。标题栏的格式、内容和尺寸在国家标准GB 10609.1—2008中已作了统一规定，学生制图作业建议采用图1-3所示标题栏格式。GB是指国家标准中的强制性标准。

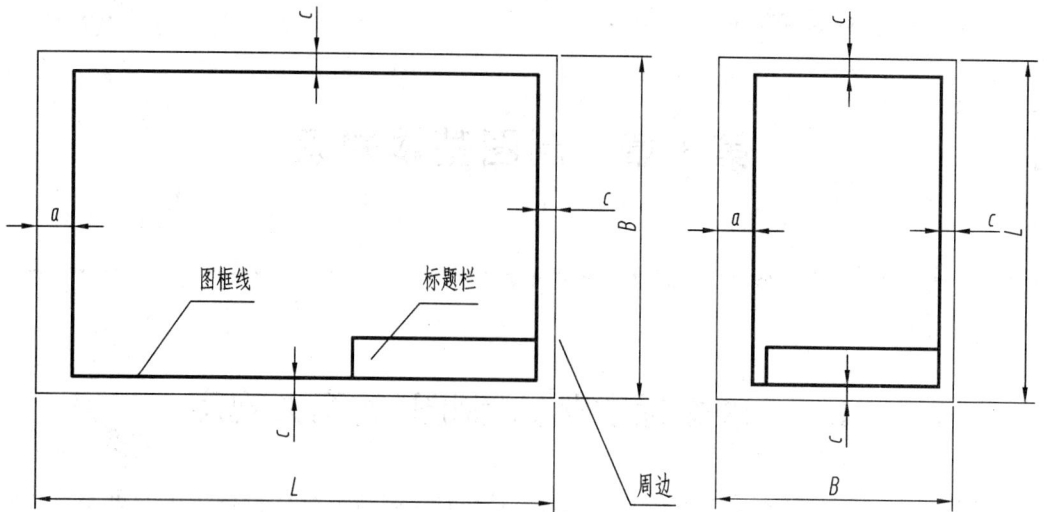

图1-1 留有装订边的图框格式

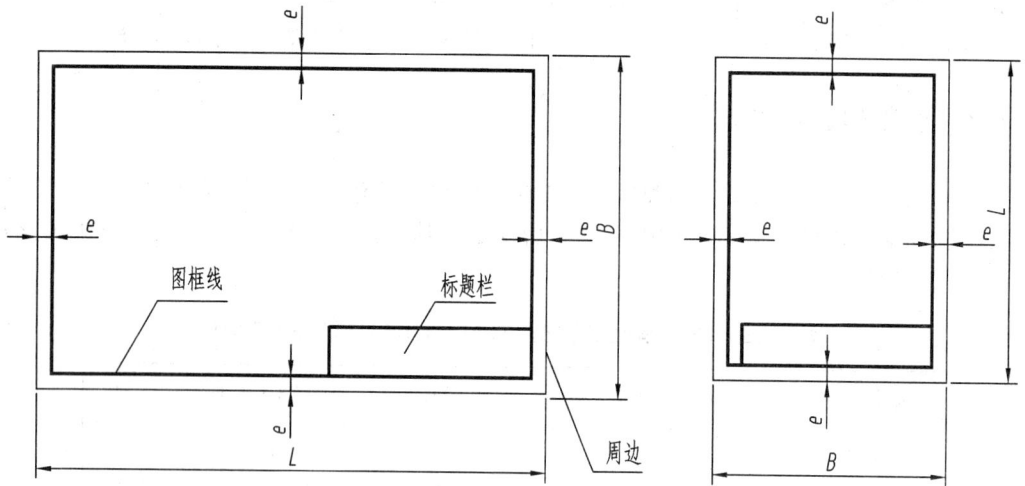

图1-2 不留装订边的图框格式

图1-3 制图作业标题栏

1.1.2 比例

比例是指图样中的图形与实物相应要素的线性尺寸之比。

需要按比例绘制图样时,应由表1-2所规定的系列中选取适当的比例。必要时,也允许选取表1-3中的比例。

表 1-2 比例(一)(GB/T 14690—1993)

种 类	比 例
原值比例	1:1
放大比例	5:1　2:1　5×10^n:1　2×10^n:1　1×10^n:1
缩小比例	1:2　1:5　1:10　$1:2\times10^n$　$1:5\times10^n$　$1:1\times10^n$

注:n 为正整数。

表 1-3 比例(二)(GB/T 14690—1993)

种 类	比 例
放大比例	4:1　2.5:1　4×10^n:1　2.5×10^n:1
缩小比例	1:1.5　1:2.5　1:3　1:4　1:6　$1:1.5\times10^n$ $1:2.5\times10^n$　$1:3\times10^n$　$1:4\times10^n$　$1:6\times10^n$

注:n 为正整数。

为了能从图样上得到实物大小的真实概念,应尽量采用原值比例绘图。因各种实物大小悬殊,繁简不一,所画图形应根据实际情况采用放大比例或缩小比例,但不论采用何种比例,图样中所标注的尺寸数字必须是物体的实际大小,与图形的比例无关,如图1-4所示。

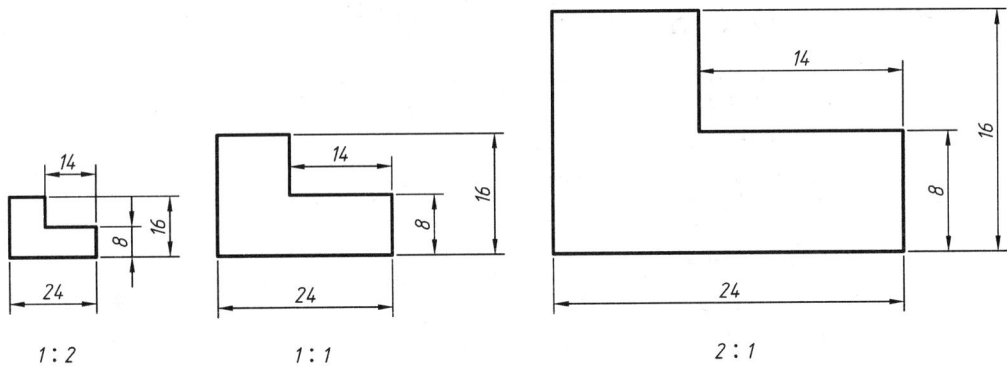

图 1-4 图形比例与尺寸数字

1.1.3 字体

字体是指图样中文字、字母和数字的书写形式。图样中书写的字体应遵照国家标准GB/T 14691—1993,必须做到:字体工整、笔画清楚、间隔均匀、排列整齐。

字体的高度用 h 表示，其公称尺寸系列为：1.8、2.5、3.5、5、7、10、14、20 mm。如需要书写更大的字，其字体高度应按 $\sqrt{2}$ 比例递增。字体的高度代表字体的号数。

1. 汉字

汉字应写成长仿宋体，采用国家正式公布推行的简化字。汉字的高度 h 不应小于 3.5 mm，其字宽一般为 $h/\sqrt{2}$。长仿宋体的书写要领是：横平竖直、注意起落、结构均匀、填满方格。长仿宋体汉字示例如下：

10号字

字体工整笔画清楚间隔均匀排列整齐

7号字

横平竖直注意起落结构均匀填满方格

5号字

技术制图机械电子汽车航空船舶土木建筑矿山井坑港口纺织服装

2. 字母和数字

字母和数字分 A 型和 B 型。A 型字体的笔画宽度为字高的 1/14，B 型字体的笔画宽度为字高的 1/10。在同一图样上，只允许选用一种形式的字体。

字母和数字可写成斜体或直体。斜体字字头向右倾斜，与水平基准线成 75°。当与汉字混写时用直体，单独书写时用斜体。示例如下：

ABCDEFGHIKLMN

OPQRSTUVWXYZ

abcdefghijklmno

pqrstuvwxyz

0123456789

$R8 \quad \varnothing10 \quad M20\text{-}6H \quad \varnothing20^{+0.021}_{0}$

$\varnothing60H7 \quad \varnothing25\frac{H7}{f7} \quad \sqrt{Ra3.2}$

1.1.4 图线

1. 图线线型

图样中的图形是由各种图线构成的,国家标准 GB/T4457.4－2002 规定了各种图线的名称、形式、宽度以及在图样中的应用,见表 1－4。

表 1－4 常用线型及应用(GB/T 4457.4－2002)

图线名称	图线形式	图线宽度	一般应用
粗实线		d	可见轮廓线、可见棱边线
细实线		$d/2$	尺寸线、尺寸界限、剖面线、引出线、重合剖面的轮廓线等
波浪线		$d/2$	断裂处的边界线、视图和剖视的分界线,中断线
双折线			
细虚线		$d/2$	不可见轮廓线、不可见棱边线
细点画线		$d/2$	轴线、对称中心线、剖切线等
细双点画线		$d/2$	相邻辅助零件的轮廓线、极限位置轮廓线等

图线分为粗线和细线两种。图线宽度的推荐系列为:0.13、0.18、0.25、0.35、0.5、0.7、1、1.4、2 mm。粗线宽度一般按图形的大小和复杂程度在 0.25 mm～2 mm 之间选择,细线宽度为粗线宽度的一半。

2. 图线画法

(1)同一图样中同类图线的宽度应基本一致。

(2)细虚线、细点画线及细双点画线的线段长度和间隔应各自大致相等。

(3)图线之间相交、相切都应以线段形式相交或相切。

(4)细虚线为粗实线的延长线时,不得以短画相接,应留有空隙。

(5)点画线和双点画线的首尾两端应是线段而不是短画。

(6)若各种图线重合,应按粗实线、点画线、虚线的先后顺序选用线型。

1.1.5 尺寸注法

在图样中,图形只能表达物体的形状,而物体的大小必须通过标注尺寸才能确定。标注尺寸时,应严格遵守国家标准 GB/T 4458.4－2003 有关尺寸注法的规定,做到正确、完整、清晰、合理。

1.基本规则

(1)物体的真实大小应以图样上所注的尺寸数值为依据,与图形的大小及绘图的准确度无关。

(2)图样中的尺寸(包括技术要求和其它说明)以毫米为单位时,不需要标注计量单位的代号或名称,如采用其它单位,则必须注明相应的计量单位的代号或名称。

(3)物体的每一尺寸,在图样上一般只标注一次,并应标注在反映该结构最清晰的图形上。

(4)图样中所注的尺寸是该物体最后完工时的尺寸,否则应另加说明。

2.尺寸组成

在图样上,一个完整的尺寸由尺寸界线、尺寸线和尺寸数字组成,如图1-5所示。

(1)尺寸界线:用来表示所注尺寸的范围。尺寸界线用细实线绘制,并应由图形的轮廓线、轴线或对称中心线处引出,尽量引画在图外,并超出尺寸线末端约2 mm,也可直接利用轮廓线、轴线或对称中心线作为尺寸界线。

(2)尺寸线:用来表示尺寸度量的方向。尺寸线必须用细实线绘制在两尺寸界线之间,不能用其它图线代替,一般也不得与其它图线重

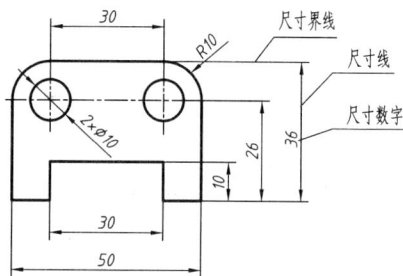

图1-5 尺寸的组成

合或画在其延长线上。尺寸线的终端有两种形式:箭头或斜线。机械图样中一般采用箭头。用来表示尺寸的起止。箭头尖端与尺寸界线接触,不得超出也不得分开。

(3)尺寸数字:用来表示物体尺寸的实际大小。尺寸数字一律用标准字体书写,同一张图样上尺寸数字大小应一致。

3.尺寸注法

1)线性尺寸的注法

标注线性尺寸时,尺寸线必须与所标注的线段平行,当同时有多个平行尺寸时,应使大尺寸放在小尺寸的外面,避免一尺寸的尺寸线与另一尺寸的尺寸线相交。线性尺寸数字应按图1-6(a)所示的方向标注,并尽可能避免在图示30°范围内标注,若无法避免时,可按图1-6(b)的形式标注。尺寸数字不可被任何图线所通过,否则,必须将该图线断开。

2)圆、圆弧及球面的尺寸注法

(1)标注直径尺寸时,应在尺寸数字前加注符号"ø";标注半径尺寸时,加注符号"R"。尺寸线应通过圆心,如图1-7(a)所示。

(2)标注球面的直径或半径时,应在尺寸数字前加注符号"Sø"或"SR"。如图1-7(b)所示。

(3)当圆弧的半径过大或在图纸范围内无法按常规标出其圆心位置时,可按图1-7(c)的形式标注;若不需要标出其圆心位置时,可按图1-7(d)的形式标注。

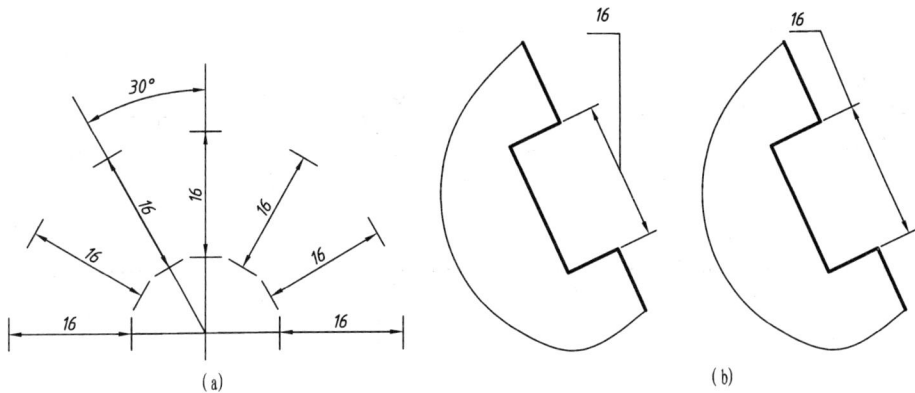

图 1-6 尺寸数字的注写方向

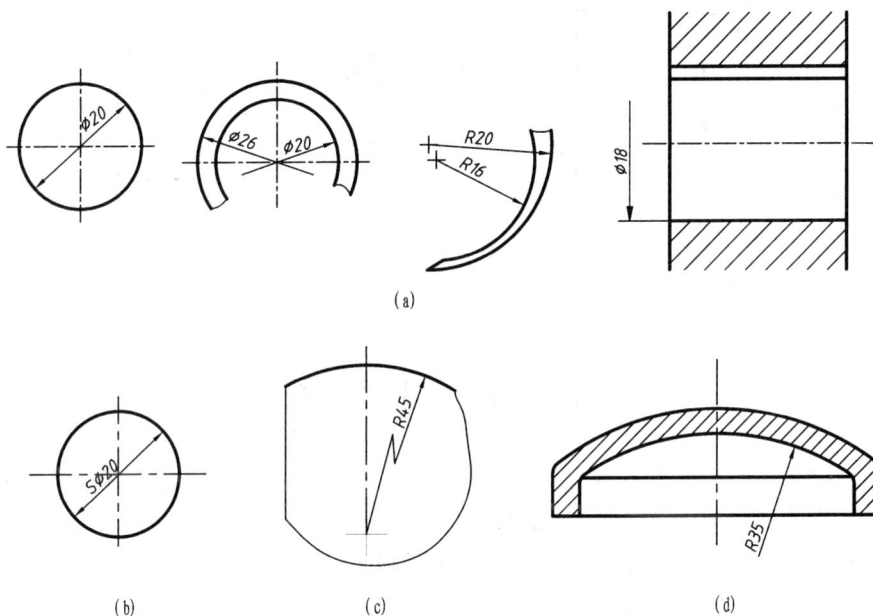

图 1-7 圆、圆弧及球面的尺寸注法

3）角度尺寸的注法

角度的尺寸界线沿径向引出，尺寸线画成圆弧，其圆心为该角的顶点，半径取适当大小，尺寸数字一律水平书写，一般写在尺寸线的中断处，必要时也可写在外面或引出标注，角度尺寸必须注明单位，如图 1-8 所示。

4）小尺寸的注法

标注小的直径或半径尺寸时，箭头和数字都可以布置在外面，如图 1-9（a）所示；标注一连串的小尺寸时，可用实心小圆点代替箭头，但最外两端的箭头仍应画出，如图 1-9（b）所示。

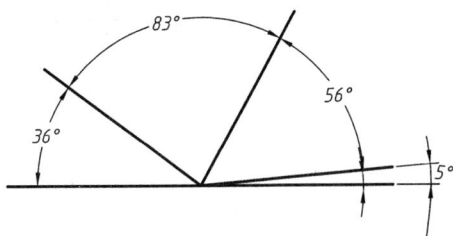

图 1-8 角度尺寸的注法

(a)

(b)

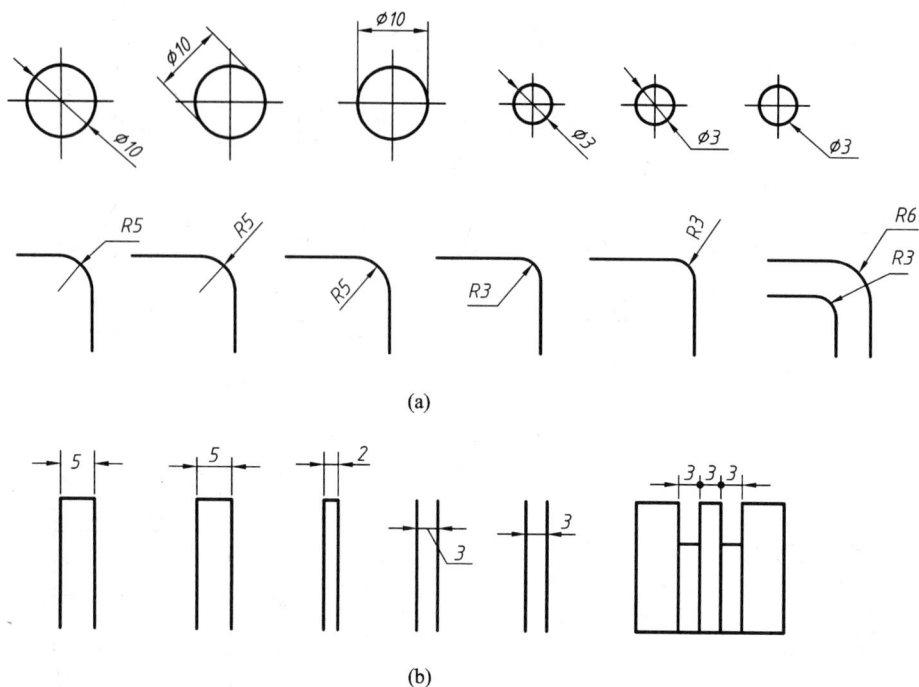

图 1-9 小尺寸的注法

1.2 几何作图

物体的形状和结构虽然多种多样，但其投影轮廓却大都是由一些直线、圆弧或其它常见曲线所组成的几何图形。因此，我们应当掌握常见几何图形的作图原理、作图方法以及图形与尺寸间相互依存的关系，以提高绘图速度和质量。

1.2.1 等分作图

1. 等分线段

如图 1-10 所示，已知线段 AB，欲将其五等分，作法如下：

（1）过端点 A，任作一直线 AC；

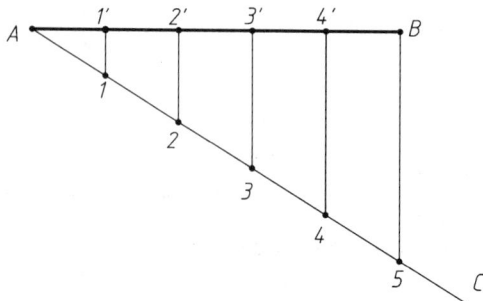

图 1-10 等分线段

（2）用分规以相等的距离在 AC 上量得 1、2、3、4、5 各个等分点；

（3）连接 5B，过 1、2、3、4 等分点作 5B 的平行线与 AB 相交，即得等分点 $1'$、$2'$、$3'$、$4'$，完成作图。

2. 等分圆周

1）四、八等分圆周

用丁字尺和三角板作图，如图 1-11 所示。

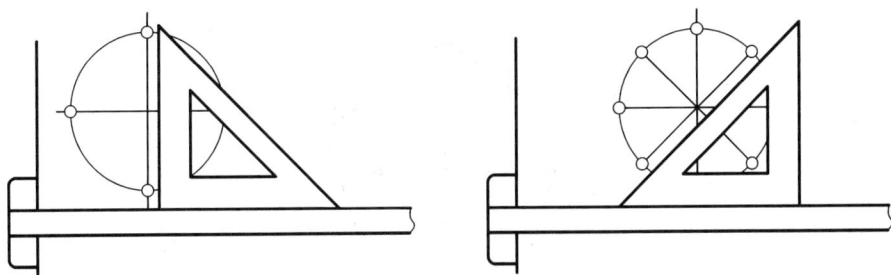

图 1-11　四、八等分圆周

2）三、六等分圆周

用圆规作图，如图 1-12 所示。

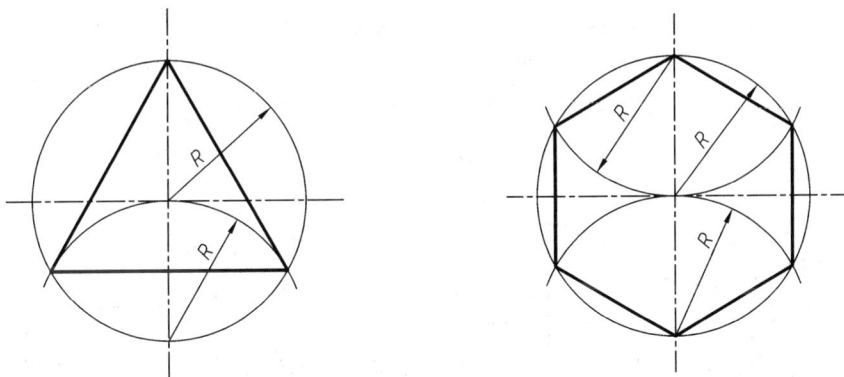

图 1-12　用圆规三、六等分圆周

用丁字尺和三角板作图，如图 1-13 所示。

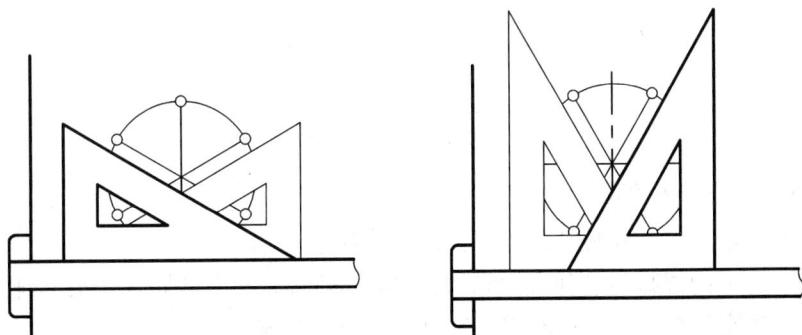

图 1-13　用丁字尺和三角板三、六等分圆周

3）五等分圆周

如图 1-14 所示，作图步骤如下：

（1）找出 OB 的中点 P；

（2）以 P 为圆心，PC 长为半径画弧，交直径于 H 点；

（3）CH 弦长即为内接正五边形边长，用其等分圆周得五等分点；

（4）连接各圆周等分点即得圆内接正五边形。

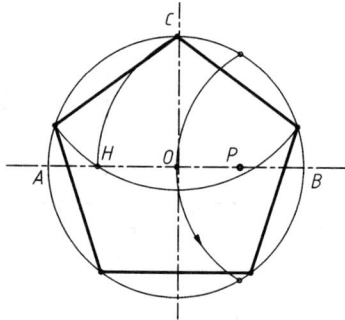

图 1-14　五等分圆周

1.2.2　圆弧连接

绘图时，经常要用已知半径的圆弧（即连接圆弧）光滑连接（即相切）两个已知直线或圆弧，称为圆弧连接，两个切点称为连接点。为了保证连接光滑，必须准确地作出连接圆弧的圆心和切点。圆弧连接在物体轮廓图中经常可见，如图 1-15 所示为连杆和扳手的轮廓图。

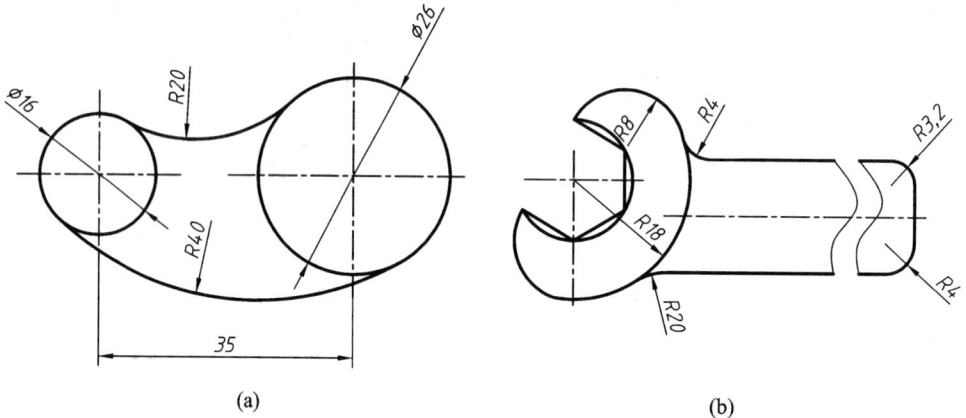

（a）　　　　　　　　　　　　　　　　　　（b）

图 1-15　圆弧连接
（a）连杆；（b）扳手

1. 圆弧连接的作图原理

根据平面几何可知，圆弧连接作图有如下关系：

（1）半径为 R 的圆弧与已知直线相切，其圆心轨迹是与直线距离为 R 的平行线，连接点为圆心向已知直线所作垂线的垂足，如图 1-16（a）所示。

（2）半径为 R 的圆弧与已知圆弧（圆心为 O_1，半径为 R_1）相切，其圆心轨迹为已知圆弧的同心圆，外切时其半径为连接圆弧与已知圆弧的半径之和，如图 1 - 16(b)所示；内切时其半径为连接圆弧与已知圆弧的半径之差，如图 1 - 16(c)所示。外切时连接点为连心线与已知圆弧的交点；内切时连接点为连心线的延长线与已知圆弧的交点。

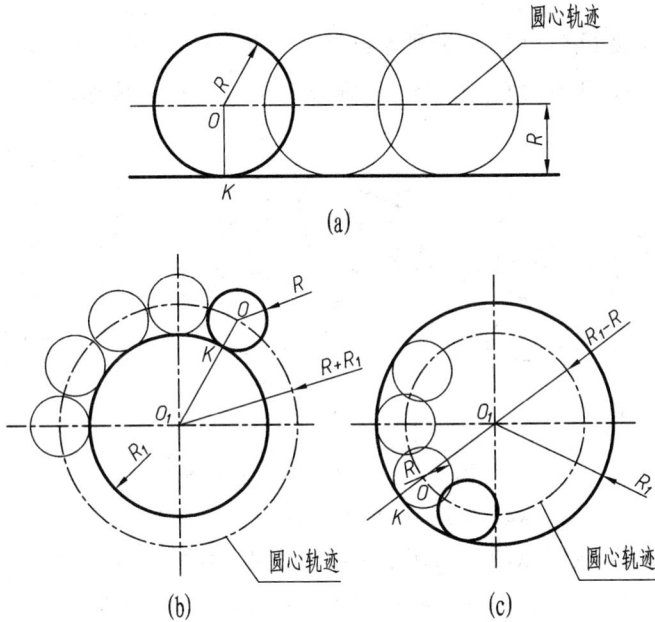

图 1 - 16　圆弧连接作图原理

2. 圆弧连接作图举例

根据作图原理，圆弧连接的作图步骤可归结为：

(1) 求连接弧的圆心；

(2) 找出连接点即切点的位置；

(3) 在两切点之间画连接圆弧。

例 1 - 1　用半径为 R 的圆弧连接两已知直线，作图步骤如图 1 - 17 所示。

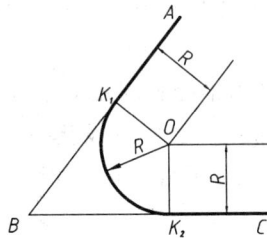

图 1 - 17　用圆弧连接两直线

(1) 求圆心：分别作与已知直线距离为 R 的平行线，两条平行线的交点 O 即为连接弧的圆心；

(2) 求切点：过圆心 O 分别作 AB、BC 的垂线，其垂足 K_1、K_2 即为切点；

(3) 画连接弧：以 O 为圆心，R 为半径画圆弧 $\overset{\frown}{K_1K_2}$，即完成作图。

· 13 ·

例 1‑2 用半径为 R 的圆弧连接两已知圆弧(R_1、R_2)。

(1) 外连接：即连接圆弧同时外切于两已知圆弧，作图步骤如图 1‑18(a) 所示。

① 求圆心：分别以 O_1、O_2 为圆心，以 R_1+R 及 R_2+R 为半径画弧，得交点 O，即为连接弧的圆心；

② 求切点：连接 O_1O、O_2O，分别与已知圆弧相交于点 K_1、K_2，K_1、K_2 即为切点；

③ 画连接弧：以 O 为圆心、R 为半径画圆弧 $\overset{\frown}{K_1K_2}$，即完成作图。

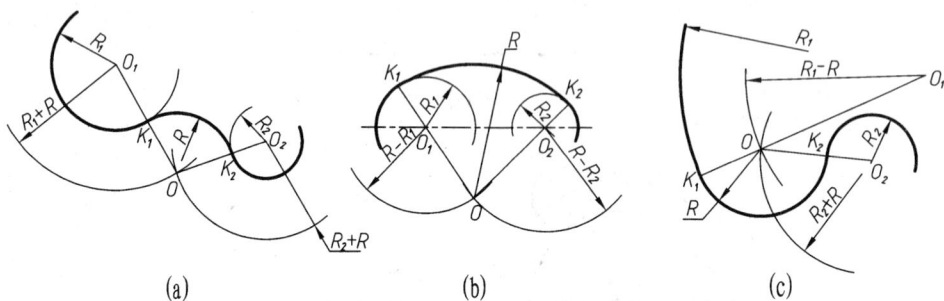

(a)　　　　　　　(b)　　　　　　　(c)

图 1‑18　用圆弧连接两圆弧

(a) 外连接；(b) 内连接；(c) 混合连接

(2) 内连接：即连接圆弧同时内切于两已知圆弧，作图步骤如图 1‑18(b) 所示。

① 求圆心：分别以 O_1、O_2 为圆心，以 $R-R_1$ 及 $R-R_2$ 为半径画弧，得交点 O，即为连接弧的圆心；

② 求切点：连接 OO_1、OO_2 并延长，分别与已知圆弧相交于点 K_1、K_2，K_1、K_2 即为切点；

③ 画连接弧：以 O 为圆心、R 为半径画圆弧 $\overset{\frown}{K_1K_2}$，即完成作图。

(3) 混合连接：即连接圆弧的一端与已知圆弧外连接，另一端与已知圆弧内连接，作图步骤如图 1‑18(c) 所示。

① 求圆心：分别以 O_1、O_2 为圆心，以 R_1-R 及 R_2+R 为半径画弧，得交点 O，即为连接弧的圆心；

② 求切点：连接 O_1、O，并延长交已知圆弧于 K_1，连接 O_2、O 交已知圆弧于 K_2，K_1、K_2 即为切点；

③ 画连接弧：以 O 为圆心、R 为半径画圆弧 $\overset{\frown}{K_1K_2}$，即完成作图。

例 1‑3 用半径为 R 的圆弧连接一已知直线及一已知圆弧。

(1) 连接一已知直线与一已知圆弧的外连接，如图 1‑19(a) 所示。

作图步骤如下：

① 求圆心：以 R 为间距作已知直线 AB 的平行线，该线与以已知圆弧的圆心 O_1 为圆心、R_1+R 为半径所画的圆弧相交于点 O，该点即为连接弧的圆心；

② 求切点：由点 O 作直线 AB 的垂线，得垂足 K_1；作连心线 O_1O 与已知圆弧交于点 K_2，则 K_1、K_2 即为切点；

③ 以 O 为圆心、R 为半径画圆弧 $\overset{\frown}{K_1K_2}$，即完成作图。

(2) 连接一已知直线与一已知圆弧的内连接，如图 1‑19(b) 所示。

① 求圆心：以 R 为间距作已知直线 AB 的平行线，该线与以已知圆弧的圆心 O_1 为圆心、R_1-R 为半径所画的圆弧相交于点 O，此点即为连接弧的圆心；

② 求切点：由点 O 作直线 AB 的垂线，得垂足 K_1；作连心线 O_1O 的延长线与已知圆弧交于点 K_2，则 K_1、K_2 即为切点；

③ 以 O 为圆心、R 为半径画圆弧 $\overset{\frown}{K_1K_2}$，即完成作图。

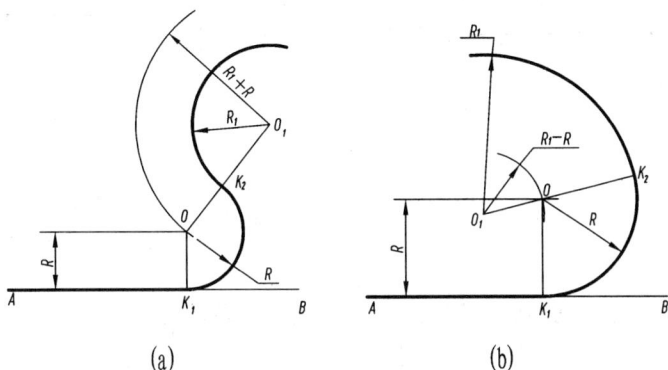

图 1-19 用圆弧连接直线和圆弧

1.2.3 斜度和锥度

1. 斜度

斜度是指一直线（或平面）对另一直线（或平面）的倾斜程度。其大小用两线之间夹角的正切来表示，并把比值写为 $1:n$ 的形式，即

$$斜度 = \tan\alpha = \frac{H}{L} = 1:n$$

标注斜度时，要在比值前加注斜度符号"∠"，如图 1-20(a)所示，符号的方向应与斜度方向一致。斜度符号的画法如图 1-20(b)所示。

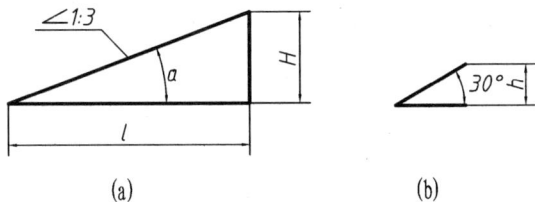

$h=$字高，线宽$=h/10$

图 1-20 斜度及其符号

(a)斜度；(b)斜度符号

例 1-4 求作如图 1-21(a)所示斜度为 $1:6$ 的图形。

作图步骤如下：

(1) 作 $OB \perp OA$，在 OA 上取 6 个单位长度，在 OB 上取 1 个单位长度，连接 6 和 1，

即为 1：6 的参考斜度线，如图 1-21(b)所示；

（2）按尺寸定出 C 点，过 C 点作参考斜度线的平行线，即为所求，如图 1-21(c)所示。

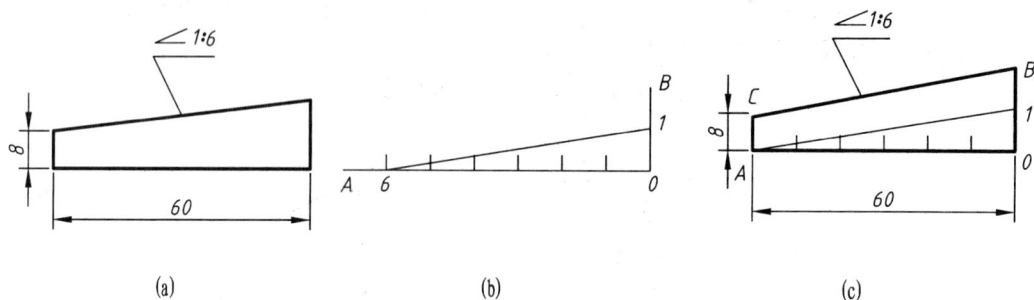

图 1-21　斜度的画法

2. 锥度

锥度是指正圆锥体的底圆直径与其高度之比。如果是正圆锥台，则为两底圆直径之差与锥台高度之比，并把比值写为 1：n 的形式，即

$$锥度 = \frac{D}{L} = \frac{D-d}{l} = 1 : n$$

标注时，要在比值前加注锥度符号，如图 1-22(a)所示，符号的方向应与锥度方向一致。锥度符号的画法如图 1-22(b)所示。

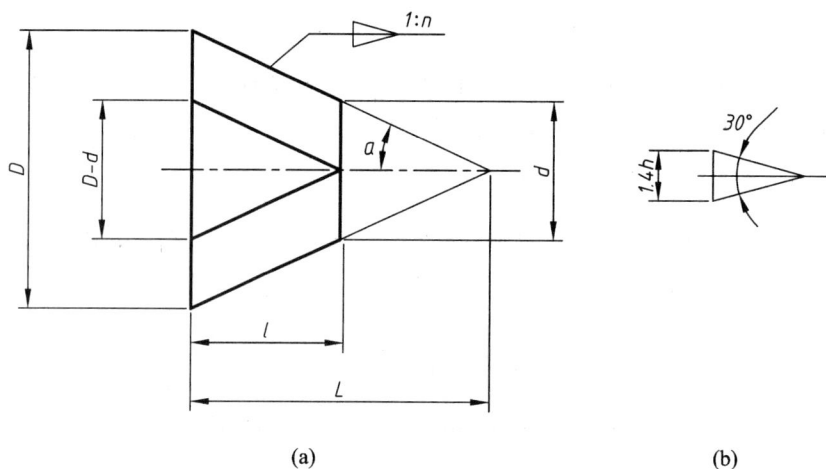

$h=$ 字高，线宽 $=h/10$

图 1-22　锥度及其符号

(a) 锥度；(b) 锥度符号

例 1-5　求作如图 1-23(a)所示锥度为 1：4 的图形。

作图步骤如下：

（1）从 O 点向小端方向取 4 个单位长度，得点 A，在 O 点上下各取半个单位长度，得点 B、C，连接 BA、CA 即为 1：4 的参考锥度线，如图 1-23(b)所示。

（2）过 E、F 两点，分别作 BA、CA 的平行线，即为所求，如图 1-23(c)所示。

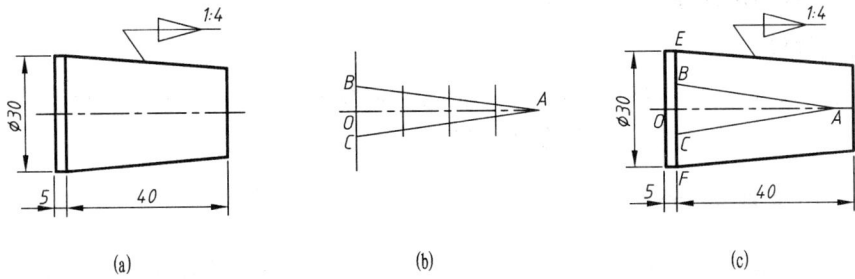

(a)　　　　　　　　(b)　　　　　　　　(c)

图 1-23　锥度的画法

1.3　平面图形的画法

平面图形是由各种线段(直线或圆弧)连接而成的。对平面图形进行尺寸分析,可以帮助我们了解平面图形中各种线段的性质,以及它的形状、大小是由哪些尺寸所确定的,从而掌握该图形的作图步骤,并能够正确地进行尺寸标注。

1.3.1　尺寸分析

1.　定形尺寸

确定图形中各部分形状和大小的尺寸,称为定形尺寸。如线段的长度、圆弧的半径、圆的直径和角度大小等尺寸。图 1-24 中的 ø3、ø10、R6、R40 等尺寸都是定形尺寸。

2.　定位尺寸

确定图形中各部分之间相对位置的尺寸,称为定位尺寸,如圆心、线段的位置尺寸,图 1-24 中的 5、45、ø15 等尺寸都是定位尺寸。

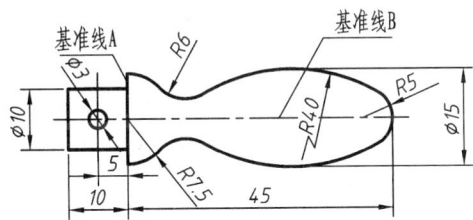

图 1-24　手柄

定位尺寸应有标注尺寸的起点,即尺寸基准。一个平面图形应有水平和垂直两个方向的尺寸基准。通常以图形的对称轴线、圆的中心线、较长的轮廓线等作为尺寸基准。

有时某个尺寸既是定形尺寸,也是定位尺寸,具有双重作用。如图 1-24 中的 10、R7.5 等尺寸。

1.3.2　线段分析

平面图形中的线段,按其尺寸是否完整分为三类。

1.　已知线段

有完整的定形尺寸和定位尺寸,能根据已知尺寸直接画出的线段,称为已知线段。如图 1-24 中的 ø3 圆以及 R7.5、R5 圆弧。

2.　中间线段

只有定形尺寸和一个定位尺寸,另一个定位尺寸必须根据相邻的已知线段的几何关系求出的线段，称为中间线段。如图 1-24 中的 R40 圆弧。

3. 连接线段

只有定形尺寸，没有定位尺寸，其定位尺寸必须根据相邻两端的已知线段求出的线段，称为连接线段。如图 1-24 中的 R6 圆弧。

1.3.3 平面图形的画法

在画平面图形时，先要进行线段性质分析，以便决定画图步骤和选用连接方法。平面图形画完后，需要按照正确、完整、清晰的要求来标注尺寸，即标注的尺寸要符合国家标准规定：尺寸不重复也不遗漏，尺寸要排列整齐，数字要注写正确、清楚。以手柄为例，平面图形的画法如图 1-25 所示。

作图步骤：

(1) 分析图形，画出基准线，如图 1-25(a)所示；

(2) 画出已知线段，如图 1-25(b)所示；

(3) 画出中间线段，如图 1-25(c)所示；

(4) 画出连接线段，如图 1-25(d)所示；

(5) 擦去不必要的线，加深图线，标注尺寸，完成全图，如图 1-25(e)所示。

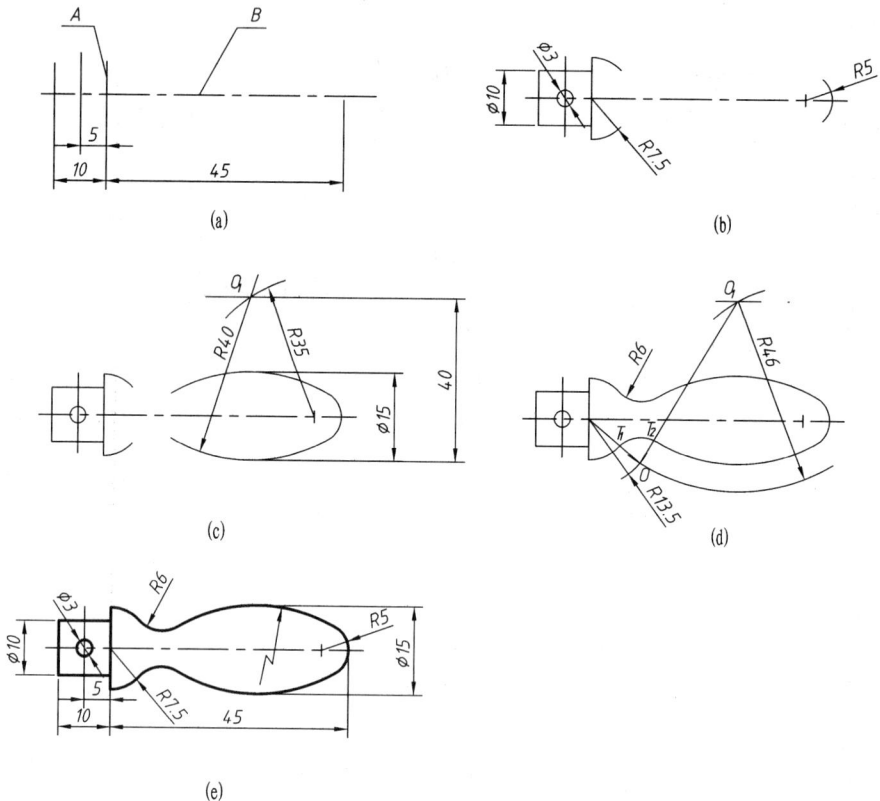

图 1-25 平面图形画图步骤

第2章 投影基础

2.1 投影法

2.1.1 投影法的基本概念

1. 投影法的概念

日光或灯光照射物体，在地面或墙面上会产生影子，这种现象就称为投影。人们在长期的生产实践中对投影现象进行了科学的研究与概括，总结出影子与物体形状之间的对应关系，从而产生了投影法。

所谓投影法，就是用投射线通过物体，向选定的平面投射，并在该面上得到图形的方法。根据投影法所得到的图形，称为投影；得到投影的平面，称为投影面，如图2-1所示。

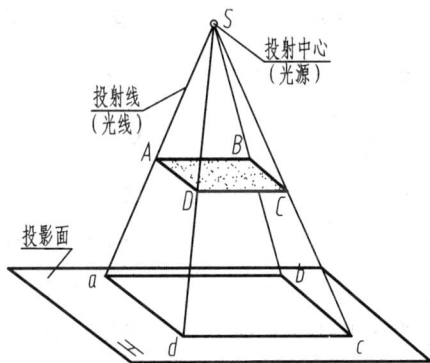

图2-1 中心投影法

2. 投影法的种类

投影法分为两大类：中心投影法和平行投影法。

1）中心投影法

投射线汇交于一点的投影法，称为中心投影法，如图2-1所示。S 点称为投射中心，SAa、SBb、SCc、SDd 称为投射线，平面图形 $abcd$ 是空间平面 $ABCD$ 在投影面上的投影。

采用中心投影法绘制的图样（称透视图）直观性强，符合人的视觉映像，常被用于表达建筑物的外观形状及用于艺术绘画。

用中心投影法得到的投影不能反映物体的真实形状和大小，因此在机械图样中不被采用。

2）平行投影法

假想把中心投影法中的投射中心 S 移至无限远，则投射线趋向于相互平行。投射线互相平行的投影方法，称为平行投影法，如图 2-2 所示。

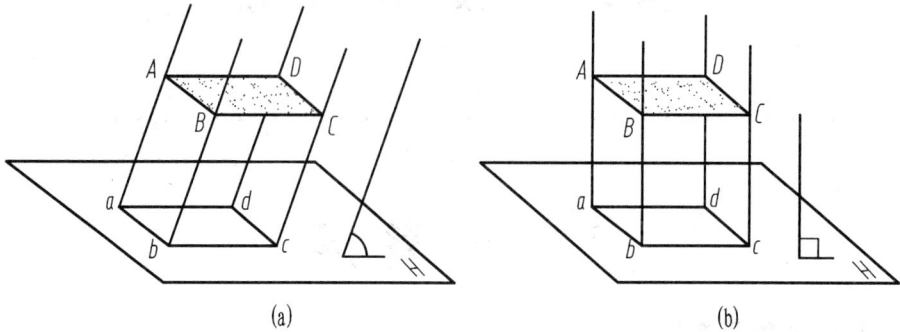

(a)　　　　　　　　　　　　(b)

图 2-2　平行投影法

（a）斜投影；（b）正投影

在平行投影法中，按投射线相对投影面垂直与否，可分为正投影和斜投影。

（1）斜投影：投射线与投影面倾斜的平行投影法，如图 2-2（a）所示。

（2）正投影：投射线与投影面垂直的平行投影法，如图 2-2（b）所示。

正投影法能全面、正确地反映物体的真实形状和大小，作图方便、准确、度量性好，是绘制机械图样的基本方法，也是应用最广泛的一种图示法。本书主要介绍的是正投影法。

2.1.2　正投影的基本性质

1. 真实性

如图 2-3 所示，当空间直线与投影面平行时，其投影反映直线的真实长度。当空间平面与投影面平行时，其投影反映平面的真实形状。这种投影特性称为真实性。

2. 积聚性

如图 2-4 所示，当空间直线与投影面垂直时，其投影积聚成一点。当空间平面与投影面垂直时，其投影积聚成一条直线。这种投影特性称为积聚性。

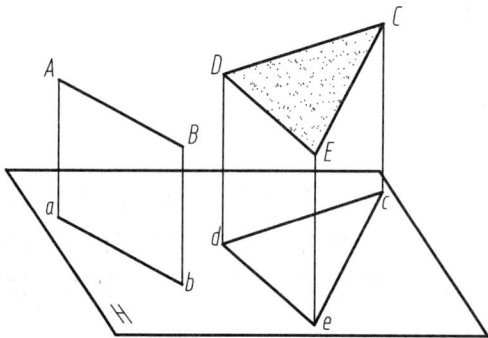

图 2-3　真实性

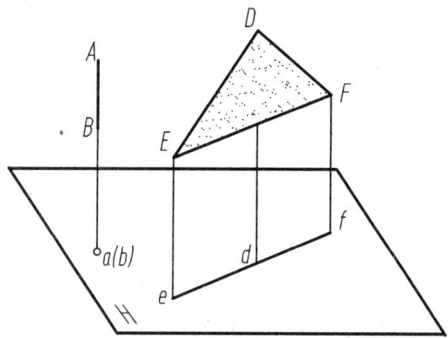

图 2-4　积聚性

3. 类似性

如图 2-5 所示,当空间直线与投影面倾斜时,其投影仍为直线,但不反映原直线的实长。当空间平面与投影面倾斜时,其投影仍为平面,但不反映原平面的实形,而是缩小了的类似形。这种投影特性称为类似性。

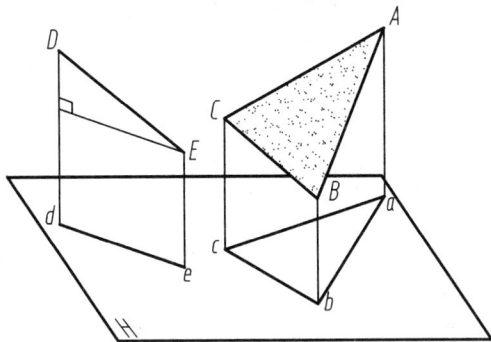

图 2-5 类似性

真实性、积聚性和类似性是正投影的三个重要特性,也是用正投影法作图的重要依据,必须牢固掌握。

2.2 物体的三面视图

用正投影的方法所绘出的物体的投影称为视图。一般情况下,一个视图不能唯一地确定物体的形状,如图 2-6 所示,所以在机械图样中采用多面正投影的方法。

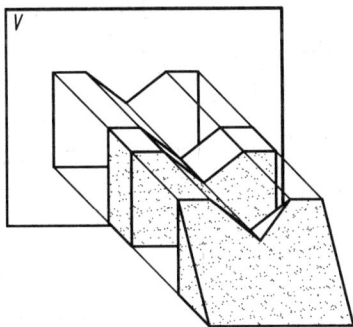

图 2-6 一个视图不能反映物体的形状

2.2.1 三视图的形成

1. 三投影面体系

互相垂直相交的三个投影面,称为三投影面体系,如图 2-7 所示。它们分别是:

正立投影面:直立在观察者正对面的投影面,简称正面,用字母 V 表示;

水平投影面:水平位置的投影面,简称水平面,用字母 H 表示;

侧立投影面：直立在右侧面的投影面，简称侧面，用字母 W 表示。

三个互相垂直相交的投影面之间的交线，称为投影轴，它们分别是：

X 轴：V 面与 H 面的交线，沿 X 轴方向可以度量物体的长度尺寸；

Y 轴：H 面与 W 面的交线，沿 Y 轴方向可以度量物体的宽度尺寸；

Z 轴：V 面与 W 面的交线，沿 Z 轴方向可以度量物体的高度尺寸。

三根投影轴互相垂直相交，交点称为原点，用字母"O"表示。

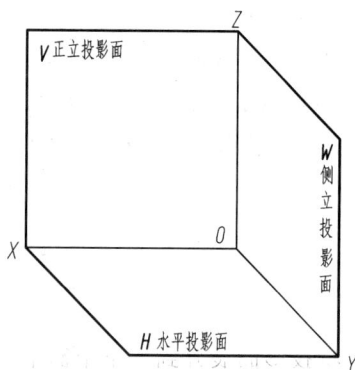

图 2-7　三投影面体系

2. 物体的三视图

将物体置于三投影面体系中，如图 2-8(a)所示，使物体处于观察者与投影面之间，分别向三个投影面进行投影，可得到三个视图，它们分别是：

主视图：从物体的前方向后方投影，在 V 面上得到的视图；

俯视图：从物体的上方向下方投影，在 H 面上得到的视图；

左视图：从物体的左方向右方投影，在 W 面上得到的视图。

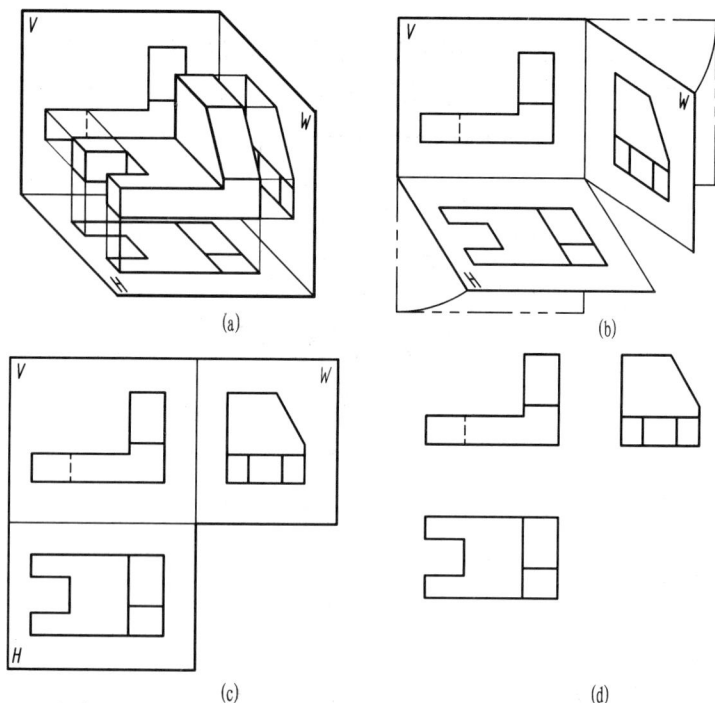

(a)

(b)

(c)

(d)

图 2-8　三视图的形成及投影规律

（a）三视图的形成；（b）三视图的展开；

（c）H、V、W 面处在同一平面内；（d）三视图的位置

3. 三投影面展开

为了方便绘图与读图，把互相垂直相交的三个投影面展开摊平在同一个平面内，展开方法如图 2-8(b)所示。正面 V 保持不动，将 H 面绕 X 轴向下旋转 90°，将 W 面绕 Z 轴向右旋转 90°，使 H 面、W 面与 V 面处于同一平面内，如图 2-8(c)所示。由于视图所表达的物体的形状与投影面的大小无关(投影面大小可随物体的大小变化)，与投影面之间的距离无关，因此机械图样上不画投影面的边框线和投影轴，如图 2-8(d)所示。

2.2.2 三视图之间的对应关系

将投影面展开到一个平面上后，各视图必须有规则的配置，并相互之间形成一定的对应关系，如图 2-9 所示。

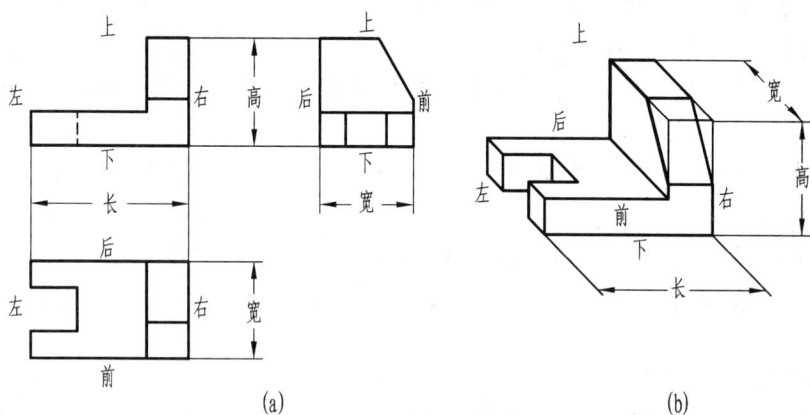

图 2-9 三视图之间的对应关系

1. 位置关系

以主视图为准，俯视图在主视图的正下方，左视图在主视图的正右方。画三视图时必须按以上的投影关系配置。

2. 尺寸关系

物体有长、宽、高三个方向的尺寸，每个视图都能够反映物体两个方向的尺寸。

主视图反映了物体的长度和高度，俯视图反映了物体的长度和宽度，左视图反映了物体的宽度和高度。这样，主、俯视图共同反映了物体的长度尺寸，主、左视图共同反映了物体的高度尺寸，俯、左视图共同反映了物体的宽度尺寸。由此看出相邻两个视图同一方向的尺寸相等，即：

主、俯视图长度相等，且对正；

主、左视图高度相等，且平齐；

俯、左视图宽度相等。

简称"长对正、高平齐、宽相等"的"三等"关系，就是三视图的投影规律。在画图、读图时，都要严格遵循这一规律。

3．方位关系

空间的物体有上、下、左、右、前、后六个方向的位置。主视图反映了物体的上下、左右；俯视图反映了物体的前后、左右；左视图反映了物体的前后、上下。

由于 H 投影面和 W 投影面在展开摊平时各向下、向右旋转了 $90°$，因此俯视图、左视图的靠近主视图的一侧反映物体的后面，远离主视图的一侧反映物体的前面，如图 2 - 9 所示。

2.2.3 三视图的作图方法和步骤

画三视图时，需要根据正投影的原理、特性及三视图间的投影规律，将理性认识变为图示能力，在图纸上画出各个视图。

（1）确定主视图，把物体上最能反映形状特征的一面选为画主视图的方向，同时还要注意使俯视图、左视图上的虚线尽量少。

（2）定出各视图的位置，并注意各视图之间须留有适当的距离，画出对称中心线、轴线或主要边线等一些主要基准线。

（3）分析组成物体各表面的投影特性，一般宜先画投影具有真实性或积聚性的那些表面。

（4）画图顺序一般先从主视图开始，然后按投影规律"长对正、高平齐、宽相等"同时绘制三个视图，特别要注意"宽相等"的画法，如图 2 - 10 所示。

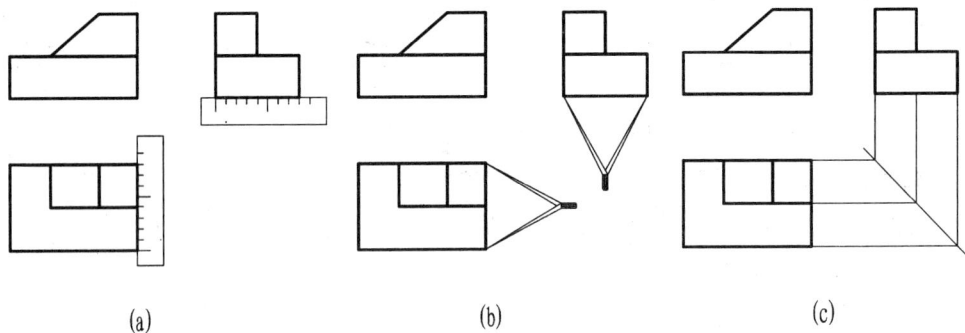

(a)　　　　　　　　(b)　　　　　　　　(c)

图 2 - 10　保持宽相等的三种画法

例 2 - 1　以图 2 - 11 所示物体为例，说明画三视图的方法和步骤。

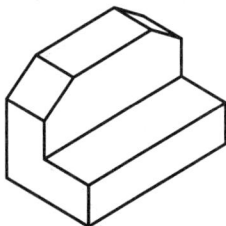

图 2 - 11　轴测图

三视图的画图步骤如图 2-12 所示。

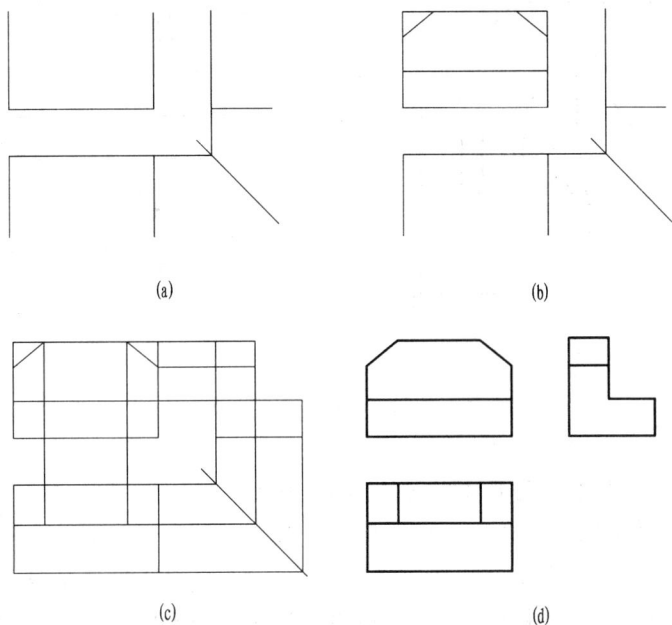

(a)　　　　　　　　　　　　　(b)

(c)　　　　　　　　　　　　　(d)

图 2-12　三视图的画图步骤

（a）选主视图，画基准线；（b）先从主视图画起；

（c）根据尺寸关系，逐一画全三个视图；（d）加深图线，擦去作图线，完成三视图

2.3　几何元素的投影

点、直线和平面是构成物体的基本几何元素。对这些几何元素的投影进行分析，可为掌握表达空间形体的方法和理论奠定基础。

2.3.1　点的投影

1. 点的投影

设形体上有一点 A，如图 2-13（a）所示，过点 A 向三个投影面作投射线。投射线与投影面的交点就是点 A 的投影，按规定，空间的点用大写字母表示，点的投影用小写字母表示。即：

点 A 在水平面 H 上的投影称为水平投影，用 a 表示；

点 A 在正面 V 上的投影称为正面投影，用 a' 表示；

点 A 在侧面 W 上的投影称为侧面投影，用 a'' 表示。

点的三面投影在形体视图上的位置如图 2-13（b）所示。由上述可以看出，点 A 三个投影之间的投影关系与三视图之间的三等关系是一致的，即：

（1）点的水平投影 a 和正面投影 a' 的连线垂直于 OX 轴，即 $aa' \perp OX$；

（2）点的正面投影 a' 和侧面投影 a'' 的连线垂直于 OZ 轴，即 $a'a'' \perp OZ$；

（3）点的水平投影 a 到 OX 轴的距离等于其侧面投影 a'' 到 OZ 轴的距离。因此过 a 的

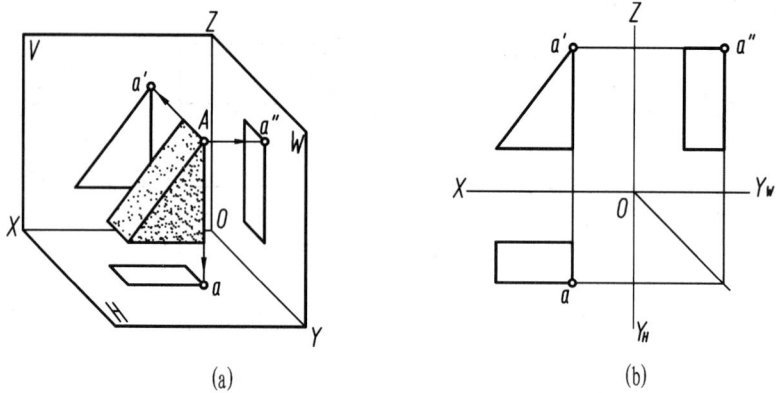

(a)   (b)

图 2-13 形体上点的投影

(a) 直观图；(b) 投影图

水平线与过 a'' 的垂直线必相交于过原点 O 的 $45°$ 斜线。

若将三投影面体系看作空间直角坐标体系，以投影面为坐标面，投影轴为坐标轴，原点 O 为坐标原点，则空间一点 A 至三个投影面的距离，可以用坐标来表示，如图 2-14(a) 所示；在投影图上点 A 三面投影的位置也就可以根据坐标来确定，如图 2-14(b) 所示。空间 A 点至各投影面的距离与坐标的关系如下：

A 点到 H 面的距离 $Aa = a'a_x = a''a_y = A$ 点的 z 坐标；

A 点到 V 面的距离 $Aa' = aa_x = a''a_z = A$ 点的 y 坐标；

A 点到 W 面的距离 $Aa'' = a'a_z = aa_y = A$ 点的 x 坐标。

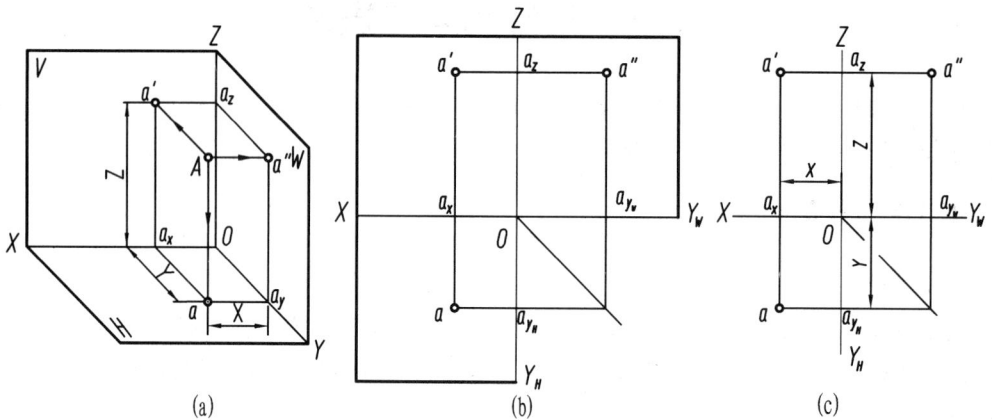

(a)   (b)   (c)

图 2-14 点的三面投影

(a) 点投影的直观图；(b) 展开图；(c) 点的三面投影图

由以上关系可知，点的每一投影可由其中的两个坐标所确定。例如 a 可由 A 点的 x 坐标及 y 坐标确定；a' 可由 A 点的 x 坐标及 z 坐标确定；同样，a'' 可由 A 点的 y 坐标及 z 坐标确定，即 a、a' 和 a'' 反映了 A 点的 x，y，z 三个坐标值。因此，根据空间一点 A 的三个坐标 (x, y, z) 及投影规律，便可做出该点的投影图。反之，如果已经知道空间 A 点的两个或三个投影，即可求得该点的三个坐标。

2. 画和读点的投影图

例 2-2　如图 2-15(a)所示，已知 A 点的正面投影 a′和侧面投影 a″，求作其水平投影 a。

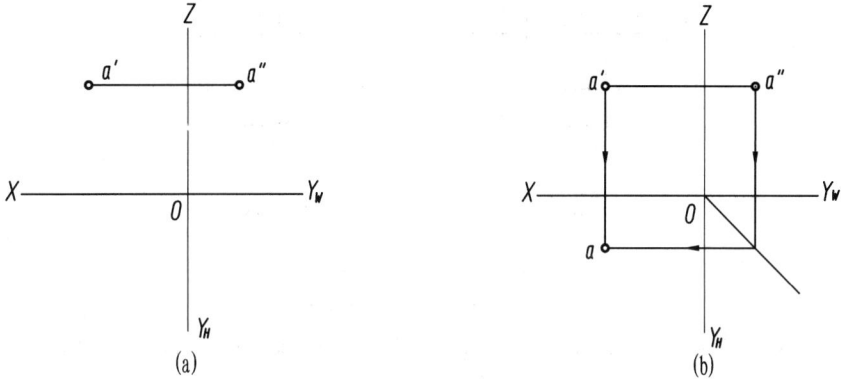

图 2-15　求作点的水平投影

根据点的投影规律，其作图步骤如图 2-15(b)所示。

3. 两点间的相对位置

两点在空间的相对位置，可以由两点的坐标关系来确定，如图 2-16(a)所示。

两点间的左右相对位置可由 X 坐标确定，X 坐标大者在左。

两点间的前后相对位置可由 Y 坐标确定，Y 坐标大者在前。

两点间的上下相对位置可由 Z 坐标确定，Z 坐标大者在上。

由两点间的坐标差，可以确定两点间的偏移距离，如以 A 点为基准，则 B 点在 A 点的右方 6 mm，前方 5 mm，上方 11 mm，如图 2-16(b)所示。

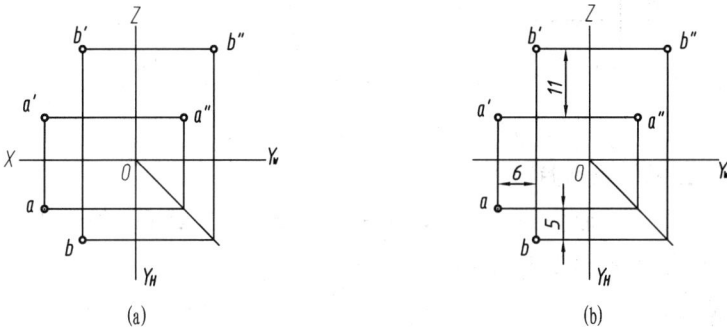

图 2-16　两点间的相对位置

2.3.2　直线的投影

1. 直线投影的概念

直线的投影一般仍然是直线。两点可以确定一条直线，因此，直线的投影实际上是直线上两个端点在同一投影面上投影的连线。如图 2-17 所示，已知直线上两个端点 A 和 B 的三面投影，将它们的同面投影连接起来，即得到直线 AB 的三面投影。

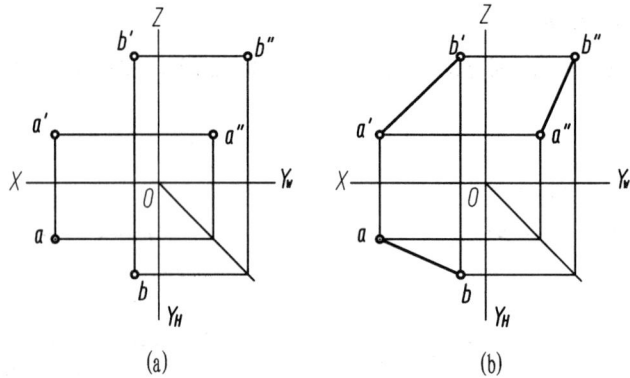

图 2-17　直线的三面投影

(a) 两点的投影；(b) 直线的投影

如图 2-18(a)所示，一个点若在直线上，则该点的投影必在直线的投影上；同理，一个点若在直线上，则该点的各面投影必在直线的同面投影上；反之，若一个点的各面投影都在直线的同面投影上，则该点必在该直线上，如图 2-18(b)所示。即 K 点必定在直线 CD 上。

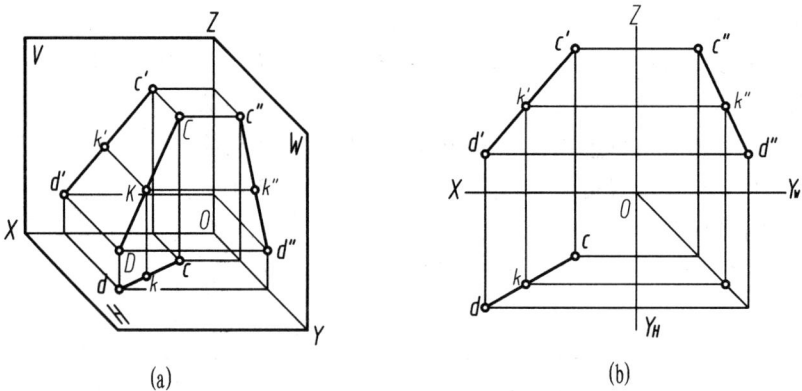

图 2-18　一般位置直线与直线上点的投影

2. 各种位置直线的投影特性

空间直线按其与投影面的相对位置，可分为一般位置直线和投影面的平行线、投影面的垂直线三种，后两种称为特殊位置直线。

1) 一般位置直线

同时倾斜于三个投影面的直线，称为一般位置直线，如图 2-18(a)所示的直线 CD。

一般位置直线的投影特性：在三个投影面上的投影都倾斜于投影轴，且小于实长。

2) 投影面平行线

平行于一个投影面而与另外两个投影面倾斜的直线，称为投影面平行线。投影面平行线又可分为三种，其投影图及投影特性见表 2-1。

平行于 V 面，倾斜于 H 面及 W 面，简称正平线。

平行于 H 面，倾斜于 V 面及 W 面，简称水平线。

平行于 W 面，倾斜于 H 面及 V 面，简称侧平线。

表 2 - 1　投影面平行线的投影特性

	正平线	水平线	侧平线
立体图			
投影图			
投影分析	$a'b'$ 反映实长 $ab /\!/ OX$，$a''b'' /\!/ OZ$	cd 反映实长 $c'd' /\!/ OX$，$c''d'' /\!/ OY_W$	$e''f''$ 反映实长 $ef /\!/ OY_H$，$e'f' /\!/ OZ$
投影特性	一个投影反映实长且与投影轴倾斜(平行于该投影面)；另外两个投影变短且与轴平行		

3）投影面垂直线

垂直于一个投影面的直线，称为投影面垂直线。因三个投影面是互相垂直的，所以直线与一个投影面垂直，必定与另两个投影面平行。投影面垂直线又可分为三种，其投影图及投影特性见表 2 - 2。

表 2 - 2　投影面垂直线的投影特性

	正垂线	铅垂线	侧垂线
立体图			
投影图			
投影分析	$j'k'$ 积聚成一点 $jk /\!/ OY_H$，$j''k'' /\!/ OY_W$	gn 积聚成一点 $g'n' /\!/ OZ$，$g''n'' /\!/ OZ$	$l''m''$ 积聚成一点 $lm /\!/ OX$，$l'm' /\!/ OX$
投影特性	一个投影积聚成点(垂直于该投影面)；另外两个投影反映实长且与轴平行		

注：两点的投影重合在一起，称为重影点。其不可见点在字母上加括号以示区别，如 2 - 2 表中 $j'(k')$ 重影点，j' 为可见，(k') 为不可见。

垂直于 V 面，平行于 H 面及 W 面，简称正垂线；

垂直于 H 面，平行于 V 面及 W 面，简称铅垂线；

垂直于 W 面，平行于 H 面及 V 面，简称侧垂线。

3. 画和读直线的投影图

例 2 - 3 已知直线 AB 为正平线，长度为 20 mm，且 B 点在 A 点下方，完成其三面投影图，如图 2 - 19(a)所示。

因直线 AB 为正平线，故在 V 面投影反映实长。

(1) 过 b 点做 X 轴垂线，称为投影连线，b' 必在该投影连线上；

(2) 以 A 点为圆心、直线 AB 长度 20 为半径画弧，与投影连线相交且满足在 a' 下方的条件，即为 b''，如图 2 - 19(b)所示。

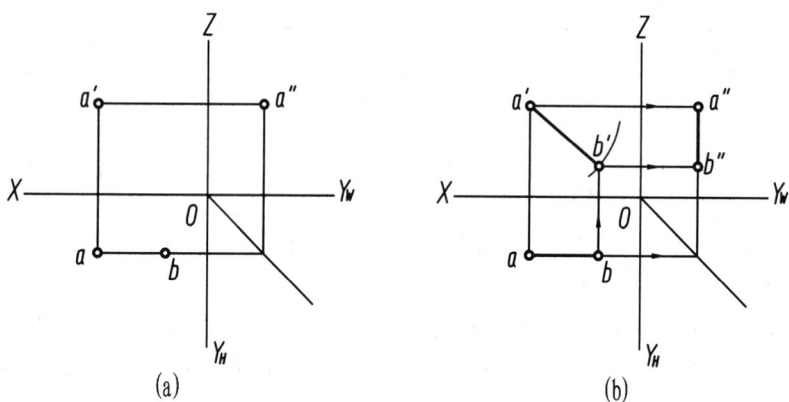

图 2 - 19 作正平线的投影

例 2 - 4 如图 2 - 20 所示，对照立体图，分析三棱锥上各条棱线的空间位置。

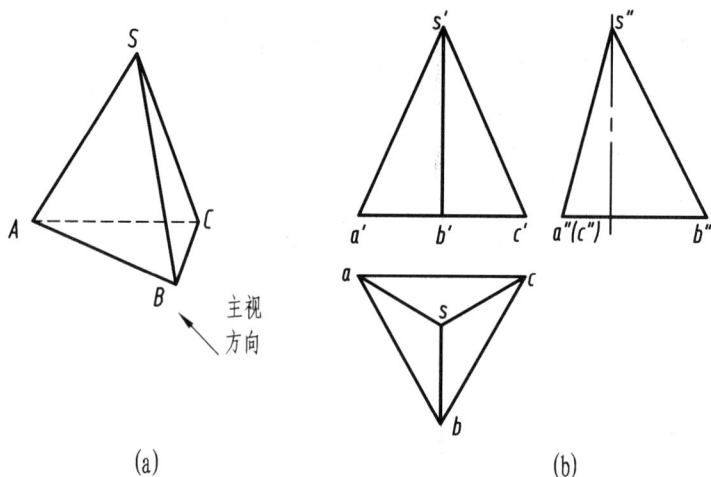

图 2 - 20 三棱锥上的棱线分析

（1）按照三棱锥上每条棱线所标的字母，在三视图上将它们的投影分离出来。

（2）根据不同位置直线投影图的特征，判别各条棱线的空间位置是：

SA 为一般位置线；　　　　　　　　AB 为水平线；

SB 为侧平线；　　　　　　　　　　BC 为水平线；

SC 为一般位置线；　　　　　　　　AC 为侧垂线。

2.3.3　平面的投影

1. 平面的投影

平面在投影图上一般是用平面图形（如三角形、四边形、圆等）来表示其空间位置的。如图 2-21 所示，平面的投影一般仍然是平面。若求作三角形的投影时，可先作出三角形上三个顶点 A、B、C 的投影，然后将各顶点的同面投影连接起来，即得到该平面的投影。如△ABC 在 H 面上的投影△abc 即是将 A、B、C 三点的水平投影连接而成的。由此可知，作平面的投影仍然是以点、线投影为基础。

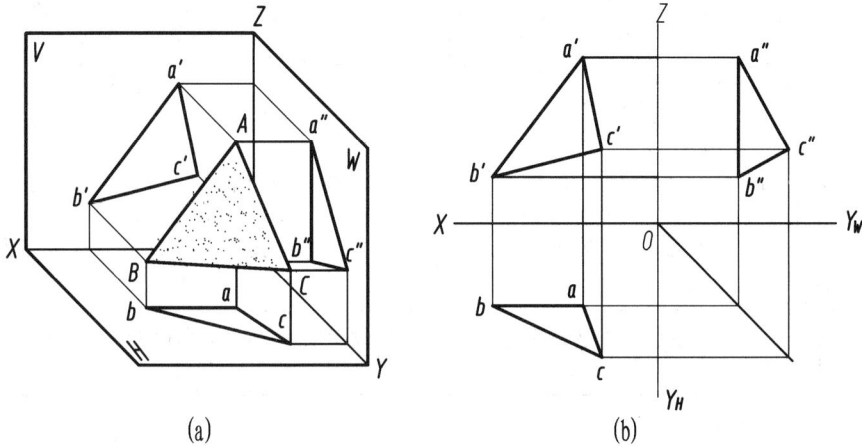

图 2-21　平面的投影

2. 各种位置平面的投影特性

平面按其与投影面的相对位置，可分为一般位置平面和投影面垂直面、投影面平行面三种，后两种称为特殊位置平面。

1）一般位置平面

倾斜于三个投影面的平面，称为一般位置平面，如图 2-21 所示。

一般位置平面的投影特性：在三个投影面上的投影都为原平面的类似形，且小于原形。

2）投影面垂直面

垂直于一个投影面，而与另外两个投影面倾斜的平面，称为投影面垂直面。投影面垂直面又可分为三种，其投影图及投影特性见表 2-3。

垂直于 V 面，倾斜于 H 面及 W 面，简称正垂面；

垂直于 H 面，倾斜于 V 面及 W 面，简称铅垂面；

垂直于 W 面，倾斜于 V 面及 H 面，简称侧垂面。

表 2-3　投影面垂直面的投影特性

	正垂面	铅垂面	侧垂面
立体图	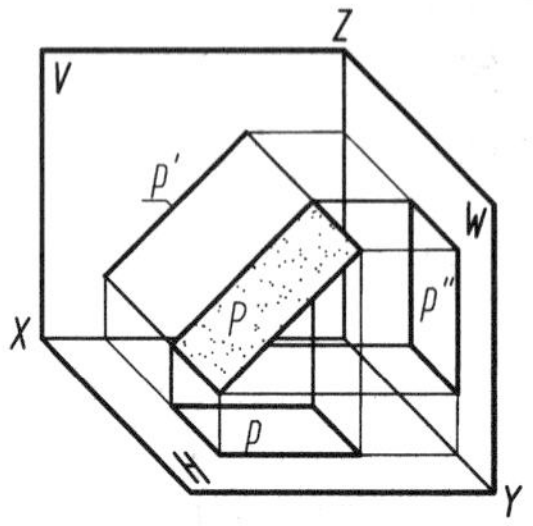	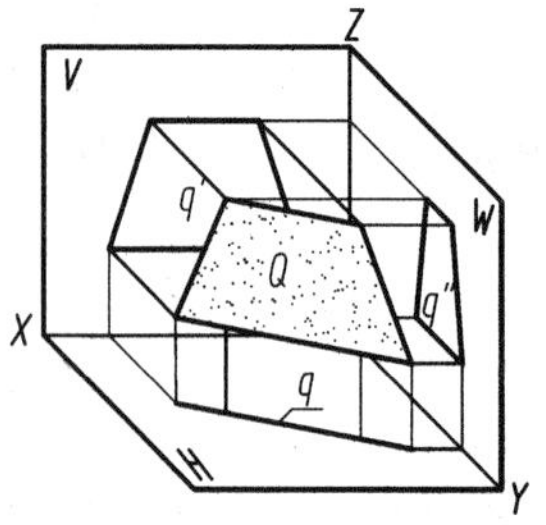	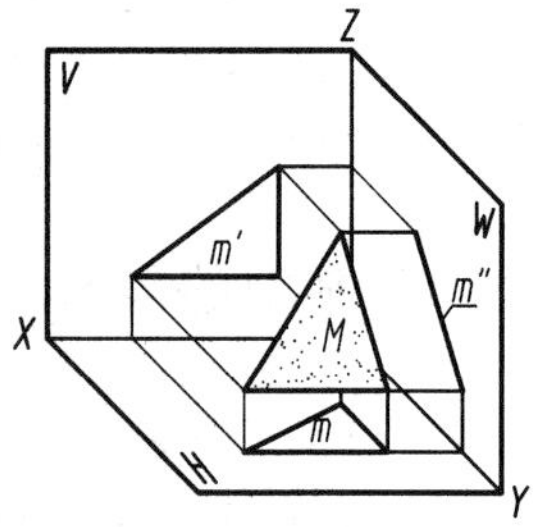
投影图	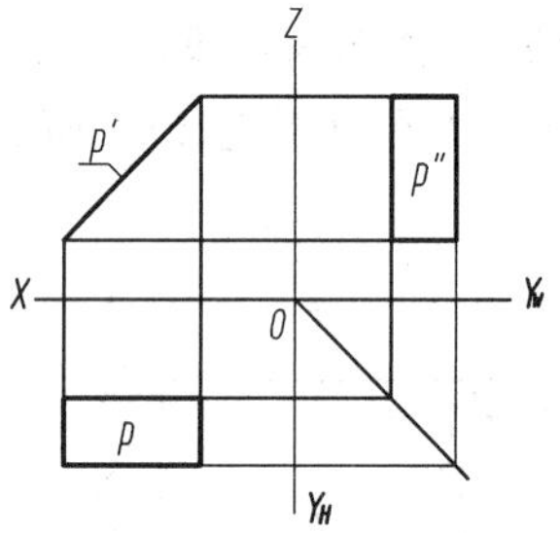	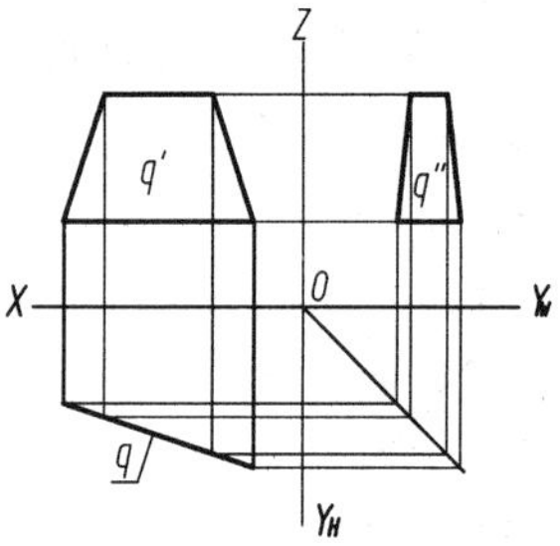	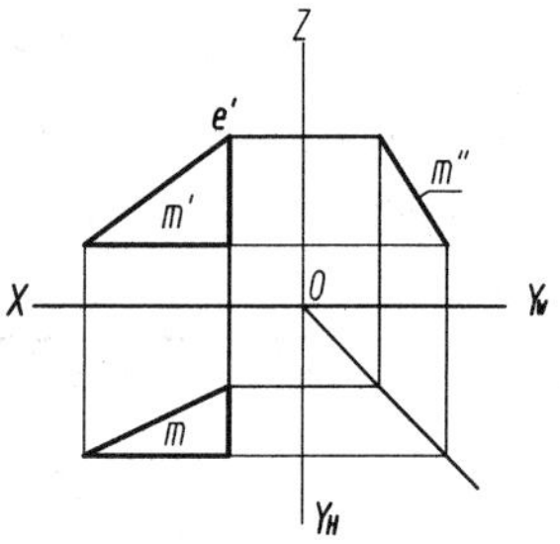
投影分析	1. 在 V 面上的投影积聚成一条直线； 2. 在 H、W 面上的投影为类似形	1. 在 H 面上的投影积聚成一条直线； 2. 在 V、W 面上的投影为类似形	1. 在 W 面上的投影积聚成一条直线； 2. 在 H、V 面上的投影为类似形
投影特性	一个投影积聚成一条倾斜的直线(垂直于该投影面)；其余两个投影为面，是小于原形的类似形		

3）投影面平行面

平行于一个投影面的平面，称为投影面平行面。因三个投影面是互相垂直的，所以平面与一个投影面平行，必定与另两个投影面垂直。投影面平行面又可分为三种，其投影图及投影特性见表 2-4。

表 2-4　投影面平行面的投影特性

	正平面	水平面	侧平面
立体图	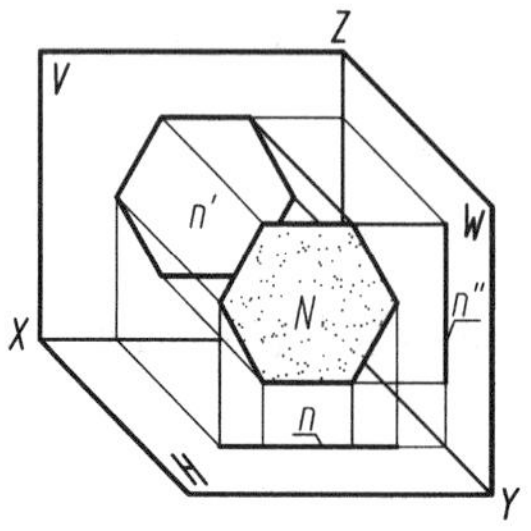	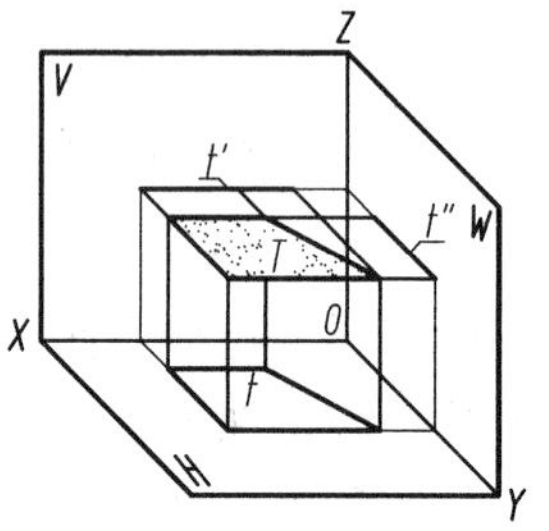	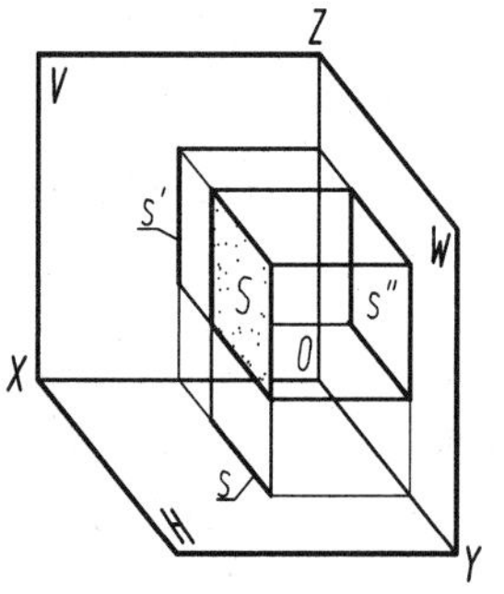

	正平面	水平面	侧平面
投影图			
投影分析	1. 在 V 面上的投影反映实形； 2. 在 H 面上的投影积聚成直线，且平行于 OX 轴；在 W 面上的投影积聚成直线，且平行于 OZ 轴	1. 在 H 面上的投影反映实形； 2. 在 V 面上投影积聚成直线，且平行于 OX 轴；在 W 面上投影积聚成直线，且平行于 OY_W 轴	1. 在 W 面上的投影反映实形； 2. 在 H 面上的投影积聚成直线，且平行于 OY_H 轴；在 V 面的投影积聚成一直线，且平行于 OZ 轴
投影特性	一个投影是面且反映实形(平行于该投影面)；其余两个投影积聚成直线，且分别平行于相应的投影轴		

平行于 V 面，垂直于 H 面及 W 面，简称正平面；

平行于 H 面，垂直于 V 面及 W 面，简称水平面；

平行于 W 面，垂直于 V 面及 H 面，简称侧平面。

3. 画和读平面的投影图

例 2 - 5 如图 2-22(a)所示，已知一平面形的两面投影，求作第三面投影。

由图看到该面的正面投影积聚为线，并与轴线倾斜，根据平面的投影特性，可判断是正垂面，因而其侧面投影应为水平投影的类似形。

(1) 求出平面各顶点在侧面的投影；

(2) 连接各点成为水平投影的类似形，如图 2-22(b)所示。

(a)

(b)

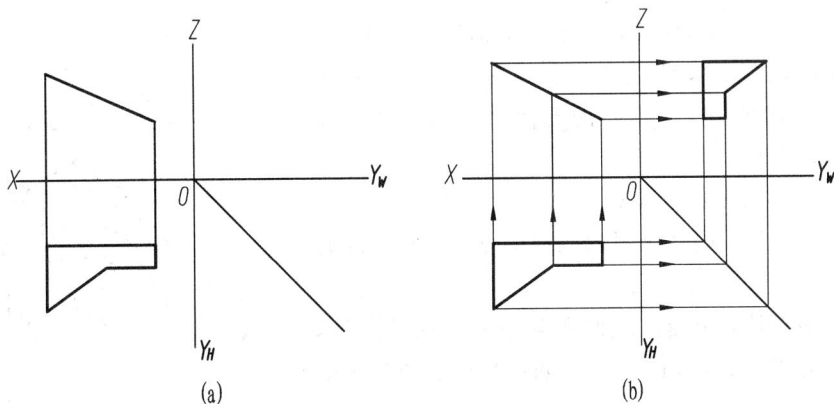

图 2 - 22 完成平面的三面投影

4. 在平面上的点和直线

1) 平面上的直线

直线在平面上的几何条件是：若一直线通过平面上的两个点，则此直线必定在该平面上；或一直线通过平面上的一点，并且平行于平面上的另一直线，则此直线必定在该平面上。

2) 平面上的点

点在平面上的几何条件是：点在平面内的任一直线上，则该点必在该平面上。

由此可知：要在平面上取点，必须先在平面上取一直线（辅助线），然后再在此直线上取点。

例 2 - 6 如图 2-23(a)所示，已知△ABC 上 K 点的正面投影 k'，求作其水平投影 k。

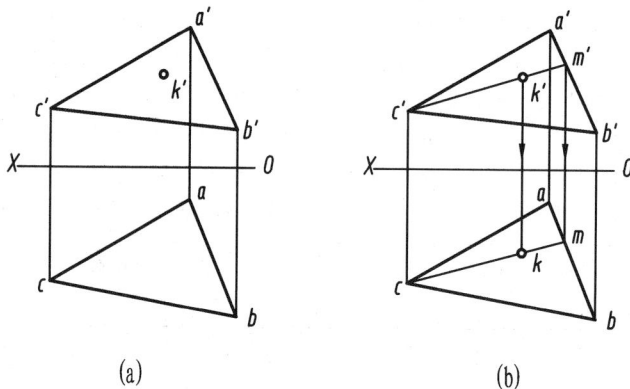

(a)　　　　　　　　　　　(b)

图 2-23　在平面上作辅助线取点

K 点既然在平面上，那么必定在平面内过该点的任一直线上。因此，可过 K 点作一条辅助直线，K 点的水平投影必在该直线上。

（1）过 c'、k' 作直线相交 $a'b'$ 于 m'，$c'm'$ 为直线 CM 的正面投影。

（2）作出直线 CM 的水平面投影 cm，则 k 必在 cm 上，如图 2-23(b)所示。

2.4　几何体的投影

机械零件的形状虽是多种多样的，但都可以看成是由一些简单的几何体组成的。如图 2-24 所示的六角头螺栓毛坯，就可看成是由正六棱柱和正圆柱组成的。这些简单的几何体统称为基本几何体，简称基本体。

根据基本体表面的几何性质，它们可分为：

（1）平面立体：由若干平面围成的立体，常见的有棱柱、棱锥等。

（2）曲面立体：由曲面或曲面与平面围成的立体，其中最常见的曲面体是回转体，如：圆柱、圆锥、圆台、球等。

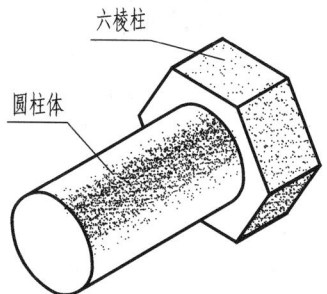

图 2-24　六角头螺栓毛坯

2.4.1 平面立体

平面立体中最常见的形式是棱柱与棱锥，它们均由棱面和底面所围成。相邻两棱面的交线称为棱线，底面和棱面的交线称为底边。

1. 棱柱

1）形体特征

如图 2-25(a)所示，正六边形的顶面和底面为两个形状、大小完全相同的互相平行的正六边形，其余六个棱面均为垂直六边形平面的矩形。

2）投影分析

如图 2-25 所示，正六棱柱的上、下底面为水平面，水平投影为正六边形，反映实形，它们的正面和侧面投影均积聚为一直线；六个棱面和六条棱线均垂直于水平面，其水平投影分别积聚在六边形的六条边和六个顶点上。六个棱面的正面和侧面投影分别为三个和两个可见矩形，各棱线的投影与矩形的边重合。

3）表面取点

棱柱上表面点可分为在棱线上和在平面上两种情况。对于在棱线上的点，找出点所在棱线的三个投影，通过从属关系即可求出点的各面投影。对于平面上的点，找出点所在平面的积聚性投影，平面上的点必定位于该投影上，即可求出点的各面投影。

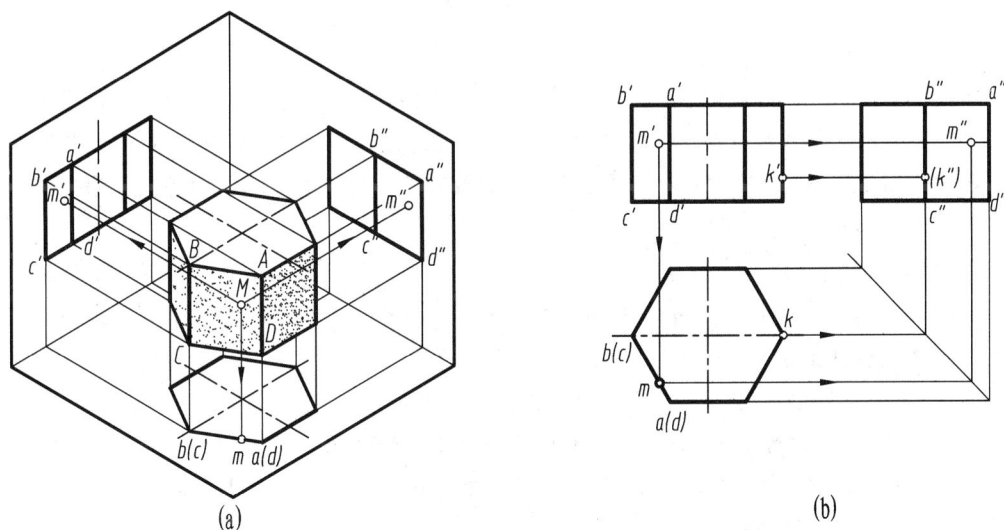

图 2-25　六棱柱投影图及表面取点

(a) 直观图；(b) 投影及表面取点

例 2-7　如图 2-25(b)所示，已知六棱柱表面点 K、M 的正面投影，求其另两面投影。

分析　点 K 在棱线上，k、k″必定在该棱线的同面投影上；点 M 在棱面上，m 必定落在其水平投影面的积聚性投影上，根据 m′、m 即求得 m″，完成其三面投影。

作图　如图 2-25(b)所示，注意 k″所属棱线在侧视图上不可见，故 k″不可见。

2. 棱锥

1）形体特征

棱锥的底面为多边形，各侧面均为过锥顶的三角形。如图 2-26(a)所示，正三棱锥底面为等边三角形，三个侧面均为过锥顶的等腰三角形。

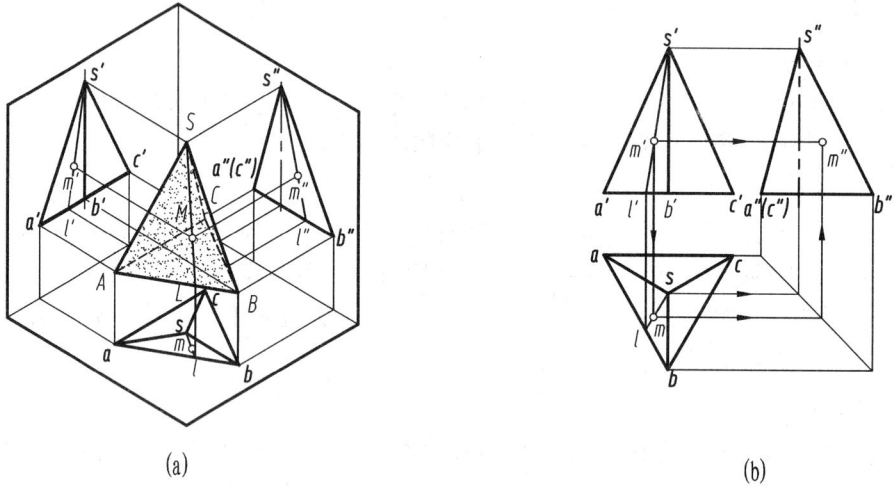

图 2-26　棱锥投影图及表面取点
(a) 直观图；(b) 投影图及表面取点

2）投影分析

如图 2-26(a)所示，正三棱锥的底面△ABC 为水平面，其水平投影△abc 为等边三角形，反映实形，正面和侧面投影都积聚为一水平线段。棱面△SAC 为侧垂面，所以侧面投影积聚为一直线，水平和正面投影都是类似形。棱面△SAB 和△SBC 为一般位置平面，三面投影均为类似形。

3）表面取点

棱锥上表面点一般情况与棱柱相同，若是一般位置平面，三个投影都没有积聚性，则需要通过作辅助线取表面点。

例 2-8　如图 2-26(b)所示，已知 M 点的正面投影 m'，求其另两面投影。

分析　点 M 所在棱面△SAB 为一般位置平面，投影没有积聚性。

作图　过 $s'm'$ 作一条辅助线 $s'l'$；求该线的水平投影 sl，m 必在直线 sl 上，根据 m'、m 可求得 m''，完成其三面投影。

2.4.2　曲面立体

常见的曲面立体是回转体，它们均是由一条直线或曲线绕一根轴线旋转而成的。

1. 圆柱

1）圆柱面的形成

圆柱面可看成是一条直线绕与它平行的轴线回转而成。如图 2-27 所示，回转中心称为轴线，运动直线称为母线，任意位置的母线称为素线。

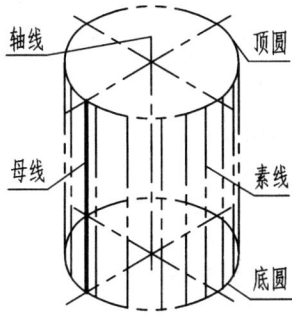

图 2-27 圆柱面的形成

2）投影分析

如图 2-28（a）所示，圆柱上、下底面为水平面，其水平投影反映实形，正面与侧面投影积聚成一直线。由于圆柱轴线与水平投影面垂直，圆柱面的水平投影积聚为一个圆周（重合在上下底面圆的实形投影上），其正面和侧面投影为形状大小相同的矩形。

正面投影中，矩形左右两边 $c'c_1'$ 和 $a'a_1'$ 分别是圆柱面最左和最右素线的投影，这两条素线的侧面投影与圆柱轴线的投影重合（不必画出），也是前半个圆柱面与后半个圆柱面在主视图上可见与不可见的分界线，称之为转向轮廓线。侧面投影的矩形请读者自行分析。

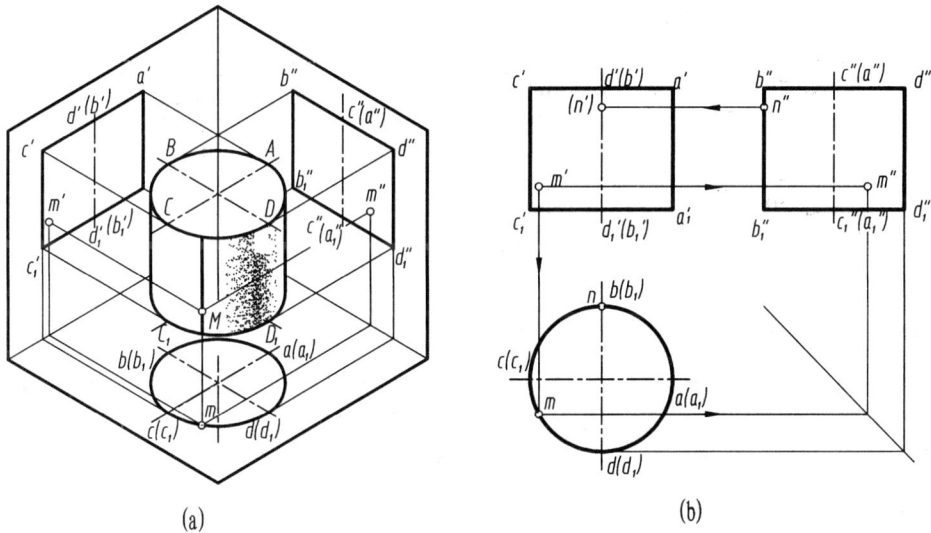

(a)   (b)

图 2-28 圆柱的投影及表面取点

（a）直观图；（b）投影及表面取点

3）表面取点

圆柱上表面点可分为在转向轮廓线上和在面上两种情况。对于转向轮廓线上的点，作图关键是要找到该轮廓线的三个投影位置，即可通过从属关系直接求出点的各个投影。对于回转面上的点，找出其积聚性投影，点必定位于该投影上，即可求出点的各面投影。

例 2-9 如图 2-28（b）所示，已知圆柱面上点 M、N 的正面投影 m' 和侧面投影 n''，求作两点的另两面投影。

分析 由 n'' 可知点 N 在最后边的转向轮廓线上，该轮廓线的正面投影与轴线投影重合，故 n' 不可见，n 在中心线位置；点 M 在圆柱面上，该面的水平投影积聚成圆，故 m 必在该积聚性投影上，根据 m'、m 求得 m''。

作图 作图过程如图 2-28(b)所示。

2. 圆锥

1）圆锥面的形成

圆锥面可看成是一条直线绕与它相交的轴线回转而成的，如图 2-29(a)所示，母线上任一点的运动轨迹称为纬圆。

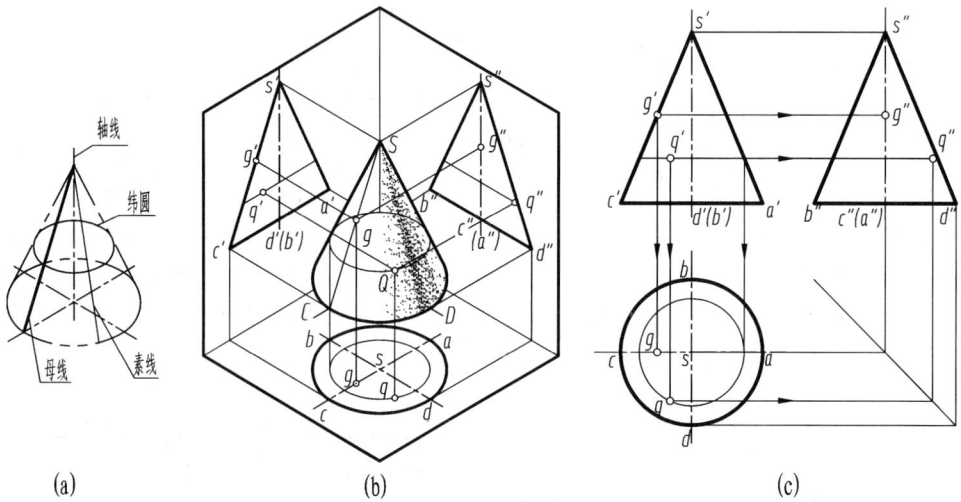

图 2-29 圆锥面的投影及表面取点
（a）圆锥的形成；（b）直观图；（c）投影及表面取点

2）投影分析

如图 2-29(b)所示，圆锥轴线垂直于水平面，底面位于水平位置，其水平投影反映实形，正面和侧面投影积聚成一直线；圆锥面在三投影面中都没有积聚性，水平投影与底面圆的水平投影重合，正面和侧面投影为形状大小相同的等腰三角形。

正面投影中，左右两边 $s'c'$、$s'a'$ 分别是圆锥面最左、最右素线的投影，这两条素线的侧面投影与圆锥轴线的投影重合，也是前半个圆锥面与后半个圆锥面在主视图上可见与不可见的转向轮廓线。侧面投影请读者自行分析。

3）表面取点

圆锥上表面点可分为在轮廓线上和在圆锥面上两种情况。对于轮廓线上的点，作图关键是要找出所在轮廓线的三个投影，通过从属关系即可求出点的各面投影。由于圆锥面在三投影面中都没有积聚性，在圆锥面上取点需要采用下面两种作辅助线的方法：

（1）素线法。由于圆锥面是由直母线形成的，回转面上过锥顶的线都是直线（素线），故作辅助素线求表面点与平面辅助线求点的方法相同。请读者自行分析作图。

（2）纬圆法。过已知点作辅助线（纬圆），依据纬圆所在的平面垂直于轴线，其半径是轮廓线上的点到轴线距离，确定出纬圆的半径和圆心。

例 2 - 10　如图 2 - 29(c)所示，已知圆锥面上点 G、Q 的正面投影 g'、q'，求作两点的另两面投影。

分析　由 g' 可知点 G 在最左边的转向轮廓线上，该轮廓线的侧面投影与轴线重合，水平投影在中心线位置；点 Q 在圆锥面上，需要用纬圆法取点。

作图　如图 2 - 29(c)所示，作图过程如下：

(1) 过 q' 作直线与轴线垂直，并与转向轮廓线相交，可得到纬圆的半径；

(2) 在水平投影上作与底圆同心的纬圆，则 q 必在该纬圆上；

(3) 根据 q'、q 求得 q''。

3. 圆球

1) 圆球面的形成

圆球面可看成一个圆(母线)绕其直径回转而成，如图 2 - 30(a)所示。

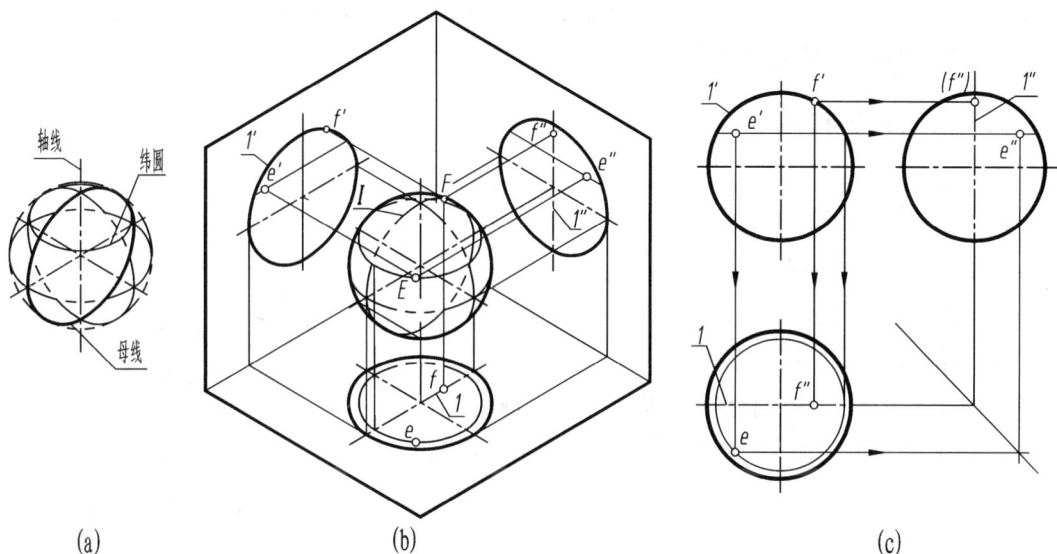

图 2 - 30　圆球的投影及表面取点

(a) 圆球的形成；(b) 直观图；(c) 投影及表面取点

2) 投影分析

圆球的三个视图都是与圆球直径相等的圆，均表示圆球面的投影，没有积聚性；这三个圆也分别表示圆球面上三个不同方向的转向轮廓线的投影。如图 2 - 30(b)所示，主视图中的圆 $1'$，表示前半球与后半球的分界线，是平行于正面的前后方向转向轮廓素线圆的投影，它在 H 和 W 面的投影与圆球的前后对称中心线 1、$1''$ 重合。左视图和俯视图中的圆，表示左半球与右半球和上半球与下半球的分界线，请读者自行分析。

3) 表面取点

对于圆球面在轮廓线上的点，同样需找出所在轮廓线的三个投影，通过从属关系即可求出点的各面投影。圆球面在三投影面中都没有积聚性，因圆球的母线是圆，因而圆球面上取点必须通过纬圆法。

例 2 - 11　如图 2 - 30(c)所示，已知圆球面上点 E、F 的正面投影 e'、f'，求作两点的另两面投影。

分析 由 f' 可知点 F 在与正面平行的转向轮廓线上,该轮廓线的水平和侧面投影与中心线重合;点 E 在圆球面上,球面的投影没有积聚性,故需要用纬圆法求 e、e''。

作图 如图 2-30(c)所示,作图过程如下:

(1) 过 e' 作直线与铅垂方向中心线垂直,并与转向轮廓线相交,可得到纬圆的半径;

(2) 在水平投影上作与轮廓圆同心的纬圆,则 e 必在该纬圆上;

(3) 根据 e'、e 求得 e''。

2.5 几何体的轴测图

用正投影法绘制的多面投影图(三视图),能反映物体的真实形状和大小,作图简便,但缺乏立体感。轴测图是一种富于立体感的单面投影图,但度量性差,且作图较为复杂,因而在工程上仅作为辅助图样使用。

2.5.1 轴测投影的基本知识

如图 2-31 所示,将物体和确定其空间位置的直角坐标系,按选定的某一方向,用平行投影法投影到某一选定的平面上,所得到的图形称为轴测投影图,简称轴测图。

1. 轴间角和轴向变形系数

如图 2-31 所示,空间坐标轴 X、Y、Z 在轴测投影面上的投影 X_1、Y_1、Z_1 称为轴测轴。相邻两轴测轴之间的夹角 $\angle X_1O_1Y_1$、$\angle X_1O_1Z_1$、$\angle Y_1O_1Z_1$ 称为轴间角。

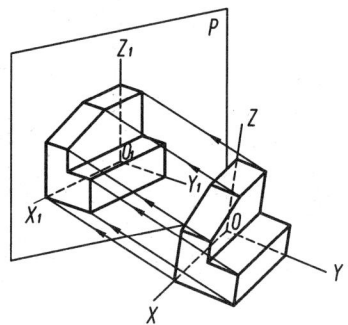

图 2-31 轴测投影的形成

直角坐标轴的轴测投影单位长度与相应直角坐标轴上的单位长度之比,称为轴向变形系数。

X 轴的轴向变形系数

$$p = \frac{O_1X_1}{OX}$$

Y 轴的轴向变形系数

$$q = \frac{O_1Y_1}{OY}$$

Z 轴的轴向变形系数

$$r = \frac{O_1Z_1}{OZ}$$

显然,轴向变形系数的大小与空间坐标轴对轴测投影面的倾斜角度及投影方法有关。不同种类的轴测图,其轴间角和变形系数也不相同,因此轴间角和轴向变形系数是绘制轴测图的两个重要参数。

2. 轴测图的投影特性

轴测图是用平行投影法得到的一种单面投影图，因此轴测图仍保持平行投影的投影特性。

（1）物体上互相平行的线段，在轴测图中仍互相平行；

（2）物体上平行于坐标轴的线段，在轴测图中仍然与相应的轴测轴平行，因此，其变形系数也一定与相应坐标轴的变形系数相等。

以上投影特性是绘制轴测图的重要依据，应熟练掌握和运用。物体上平行于各轴的线段，其线段的长度尺寸必须沿轴测轴方向度量，这就是"轴测"二字的含义。物体上不平行于各轴的线段，则不能在图上直接度量，而应按线段上两端点的坐标，分别做出端点的轴测投影，然后连线，即求得线段的轴测投影。

在机械图样中，最常用的轴测图是正等轴测图。

2.5.2　正等轴测图

1. 正等轴测图的形成、轴间角和变形系数

使物体上的三个坐标轴与轴测投影面倾斜成相同角度，用正投影法所得到的轴测投影图称为正等轴测图，简称正等测。正等测图的轴间角 $\angle X_1O_1Y_1 = \angle X_1O_1Z_1 = \angle Y_1O_1Z_1 = 120°$，轴向变形系数，$p = q = r \approx 0.82$。如图 2-32 所示，为简化作图，常取轴向变形系数为：$p = q = r = 1$。

采用简化变形系数画出的轴测图，比轴向变形系数为 0.82 时画出的轴测图放大到了 1.22 倍，但并不影响轴测图的直观效果。

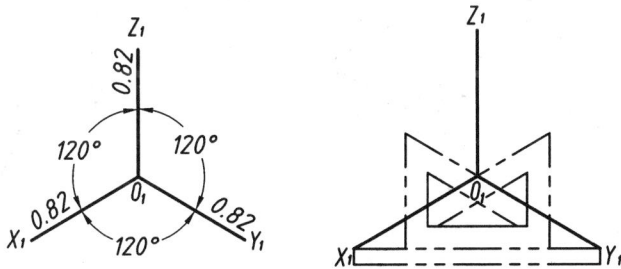

图 2-32　正等测图轴间角和变形系数

2. 平面立体的正等测图画法

轴测图最基本画法是坐标定点法，根据点的坐标，作出点轴测投影的方法，称为坐标定点法。它不仅适用于画点的轴测图，也适用于画各种物体的轴测图。如图 2-33 所示，作图步骤如下：

（1）根据三棱锥投影图，确定出轴测轴投影和各角点 S、A、B、C 的坐标；

（2）画轴测轴，根据坐标值，定出在轴测图上底面 A_1、B_1、C_1 的位置；

（3）定出在轴测图上 S_1 点的位置；

（4）连接各点，完成三棱锥轴测图。

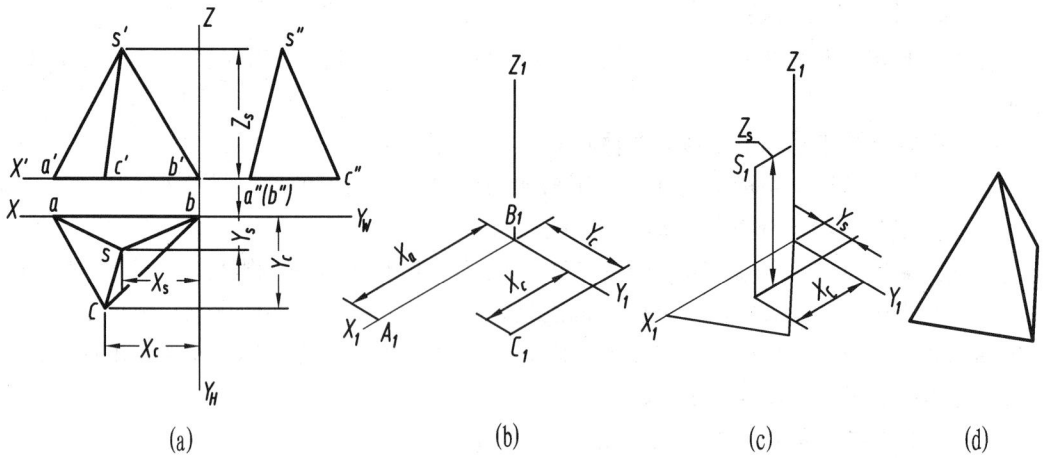

图 2-33 三棱锥正等测图的作图步骤

（a）确定各点的坐标；（b）画轴测轴，确定各点的位置；

（c）确定 S 点的位置；（d）完成轴测图

例 2-12 已知正六棱柱的两面视图，画出正等轴测图，其作图步骤如图 2-34 所示。图中以顶面中心 O 为坐标原点，自 O 点向下作 Z 轴，这时可减少一些不必要的作图线。

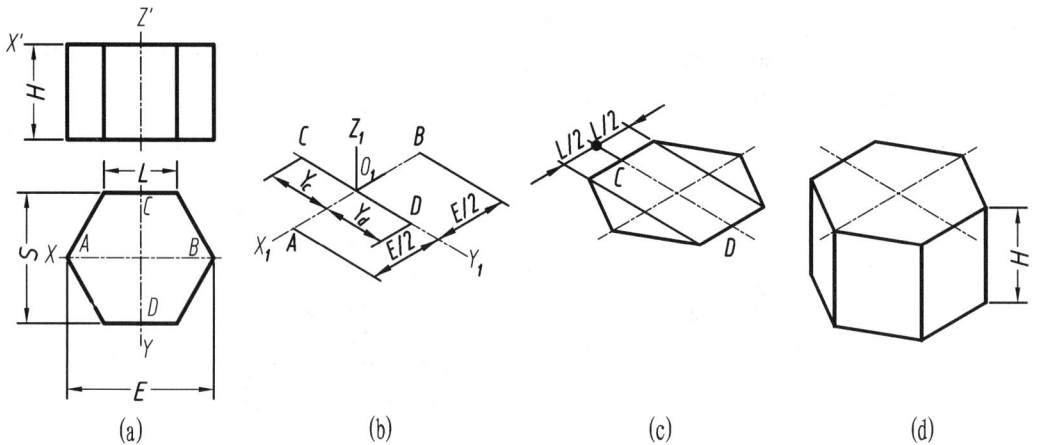

图 2-34 六棱柱正等测图的作图步骤

（a）定坐标轴；（b）画轴测轴，确定各点位置；

（c）作各角点连线；（d）过角点向下画棱线长 H，画底面各边

3. 回转体正等测图的画法

1）圆的正等轴测图的画法

根据正等轴测图形成的原理可知，平行于坐标面的圆的正等轴测图是椭圆，如图 2-35 所示，表示了平行于 V、H、W 三个投影面的圆的正等轴测图。由图可以看出：三个椭圆的形状和大小完全相同，但方向各不相同。

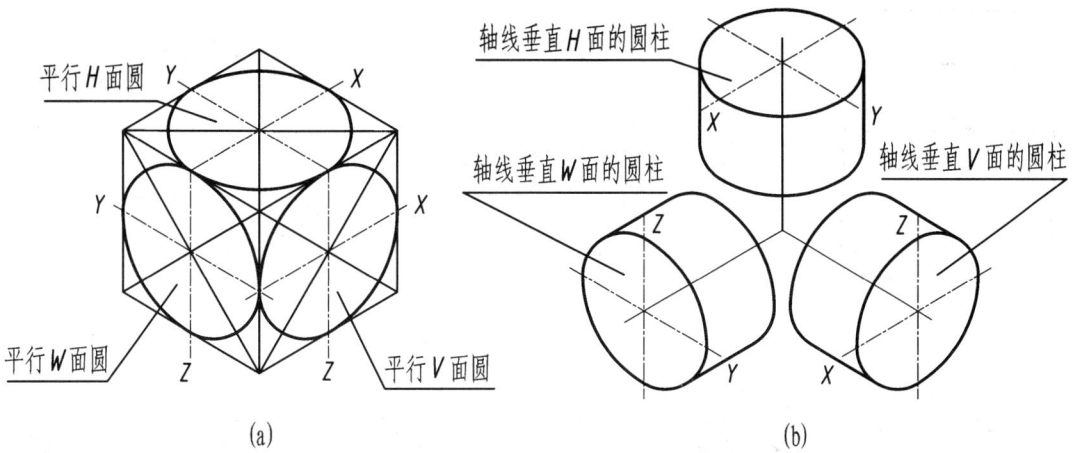

平行H面圆 Y X

Y X

平行W面圆 Z Z 平行V面圆

(a)

轴线垂直H面的圆柱 X Y

轴线垂直W面的圆柱 Z Y 轴线垂直V面的圆柱 Z X

(b)

图 2-35 圆、圆柱的正等测图
（a）各平行于投影面的圆的正等测图；（b）轴线垂直各投影面的圆柱的正等测图

正等轴测图的椭圆一般采用四心近似画法作图，即以四段圆弧光滑连接而成的近似椭圆，作图步骤如图 2-36 所示。平行于正面的圆和平行于侧面的圆的正等测图画法与平行于水平面的圆相同，只是所选坐标轴不同而已，如图 2-35（a）所示。

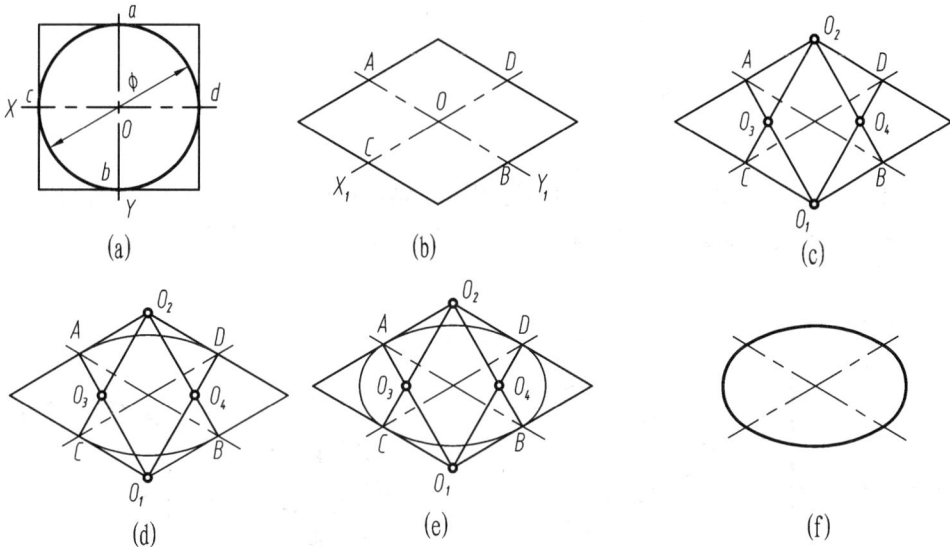

图 2-36 椭圆的四心近似画法
（a）俯视图；（b）作菱形；（c）求圆心；
（d）画大圆弧；（e）画小圆弧；（f）完成椭圆

2）1/4 圆角正等测图的画法

平行于坐标面的圆角可看成是平行于坐标面的 1/4 圆，其正等测图必是椭圆的 1/4。但通常不画出整个椭圆，而采用简化画法。现以带圆角的平板为例，介绍圆角的作图步骤，如图 2-37 所示。

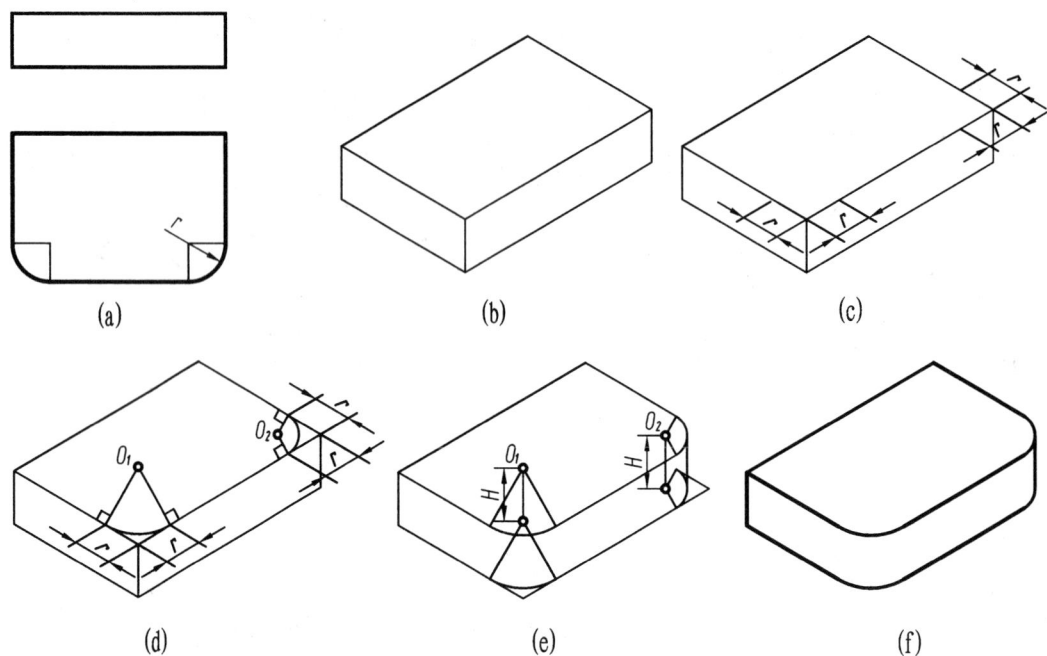

图 2-37 1/4 圆角的正等测图画法
(a) 视图；(b) 画平板；(c) 定半径；
(d) 作垂线，求圆心；(e) 画圆弧；(f) 完成平板正等测图

3) 回转体的正等测图

画回转体的正等测图时，应先用四心近似画法画出回转体上平行于坐标面的圆的正等测图，然后再画出其余部分。常见回转体的作图步骤如图 2-38 所示。

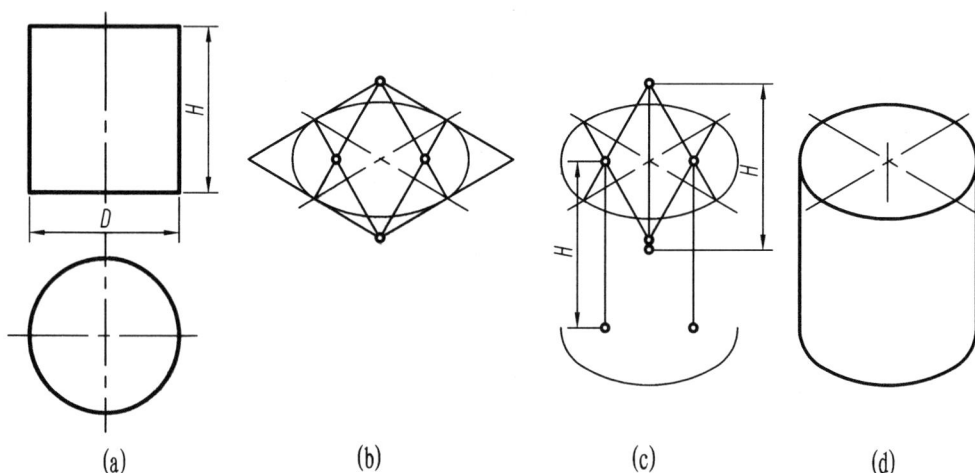

图 2-38 圆柱正等测图画法
(a) 视图；(b) 画顶面椭圆；(c) 画底面椭圆可见部分；(d) 完成圆柱正等测图

例 2 – 13 作图 2 – 39(a)所示的圆台正等测图。

作图步骤如图 2 – 39(b)、(c)所示。

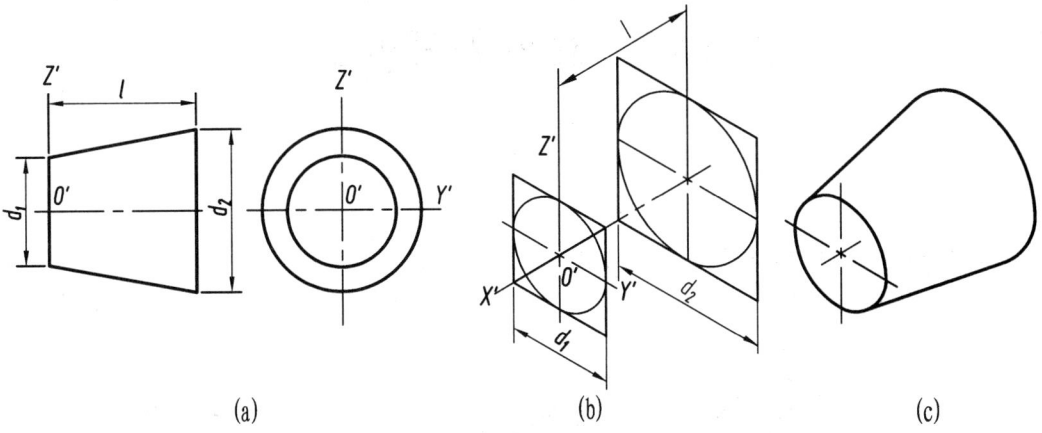

图 2 – 39 圆台正等测图画法

(a)视图；(b)画大、小端椭圆；(c)完成圆台正等测图

第3章　立体表面的交线

大多数的机器零件，往往是由基本体经过组合和截切后形成的。如图3-1所示，经过组合和截切的立体在表面会产生交线。本节主要讨论常见表面交线的类型、性质和作图方法。

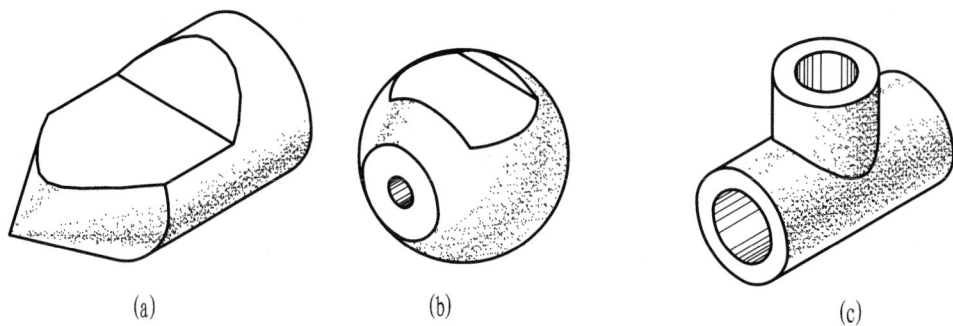

图3-1　立体表面的交线
（a）顶尖；（b）球阀芯；（c）三通

3.1　截　交　线

3.1.1　概述

平面与立体表面相交，可以认为是立体被平面截切，该平面通常称为截平面；截平面与立体表面的交线称为截交线；截交线围成的平面图形称为截断面。如图3-2(a)所示，P面为截平面，六边形Ⅰ Ⅱ Ⅲ Ⅳ Ⅴ Ⅵ为截交线，该截交线围成的平面为截平面。

截交线的性质如下：

（1）共有性：截交线既在截平面上，又在立体表面上，因此截交线是截平面与立体表面的共有线，截交线上的点是截平面与立体表面的共有点；

（2）封闭性：由于立体表面是封闭的，因此截交线一般是封闭的线框；

（3）截交线的形状取决于立体表面的形状和截平面与立体的相对位置。

3.1.2　截交线的画法

1. 平面体的截交线

截平面截切平面体所形成的交线为封闭的平面多边形，多边形的每一条边都是截平面与立体表面的交线，如图 3-2(a)所示。根据截交线的性质，求截交线的实质就是求截平面与立体表面的共有点。

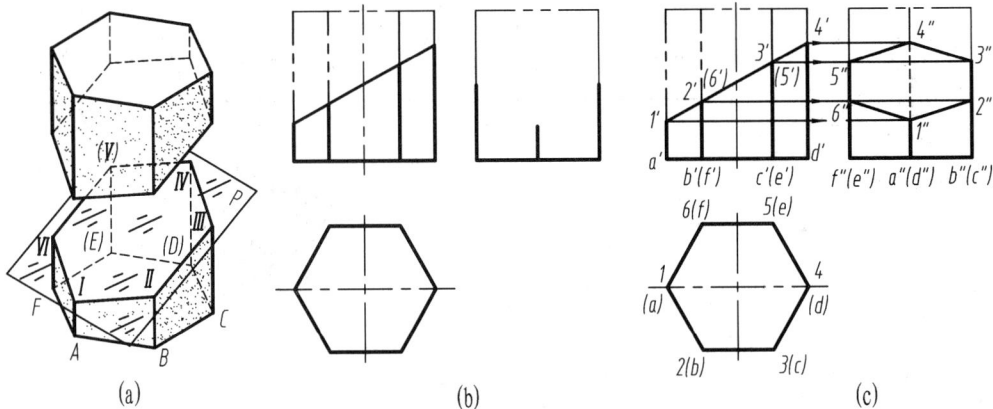

图 3-2 平面与六棱柱相交

(a)轴测图；(b)已知条件；(c)截交线的画法

例 3-1 如图 3-2 所示，六棱柱被 P 面截切，试画出六棱柱被截切后的侧面投影。

分析 根据截平面与六棱柱的相对位置可知，截平面与六棱柱的六个棱面相交，所形成的截交线为六边形。六边形六个顶点分别是棱线与截平面相交的交点。由于截平面与 V 面垂直，可直接利用积聚性作图，求出的侧面投影和水平投影是类似的六边形。

作图 如图 3-2(c)所示：

(1) 在正面投影中找出面与六棱柱棱线的交点 $1'$、$2'$、$3'$、$4'$、$5'$、$6'$，它们就是空间截平面与各棱线的交点的正面投影；

(2) 根据从属关系作出侧面投影 $1''$、$2''$、$3''$、$4''$、$5''$、$6''$ 和水平投影 1、2、3、4、5、6；

(3) 顺次连接各点的同面投影，即得截交线的三面投影；

(4) 整理轮廓线，判别可见性。六棱柱最左、最右两条棱线在侧面投影重合，被截切后，最右边棱线长出部分不可见，应画成虚线。

例 3-2 如图 3-3 所示为一带切口的三棱锥的轴测图，已知切口的正面投影，试画出三棱锥被截切后的水平投影和侧面投影。

分析 由于切口截平面 Q 为水平面、G 为正垂面，都垂直于正面，故切口的正面投影具有积聚性。因截平面 Q 与三棱锥底面平行，故它与棱面的交线 Ⅰ Ⅲ 、Ⅰ Ⅳ 必平行于三棱锥底面的对应边 AB、AC；Q 面与 G 面的交线 Ⅲ 、Ⅳ 垂直于正面，该交线上的端点 Ⅲ 、Ⅳ 属棱锥的表面点，与棱线 SA 的交点 Ⅰ 、Ⅱ 属于在线点，求出 Ⅰ 、Ⅱ 、Ⅲ 、Ⅳ 点的投影后，依次连接，完成缺口的投影。

作图 如图 3-3(c)所示：

(1) 在正面投影上找出 $1'$、$2'$、$3'$、$4'$，再求出 1、$1''$、2、$2''$；

(2) 过 1 作两条直线，分别平行于 ab、ac，由 $3'$、$4'$ 确定 3、4，再根据 $3'$、3 和 $4'$、4 求出 $3''$、$4''$；

(3) 连接 23、24、13、14 和 $2''3''$、$2''4''$、$1''3''$、$1''4''$，完成截交线；

(4) 整理轮廓线，判别可见性，Q 面和 G 面交线 34 被锥顶部分挡住不可见，连成虚线。

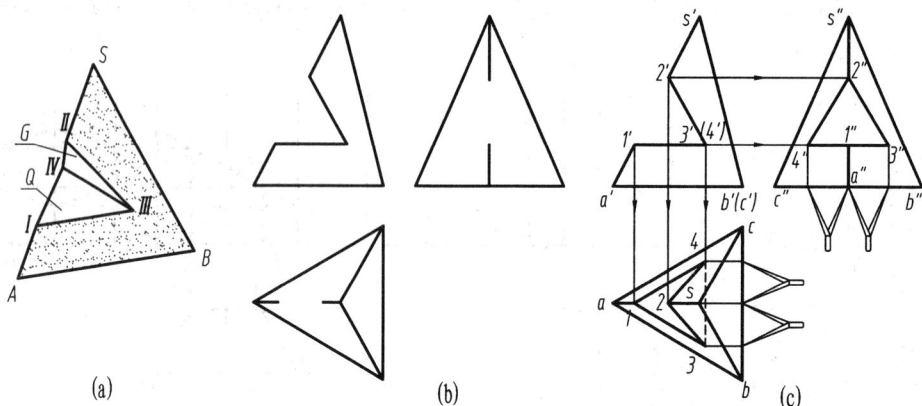

图 3-3 切口的三棱锥

（a）轴测图；（b）已知条件；（c）截交线的画法

2. 回转体的截交线

截平面与回转体相交时，截交线一般是封闭的平面曲线，有时为直线围成的平面图形或曲线与直线围成的平面图形。作图时，首先分析截平面与回转体的相对位置，从而了解截交线的形状。根据曲面立体表面取点的方法，先求特殊位置点（大多在回转体的转向轮廓素线上），再求一般位置点，并判别可见性，最后将这些点光滑连接即为截交线的投影。

1）圆柱的截交线

由于截平面与圆柱体的相对位置不同，截交线的形状也各不相同，可分为三种情况，见表 3-1。

表 3-1　圆柱体的截交线

截平面的位置	与轴线平行	与轴线垂直	与轴线倾斜
轴测图			
投影图			
截交线形状	矩形	圆	椭圆

· 48 ·

例 3 - 3 如图 3 - 4 所示，求圆柱被正垂面截切后的截交线投影。

分析 由于截平面与圆柱轴线倾斜，故截交线应为椭圆。截交线的正面投影积聚成直线；截交线的水平投影与圆柱面的积聚性投影重合；侧面投影可根据圆柱面上取点的方法求出。

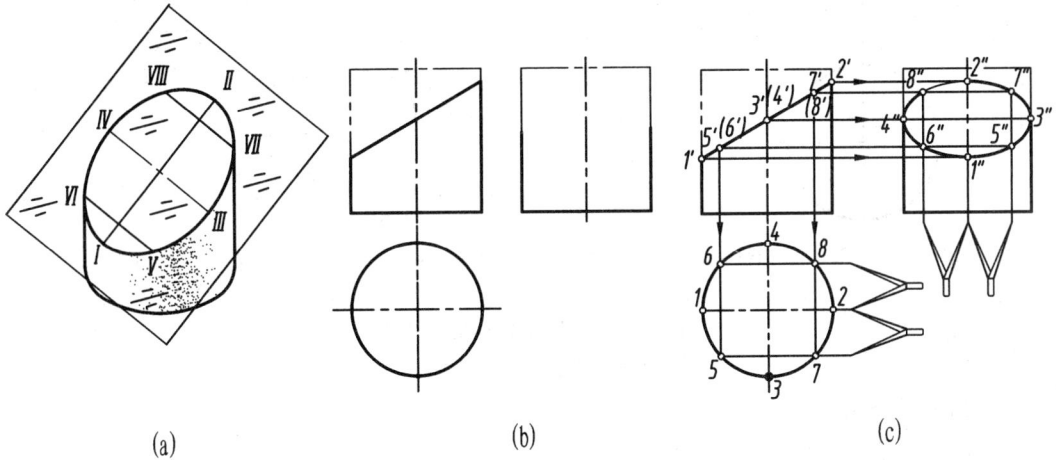

图 3 - 4　斜切圆柱的截交线

（a）轴测图；（b）已知条件；（c）截交线的画法

作图 如图 3 - 4(c)所示：

(1) 先找出截交线上特殊点的正面投影 1′、2′、3′、4′，它们是圆柱的最左、最右以及最前、最后素线上的点，也是椭圆长、短轴的四个端点。作出其水平投影 1、2、3、4，侧面投影 1″、2″、3″、4″；

(2) 再作出适当数量的一般点。先在正面投影上选取 5′、6′、7′、8′，根据圆柱面的积聚性，找出其水平投影 5、6、7、8，由点的两面投影作出侧面投影 5″、6″、7″、8″；

(3) 将这些点的侧面投影依次光滑地连接起来，就得到截交线的三面投影。

例 3 - 4 如图 3 - 5(a)所示，求圆柱被截切后的截交线投影。

分析 圆柱上端削扁部分是由左、右两个平行于轴线的对称侧平面 P 和垂直于轴线的平面 Q 切割而成的；平面 P 与圆柱的交线是直线；平面 Q 与圆柱的交线为圆弧，圆柱表面的截交线均可用积聚性法作出。

作图 如图 3 - 5(b)所示：

(1) 截平面 P 与圆柱面的交线是矩形，它们的侧面投影反映实形，水平投影积聚成直线，根据 V 面投影，求出水平投影 p，根据两面投影可作出其侧面投影 $p″$；

(2) 截平面 Q 与圆柱的交线是部分圆弧，侧面投影 $q″$ 积聚成直线，水平投影 q 反映实形并在圆周上，可求得侧面投影；

(3) 整理轮廓，加深即可完成截交线投影。

(a) (b)

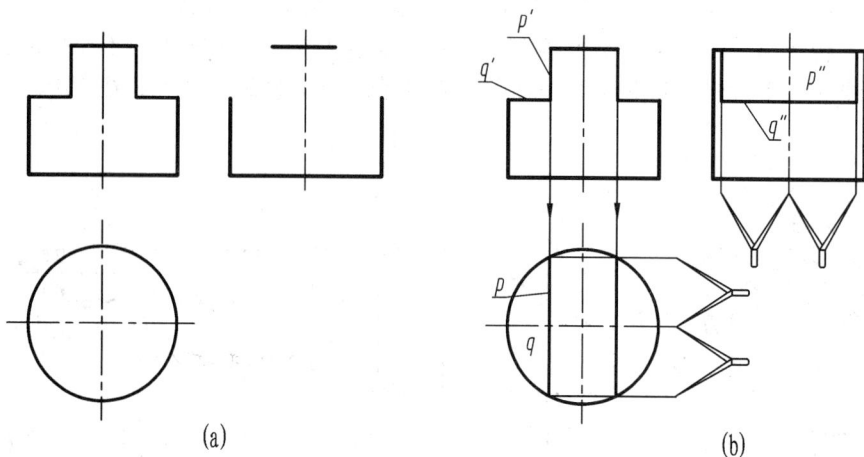

图 3-5 切角圆柱体的截交线

（a）已知条件；（b）截交线的画法

2）圆锥的截交线

截平面与圆锥轴线的相对位置不同，截交线有五种情况，见表 3-2。

表 3-2 圆锥体的截交线

截平面的位置	与轴线垂直	过圆锥顶点	与轴线倾斜	与轴线平行	与任一素线平行
轴测图					
投影图					
截交线的形状	圆	两相交直线	椭圆	双曲线	抛物线

例 3-5 如图 3-6(a)、(b)所示，圆锥被一正平面所截切，画出该截交线的正面投影和水平面投影。

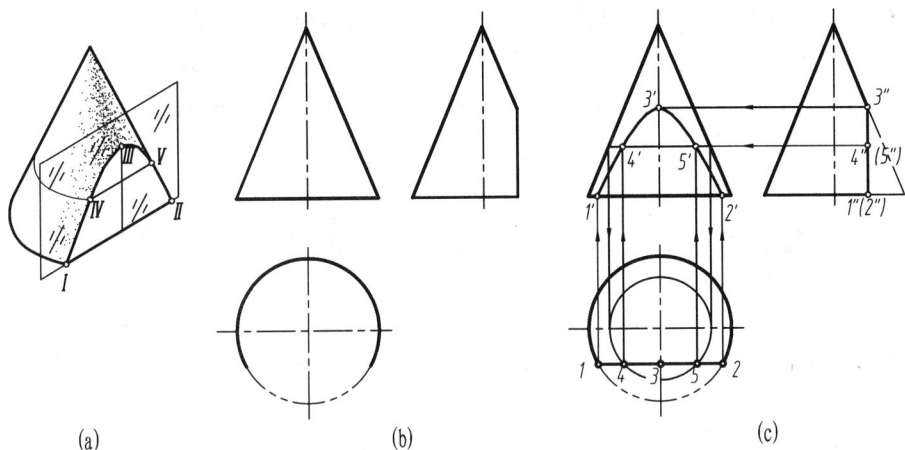

图 3-6 正平面与圆锥相交

(a)轴测图；(b)三视图；(c)截交线的画法

分析 由于截平面为正平面与圆锥轴线平行，因此与圆锥面的截交线为双曲线，在正面投影反映实形；H 面投影和侧面投影均积聚成一直线。

作图 如图 3-6(c)所示：

(1) 先作出特殊点，即根据 $1''$、$2''$、$3''$，求出 1、2、3 和 $1'$、$2'$、$3'$；

(2) 再作出一般点，即过 $4''$、$5''$并利用纬圆法求出 4、5、$4'$、$5'$；

(3) 依次光滑连接各点即得截交线的正面投影、水平投影；

(4) 整理轮廓，俯视图中底圆画到 1、2 两点；侧视图中最前的转向轮廓素线画到 $3''$。

3）球的截交线

平面与球相交，不论截平面处于何种位置，截交线是圆。当截平面平行于投影面时，截交线在该投影面上的投影反映实形，另两个投影积聚成直线，如图 3-7(a)所示。当截平面倾斜于投影面时，截交线在该投影面上的投影为椭圆，如图 3-7(b)所示。

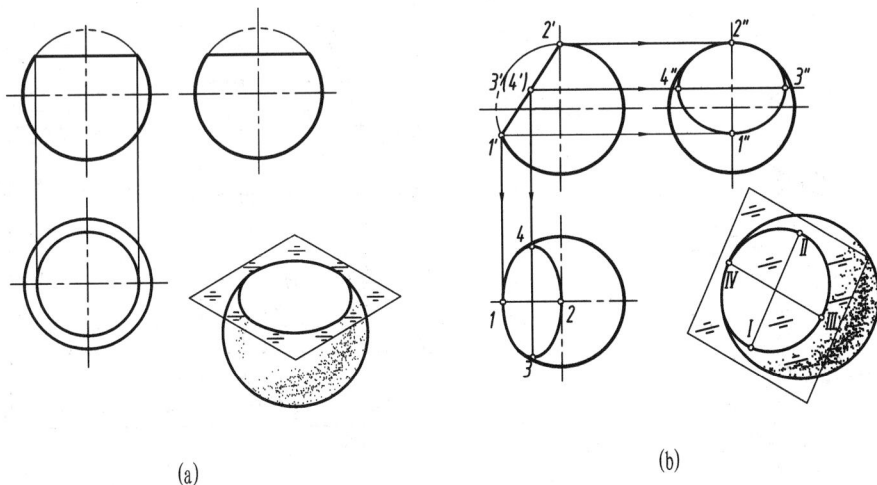

图 3-7 球的截交线

(a)截平面为水平面；(b)截平面为正垂面

例 3-6 如图 3-8 所示，补全开槽半球的水平投影和侧面投影。

分析 球表面的凹槽由两个侧平面 P 和一个水平面 R 切割形成，截平面 P 截得一段平行于侧面的圆弧，而截平面 R 则截得前后各一段水平的圆弧，两截平面之间的交线与正面垂直。

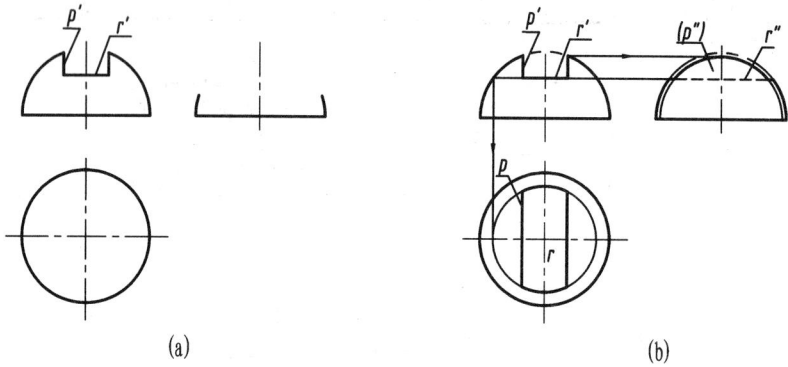

(a) (b)

图 3-8 开槽半球的截交线
(a) 已知条件；(b) 截交线的画法

作图 如图 3-8(b) 所示：

(1) 根据 p' 得出侧面截交线圆弧半径，作出侧平面 P 截交线圆弧的侧面投影（两平面重合），截平面 P 在水平面投影积聚成线 p；

(2) 根据 r' 得出水平面截交线圆弧半径，作出截平面 R 的截交线圆弧的水平投影，截平面 R 在侧面投影积聚成线 r''；

(3) 整理轮廓，判别可见性，球侧面投影的转向轮廓线处在截平面 R 以上的部分被截切，不必画出；在投影 r'' 中间的部分被左半边部分球面所挡，故画成虚线。

4）组合回转体的截交线

组合回转体是由若干个基本回转体组成的，如图 3-9 所示。作图时首先要分析各部分的曲面性质，然后按照它们的几何特性确定其截交线的形状，再分别作出其投影。

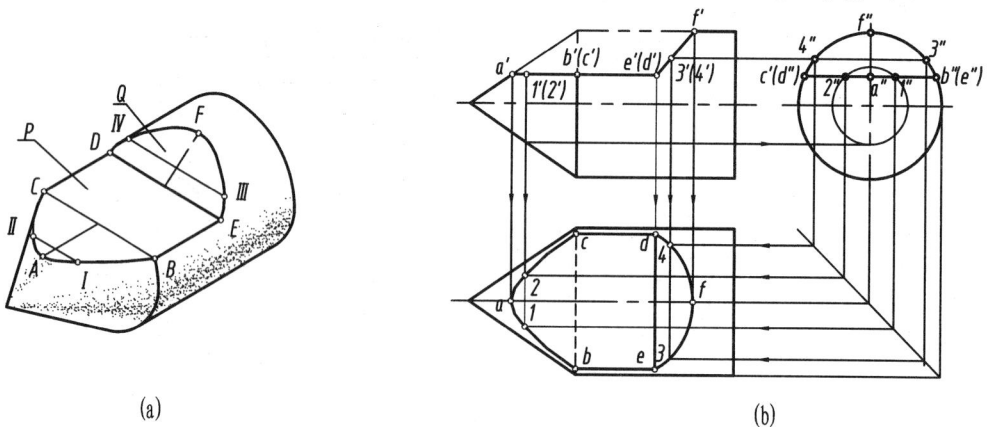

(a) (b)

图 3-9 顶尖的截交线
(a) 轴测图；(b) 截交线的作图方法

例 3-7 如图 3-9(a)所示为一顶尖，已知三视图，补画三视图上截交线。

分析 顶尖由一同轴的圆锥和圆柱组合而成，其上切去的部分可以看成被水平面 P 和正垂面 Q 截切而成。平面 P 与圆锥面的截交线为双曲线，与圆柱面的截交线为两平行直线，它们的水平投影反映实形，而正面投影和侧面投影分别积聚成线。平面 Q 截切圆柱的范围只切到 P 面为止，故与圆柱面的截交线是一段椭圆弧，其正面投影积聚成线，侧面投影积聚到圆柱的侧面投影上，而水平投影为椭圆弧，但不反映实形。所以顶尖上的整个截交线是由双曲线、两平行直线和椭圆弧三部分组成的。

作图 如图 3-9 所示：

(1) 用纬圆法画双曲线的投影，求特殊点：双曲线的顶点 A 和末端两点 B 与 C 的投影。再求一般点 Ⅰ 和 Ⅱ 的投影，光滑地连接各点，即得双曲线的水平投影，其正面投影和侧面投影分别积聚成线。

(2) 画椭圆弧的投影，先求特殊点 F、E 和 D，可求得其两个投影。再求一般点 Ⅲ 和 Ⅳ 的投影，光滑地连接各点，即得椭圆弧的水平投影，其正面和侧面投影积聚成线。

(3) 画直线部分的投影，连接 be、cd 和 cb、de，完成截交线的投影；

(4) 整理轮廓，同轴圆锥和圆柱的交线上部被截平，大部分交线仍存在，故 bc 两侧交线可见，应连成实线，bc 中间部分不可见，应连成虚线。

3.2　相　贯　线

3.2.1　概述

两回转体相交称为相贯，两相贯的回转体称为相贯体，其表面的交线称为相贯线。如图 3-10(a)所示，相贯线的一般性质如下：

(1) 共有性：相贯线是两回转体表面的共有线，也是两相交立体的分界线。相贯线上的所有点都是两回转体表面的共有点。

(2) 封闭性：由于立体的表面是封闭的，因此相贯线在一般情况下是封闭的线框。

(3) 相贯线的形状取决于回转体的形状、大小以及两回转体之间的相对位置。一般情况下相贯线是空间曲线，在特殊情况下是平面曲线或直线。

根据相贯线的性质，求相贯线的实质就是求两相贯体表面的共有点。

3.2.2　相贯线的画法

最常见到的相贯体是两相贯圆柱轴线垂直相交，称为两圆柱正交，下面主要介绍两圆柱正交相贯线的画法。

1. 积聚性法

由于圆柱的轴线垂直于投影面，因而相贯线在该投影面上的投影就在该圆柱面有积聚性投影的圆周上。这样就可以在相贯线上取一些点，按回转体表面取点的方法作出相贯线的其它投影。

例 3-8 如图 3-10(a)所示，已知两相贯圆柱的三面投影，求作它们的相贯线。

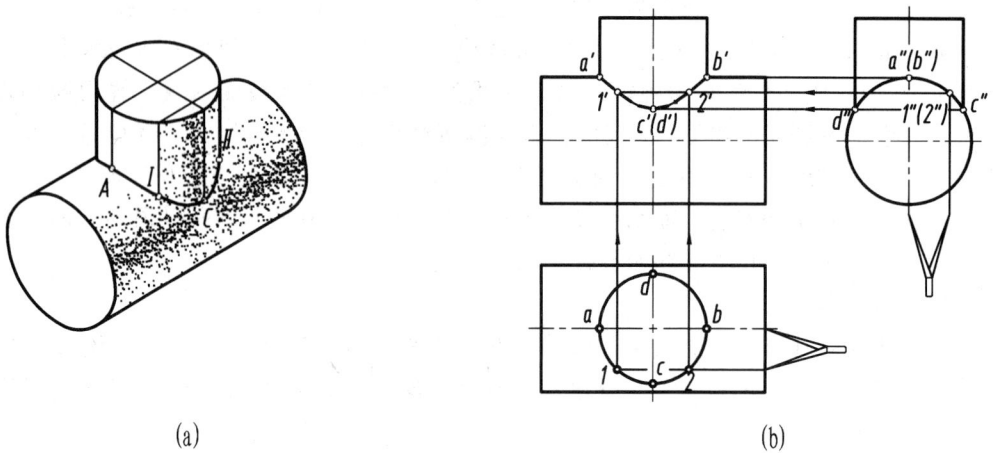

(a)

(b)

图 3-10 圆柱与圆柱正交

(a) 轴测图;(b) 表面取点法求相贯线

分析 由于两圆柱的轴线分别为铅垂线和侧垂线,因而相贯线的水平投影就积聚在铅垂圆柱的水平投影圆上,侧面投影积聚在侧垂圆柱的侧面投影圆上,得知相贯线的两个投影,就可以求得其正面投影。

作图 如图 3-10(b)所示:

(1)求特殊点。在水平投影上定出 a、b、c、d 点,是相贯线的最左、最右、最前、最后点,再在侧面投影作出 a''、b''、c''、d''。由这四点的两面投影,求出正面投影 a'、b'、c'、d';其中 c'、d' 是相贯线上前后最低点。

(2)求一般点。在水平投影上定出左右对称点 1、2,求出它们的侧面投影 $1''$、$2''$,由这两点的两面投影,求出正面投影 $1'$、$2'$。

(3)光滑连线。连接各点的正面投影,即得相贯线的正面投影。由于前半相贯线在两个圆柱的前半个圆柱面上,因而其正面投影 a'、$1'$、c'、$2'$、b' 可见,而后半相贯线的正面投影不可见,并与前半相贯线重合。

对于圆柱上开圆柱孔,内外表面相交的情况,相贯线的作图方法相同,如图 3-11 所示。

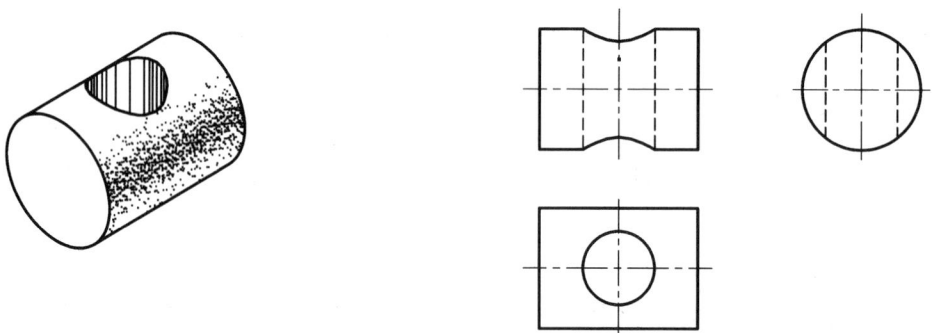

图 3-11 圆柱与圆柱孔相交

2. 近似画法

两轴线垂直相交的圆柱，在零件上是最常见的，当两圆柱直径相差较大时，对于图 3-11、3-12 所示的轴线垂直相交两圆柱的相贯线，为了作图方便常采用近似画法，即用一段圆弧代替相贯线，该圆弧的圆心在小圆柱的轴线上，半径为大圆的半径，如图 3-12 所示。

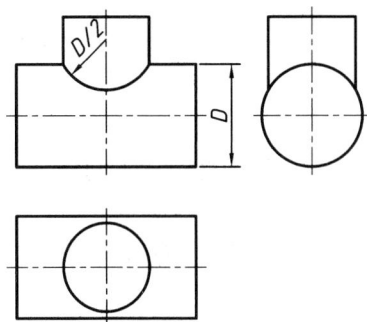

图 3-12　相贯线的近似画法

3.2.3　相贯线的特殊情况

在一般情况下，两回转体的相贯线是空间曲线，但在特殊情况下，也可能是平面曲线。当圆柱与圆柱、圆柱与圆锥相贯有一公切球时相贯线成为平面曲线，该平面与投影面垂直时，在该投影面上相贯线的投影成为直线，这种情况下的相贯线可直接画出。如图 3-13 所示。

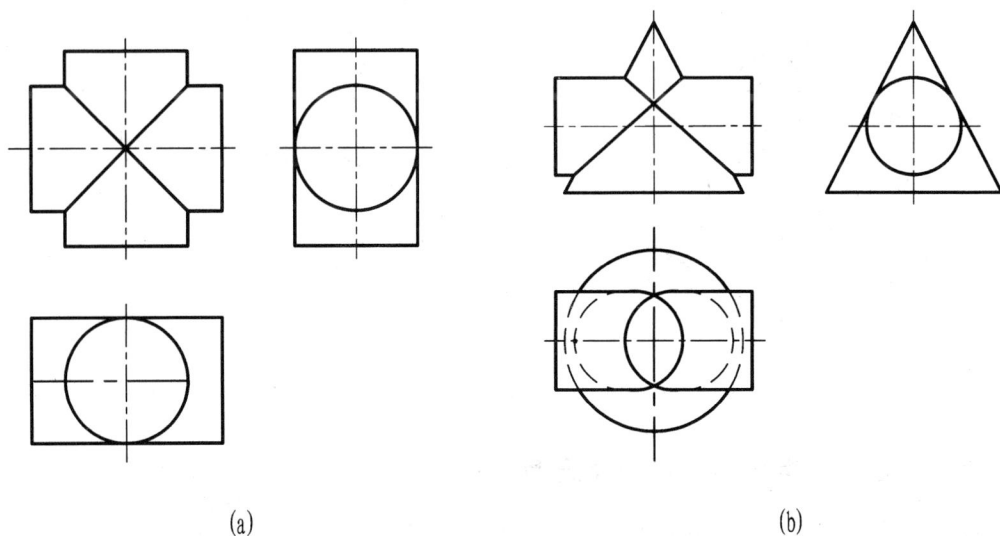

(a)　　　　　　　　　　　　　　(b)

图 3-13　相贯线的特殊情况
（a）两圆柱相贯；（b）圆柱与圆锥相贯

第4章 组合体

4.1 概　述

常见的机器零件，一般是由一些基本几何体按一定要求组合而成的。这些由若干个基本几何体构成的形体称为组合体。

4.1.1 组合体的形体分析

为了便于画图、读图和标注尺寸，通过分析将组合体分解为若干个基本几何体，并搞清它们之间相对位置和组合形式的方法，称为形体分析法。如图 4-1 所示的支架，可分解为底板、竖板、肋板三部分，如图 4-2 所示。实际画图时就可采用"先分后合"的方法，使复杂问题简单化。

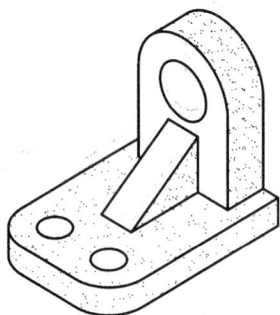

图 4-1　支架

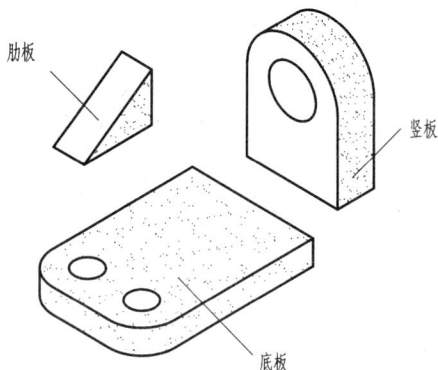

图 4-2　支架的形体分析

4.1.2 组合体的组合形式及表面连接关系

在组合体的画图及读图过程中，必须搞清组合形式及表面连接关系。组合体的组合形式有叠加和切割两种基本形式，而常见的是这两种形式的综合。如图 4-3 所示。

组合体各形体表面之间的连接关系可分为平齐、不平齐、相交、相切四种情况。其画法如图 4-4 所示。

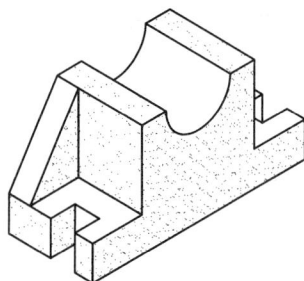

图 4-3　综合型组合体

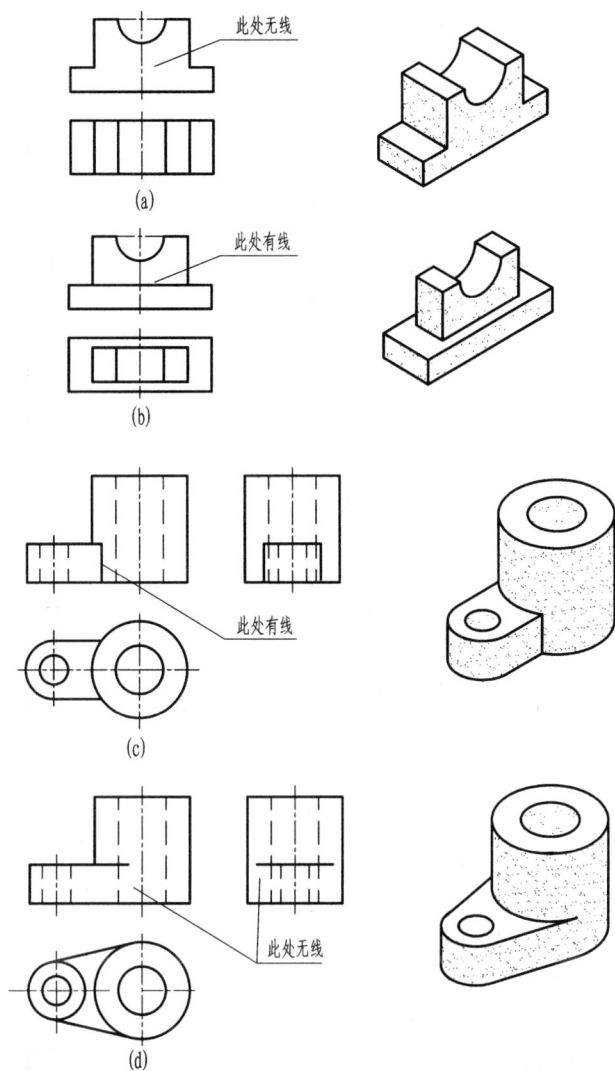

图 4-4　组合体表面间的连接关系

（a）表面平齐；（b）表面不平齐；（c）表面相交；（d）表面相切

4.2　组合体的三视图画法

4.2.1　画图步骤

1. 形体分析

在画图之前，首先应对组合体进行形体分析，将其分解成几个组成部分，明确各基本体的形状、相互之间的组合形式、相对位置及表面连接关系，为画图作准备。

2. 选择主视图

主视图应能明显地反映出物体形状的主要特征，并按自然安放位置放置，力求使主要平面和投影面平行。

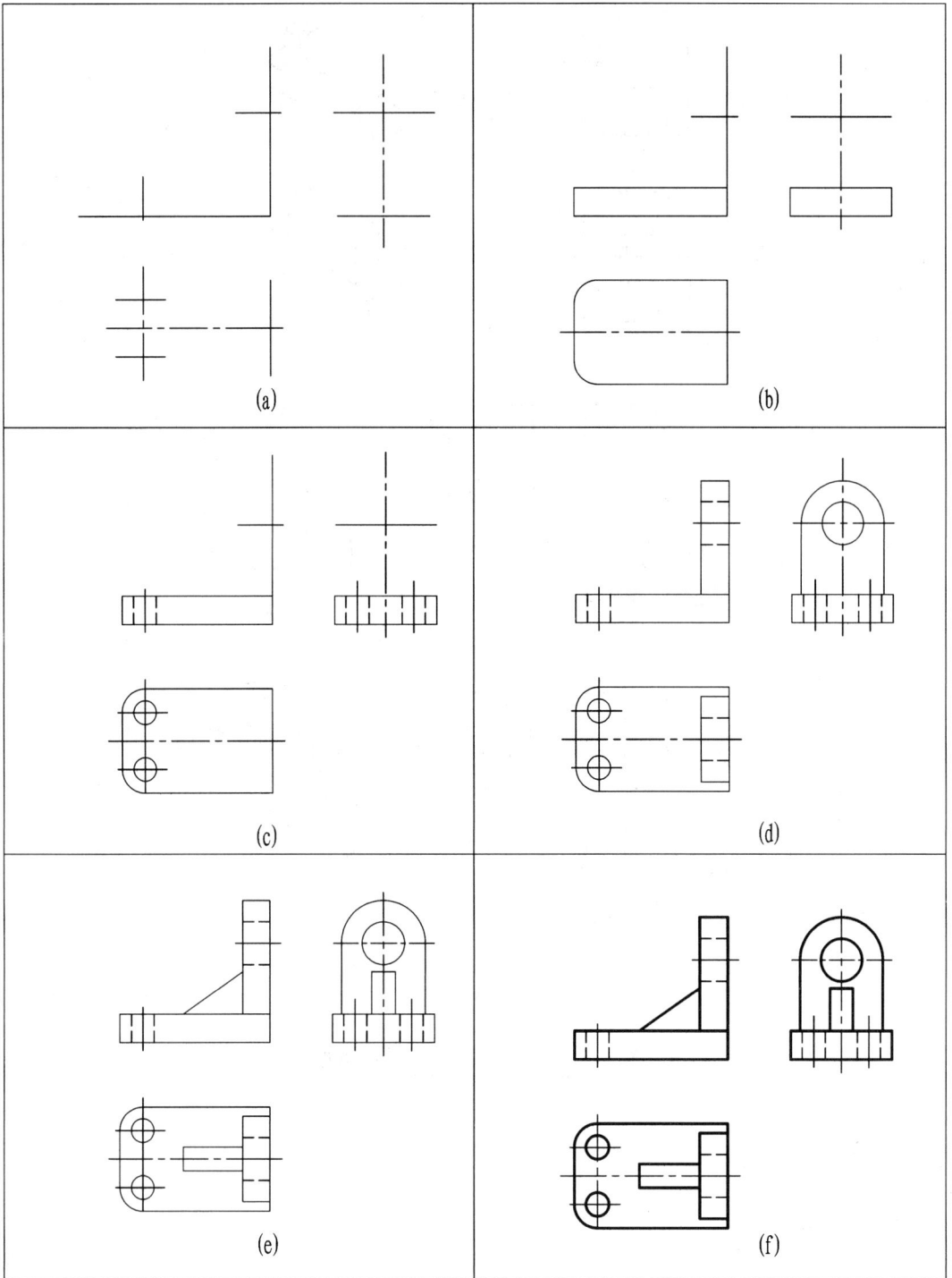

图 4-5 支架的画图步骤

(a) 画作图基准线；(b) 画底板；(c) 画底板上的孔；

(d) 画竖板 ；(e) 画肋板；(f) 检查加深

3. 选比例、定图幅

视图确定以后，要根据物体的大小及复杂程度，按标准规定选定作图比例和图幅。

4. 布置视图

应将视图匀称地布置在幅面上，布置视图时即画出基准线。

5. 绘制底稿

按形体分析法逐个画出各基本形体，最好是三个视图配合着画。画图的先后顺序是，一般应从形状特征明显的视图入手，先画主要部分，后画次要部分；先画可见部分，后画不可见部分。

6. 检查描深

4.2.2 画图举例

如图4-5所示为支架的画图步骤。

4.3 组合体的尺寸标注

视图只能表达组合体的形状，而其大小则由所标注的尺寸来确定。

4.3.1 尺寸标注的基本要求

尺寸标注的基本要求如下：

1. 正确

要符合国家标准中有关尺寸标注法的规定。

2. 完整

要能反映组合体中各基本体的大小及它们间的相对位置，做到既不重复，也不遗漏。

3. 清晰

尺寸的安排和配置要恰当，使图面清晰和便于读图。

4.3.2 尺寸基准及种类

1. 尺寸基准

标注尺寸的出发点就是尺寸基准。在三维空间中，应有长、宽、高三个方向的尺寸基准。一般采用组合体对称中心线，回转体轴线及较大平面作为尺寸基准。如图4-6(b)所示。

2. 尺寸种类

(1) 定形尺寸：确定组合体中各组成部分的形状和大小的尺寸。如图4-6(a)所示。

(2) 定位尺寸：确定组合体各组成部分相互位置的尺寸，如图4-6(c)中的24、56、42。

(3) 总体尺寸：确定组合体总长、总宽、总高的外形尺寸，如图4-6(c)中的66、44。

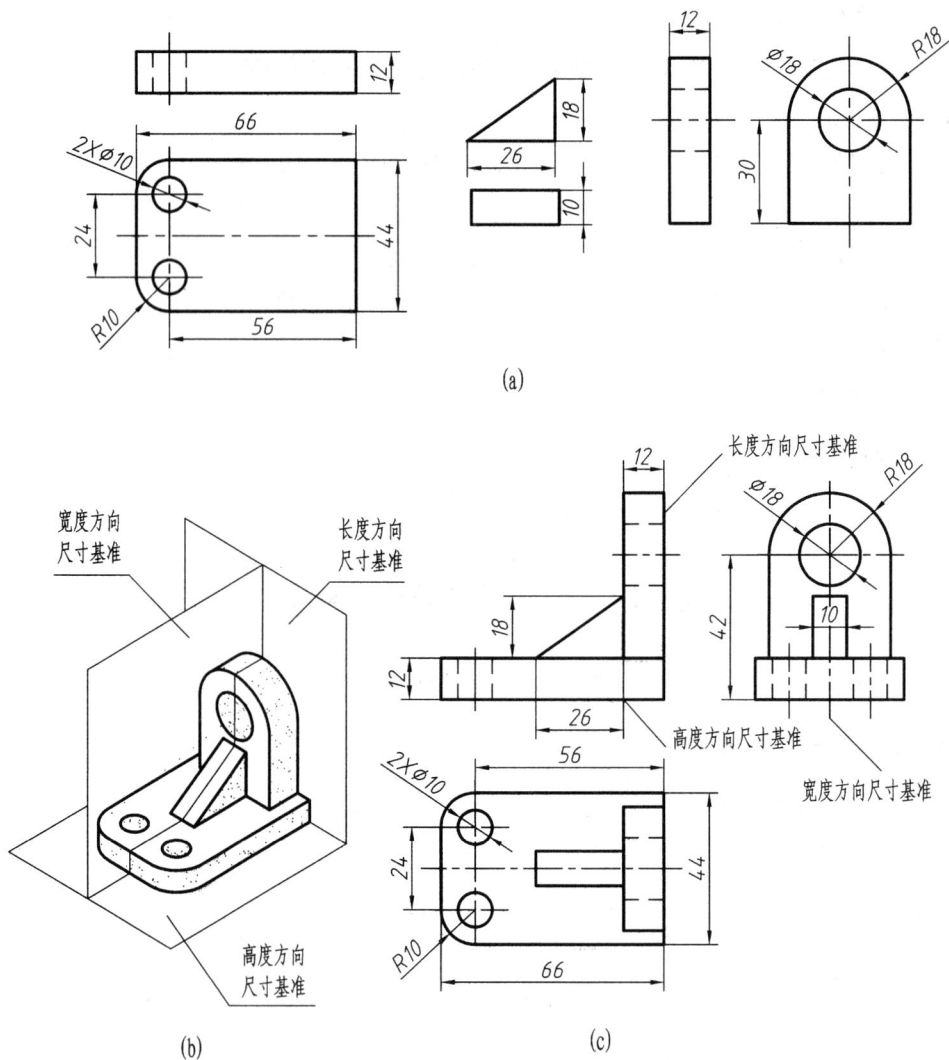

图 4-6 支架的尺寸标注

（a）标注各组成部分的尺寸；（b）确定各个方向的尺寸基准；（c）标注组合体的尺寸

4.3.3 标注尺寸的注意事项

标注尺寸时应注意：

（1）标注尺寸时应遵守国家标准有关规定，并选好基准。

（2）各基本形体的定形、定位尺寸要尽量集中标注，如图 4-6(c)中的 24、2×ø10。

（3）尺寸应标注在表达形体特征最明显的视图上，并尽量避免标注在虚线上。同心圆柱或圆孔的直径尺寸最好标注在非圆的视图上。

（4）当组合体的端面为回转面时，该方向的总体尺寸一般不标注。常需标注出回转面的定位尺寸和回转面的半径（或直径），如图 4-6(c)中 42 与 R18。

（5）尺寸应尽可能标注在视图外，大尺寸在外，小尺寸在内，且排列整齐。与两视图有关的尺寸，最好注在两视图之间，以便于读图。

尺寸标注的方法与步骤如图 4-6(a)、(b)、(c)所示。

4.3.4 组合体常见结构的尺寸注法

组合体的尺寸标注是在形体分析的基础上进行的。基本几何体是构成组合体的最常见的元素，因此标注组合体的尺寸时，必须首先掌握基本几何体的尺寸注法。根据基本几何体的形状特征，可将常见的几何体的尺寸标注分为以下几种。

1. 平面立体的尺寸注法

平面立体一般应注出长、宽、高三个方向的尺寸，正方形的尺寸可采用"边长×边长"的形式注出。棱柱、棱锥以及棱台的尺寸，应标注出反映其顶面和底面形状的尺寸及高度尺寸。如图 4-7 所示。

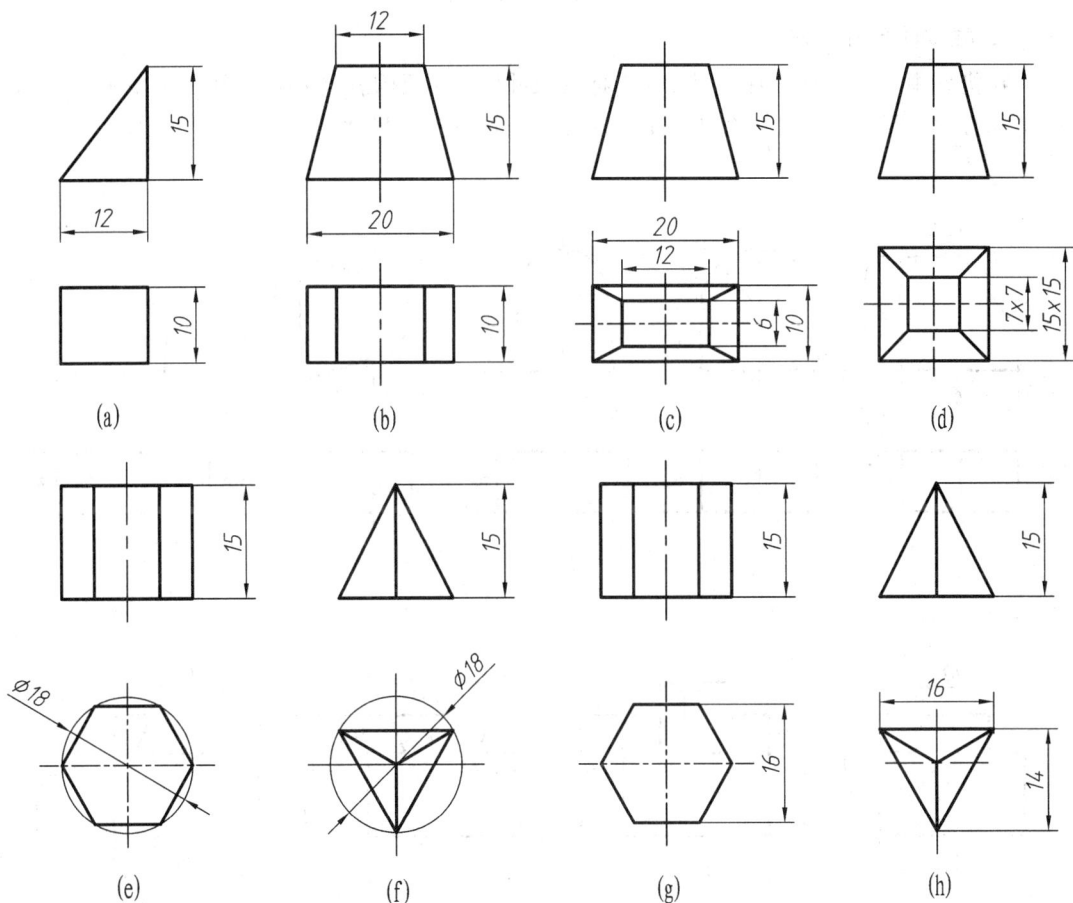

图 4-7 平面立体的尺寸注法

2. 回转体的尺寸注法

圆柱与圆锥应注出底圆直径和高度尺寸，圆台还应注出顶圆的直径，直径尺寸一般注在非圆的视图上，这样只要用一个视图就能确定其形状和大小，圆球用直径数字前加注 $S\phi$ 的形式注出。如图 4-8 所示。

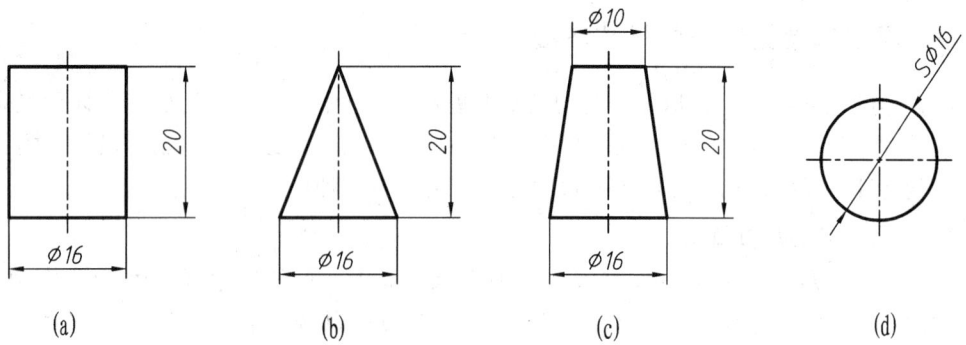

图 4-8 回转体的尺寸注法

3. 柱体的尺寸注法

在机件中各种各样的柱体最常见,标注尺寸时,在反映柱体特征的视图上集中标注两个坐标方向的尺寸,在另一个视图上标注另一坐标方向的尺寸。如图 4-9 所示。

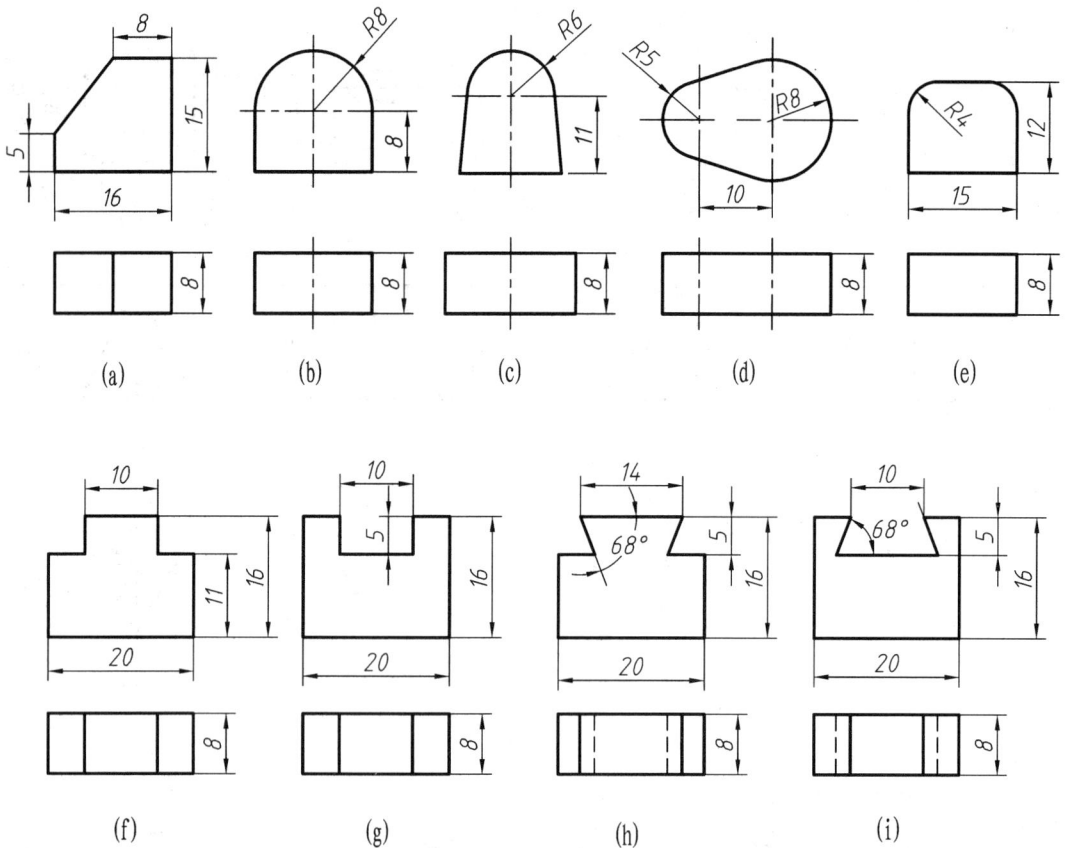

图 4-9 柱体的尺寸注法

4. 常见底板类形体的尺寸注法

在机件中有各种形状的底板，标注尺寸时，在反映底板特征的视图上集中标注两个坐标方向的尺寸。特别注意端面为回转面时，该方向的总体尺寸不标注，在另一个视图上标注另一坐标方向的尺寸。还要注意底板中各种孔的定位尺寸一定要标注。如图 4 - 10 所示。

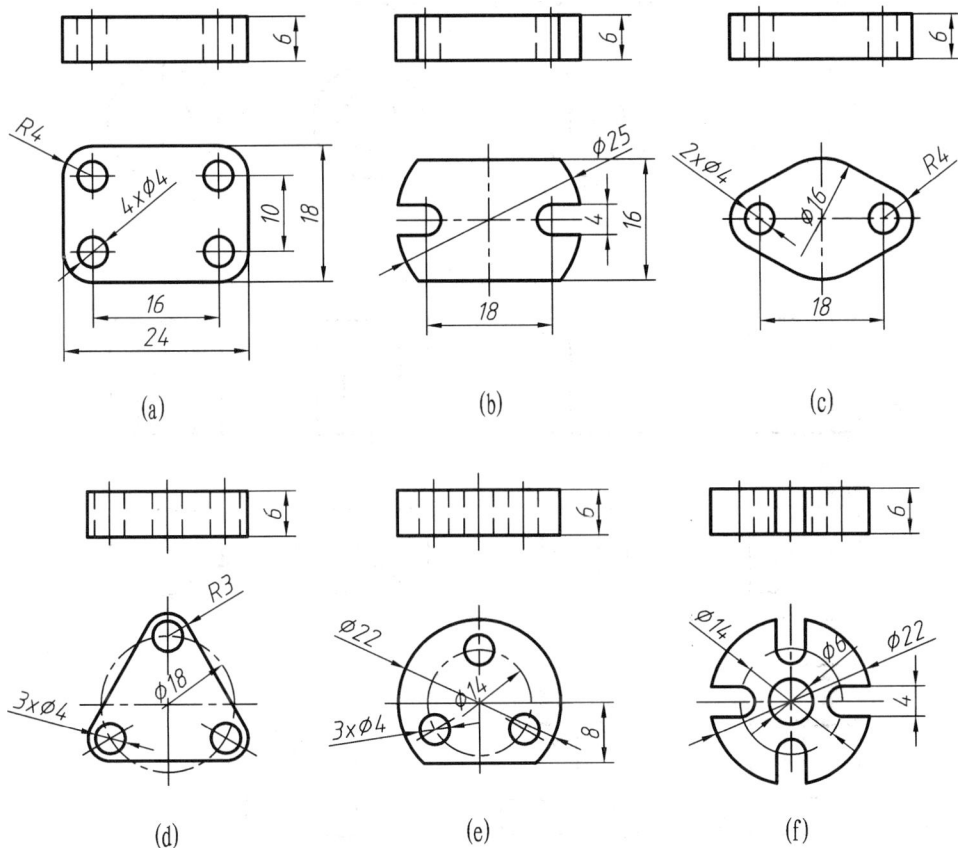

图 4 - 10 底板的尺寸注法

掌握了组合体常见结构的尺寸标注，对于复杂的组合体尺寸标注就较容易了。

4.4 组合体的读图

读图是画图的逆过程。画图是把空间物体用一组视图表达在一个平面上，读图是根据平面上已画好的一组视图，通过分析，想出物体的空间形状。要提高读图能力，一定要掌握读图方法，并需要大量的读图练习。

4.4.1 读图时应注意的几个问题

1. 将几个视图联系起来看

如图 4 - 11(a)所示的四个形体，俯视图相同，主视图不同；图 4 - 11(b)所示的四个形体，主视图相同，俯视图不同；图4-11(c)所示的两个形体，主视图与俯视图相同，左视图不同，所反映的形体都不同。因此，读图时要把几个视图联系起来看。

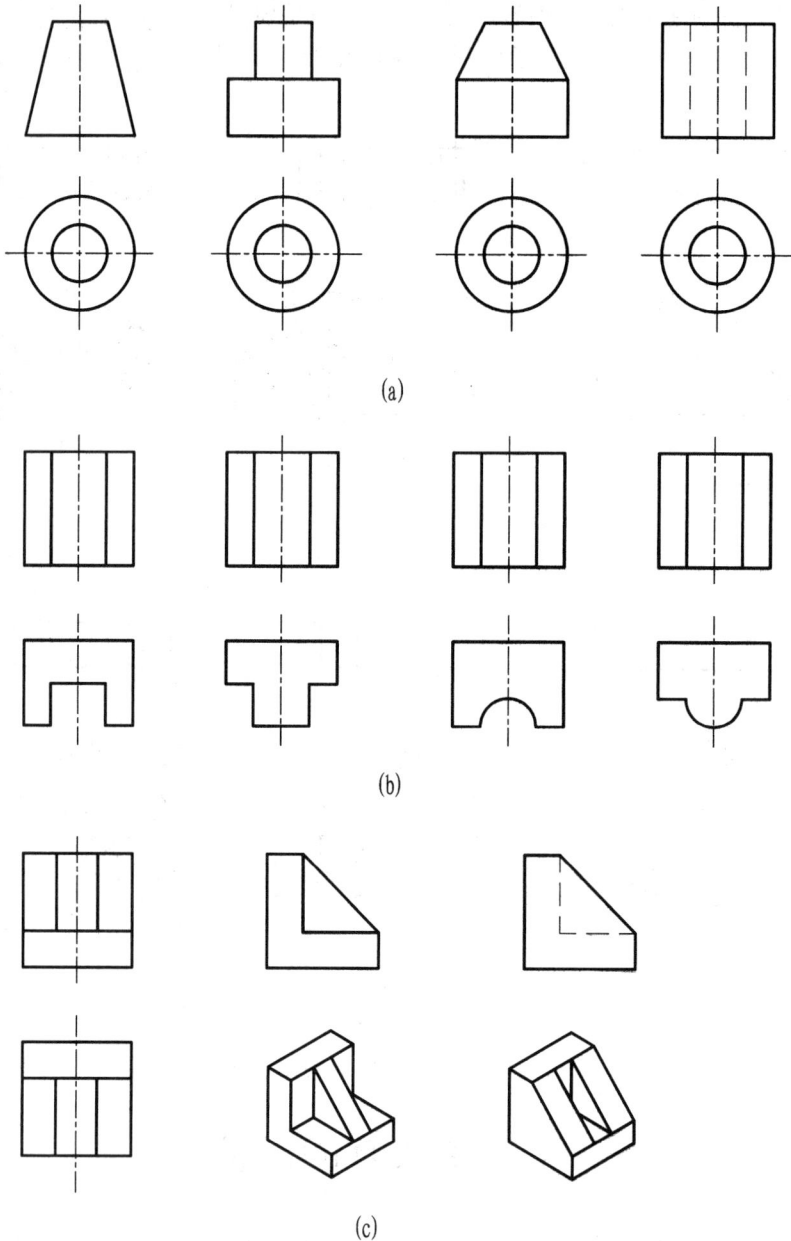

(a)

(b)

(c)

图4-11 几个视图联系起来看

2. 抓形状与位置特征

如图4-12(a)所示，读图时主视图的形状特征较明显，从主视图入手，便于想出空间形状，但从该主视图与俯视图上看不出长方形与圆线框所表示的形体哪个凸出，哪个凹进。显然，左视图清楚地反映了这两部分的位置特征，将主、左视图联系起来阅读，就能判定图4-12(a)所示形体的真实形状，如图4-12(c)所示。

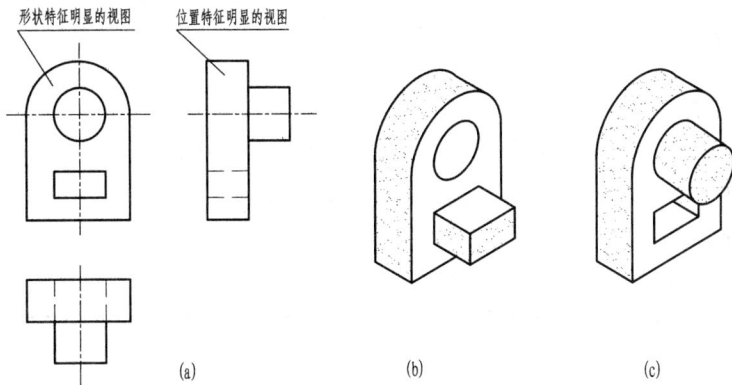

图 4-12 形状特征与位置特征

3. 明确视图中图线与线框的含义

读图时必须将几个视图联系起来分析，才能明确视图中的图线与线框的含义。

（1）视图中的图线表示：积聚性的面的投影，两个面的交线的投影，曲面的转向轮廓线的投影。如图 4-13（a）所示。

（2）视图中的线框表示：平面的投影，曲面的投影，复合面的投影，通孔的投影。如图 4-13（b）所示。

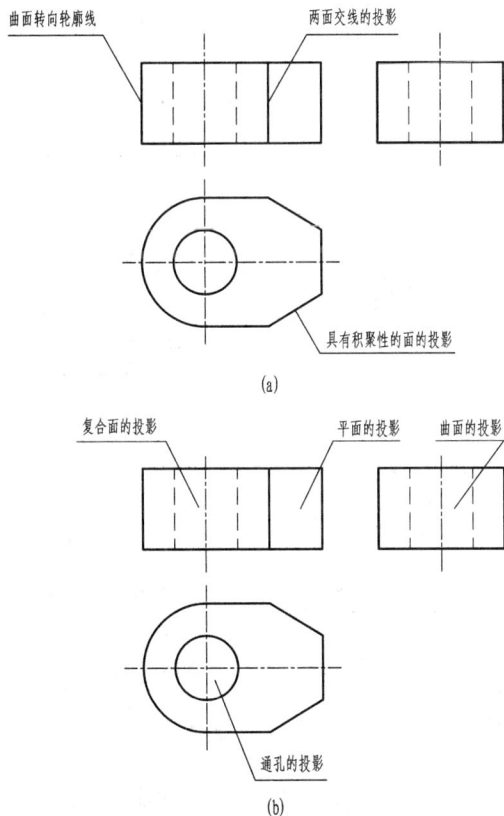

（a）

（b）

图 4-13 视图中图线与线框的含义

4.4.2 读图方法

1. 形体分析法

形体分析法就是根据所给出的视图，按投影规律逐个识别出各组成形体，进而确定各形体间的组合形式及相对位置，最后综合想象出组合体的整体形状。

例 4 - 1 读图 4 - 14(a)所示轴承座的三视图。

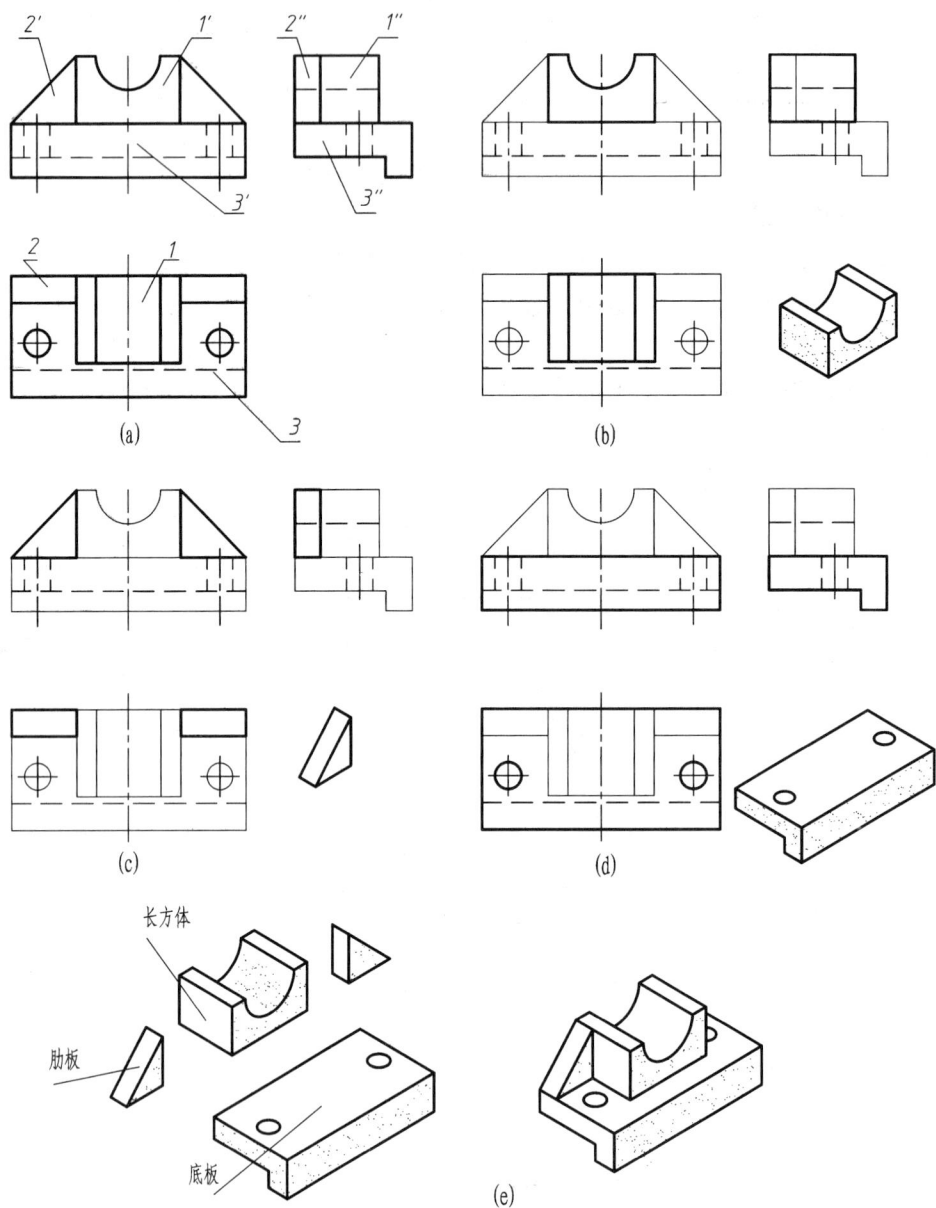

图 4 - 14 用形体分析法读图

(a)轴承座的三视图；(b)长方体的投影分析；

(c)肋板的投影分析；(d)底板的投影分析；(e)轴承座的立体图

(1) 分线框，对投影。首先从主视图入手，把视图中的线框分为三部分，见图 4-14(a)，并找出对应的投影。

(2) 按投影，想形体。按投影关系，从形状特征明显的视图出发，分别想出各部分的形状，如图 4-14(b)、(c)、(d) 所示。

(3) 综合起来想整体。从视图中可以看出，长方体在底板上方，左右对称，后面平齐，肋板有两块在底板上方，与长方体左右侧面接触，后面平齐，从而综合想象出组合体的整体形状，如图 4-14(e) 所示。

2. 线面分析法

用线面分析法读图，就是应用投影规律，分析视图中的图线和封闭线框的空间位置和形状，进而想象出组合体的形状。因此，用线面分析法读图必须熟悉各种位置线、面的投影特性。在读切割体的视图或视图中一些复杂局部投影时，运用线面分析法比较方便。

例 4-2 读图 4-15(a) 所示组合体三视图。

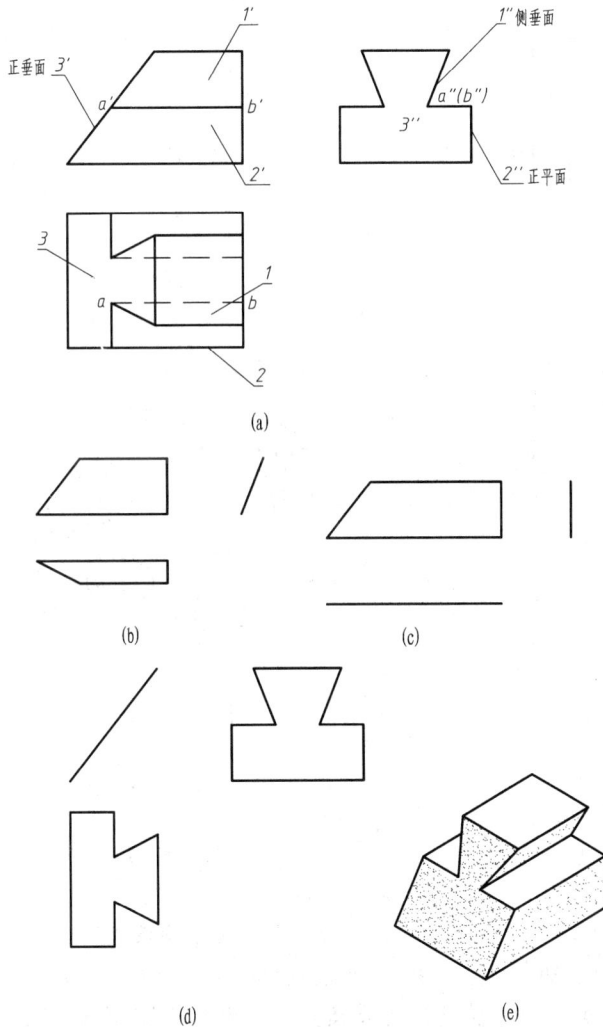

图 4-15 用线面分析法读图

由于俯视图的边框为矩形，主视图的边框为左边缺少一部分的矩形，左视图的左、右上角各缺少一部分的矩形，各视图中的图线都是直线段，所以可初步断定，该组合体为一长方体被切割而成，再通过线面分析确定切割过程。主视图有两个封闭线框，找出对应的俯、左视图，左视图只有一个封闭线框，找出对应的主、俯视图，如图 4-15 (b)、(c)、(d) 所示。平面 I 与水平面的交线 AB 为侧垂线。通过以上分析，可知该组合体为一长方体被一正垂面、两侧垂面、两水平面切割而成，其形状如图 4-15(e) 所示。

综合上面的分析可知，读图时应以形体分析法为主，而线面分析法只作为一种辅助手段，用来分析视图中难以看懂的图线和线框的含义。根据已知的两视图，补画所缺的第三视图，或根据已知的视图补画视图中所缺的图线，是培养和检验读图能力的一种有效方法。补画视图，实际是读图与画图的综合练习，一般要在读懂已知视图、想象出物体形状的基础上进行。

例 4-3 根据图 4-16(a) 已知的两视图，补画左视图。

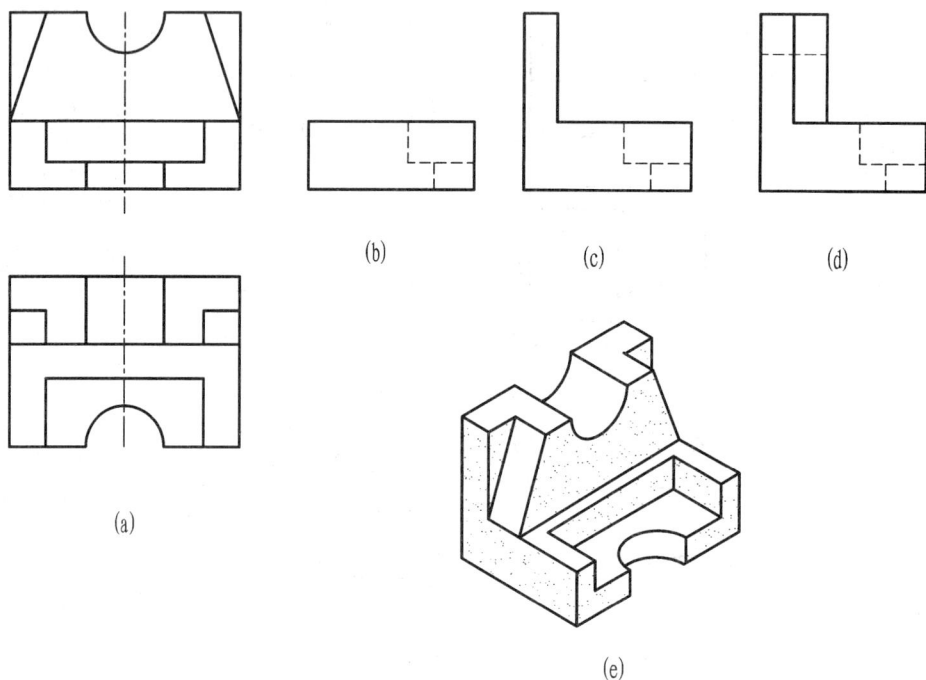

图 4-16 补画左视图

按形体分析法想出组合体的形状，如图 4-16(e) 所示，再按各组成部分逐个作出第三投影。具体步骤如图 4-16(b)、(c)、(d) 所示。

例 4-4 根据图 4-17(a) 所示的三视图，补画主、俯视图所缺的图线。

根据图 4-17(a) 已知条件，想象出物体形状如图 4-17(b) 所示，该组合体由一梯形四棱柱和左右对称分布的两个带圆孔的方圆板组成。由左视图可知，梯形四棱柱上部左、右方向开一矩形通槽。

补画漏线可分两步：第一步补画四棱柱漏线及方圆板与四棱柱棱面的交线，如图

4-17(c)所示,四棱柱的前面与方圆板的前面不平齐,补画出主视图的漏线,四棱柱的顶面与左右棱面的交线在俯视图漏画,方圆板顶面与四棱柱棱面的交线在俯视图漏画,补画出俯视图的漏线。第二步补画矩形槽的漏线,如图4-17(d)所示,由左视图可知矩形槽的宽和高,补画主、俯视图的漏线时,注意高平齐,宽相等。

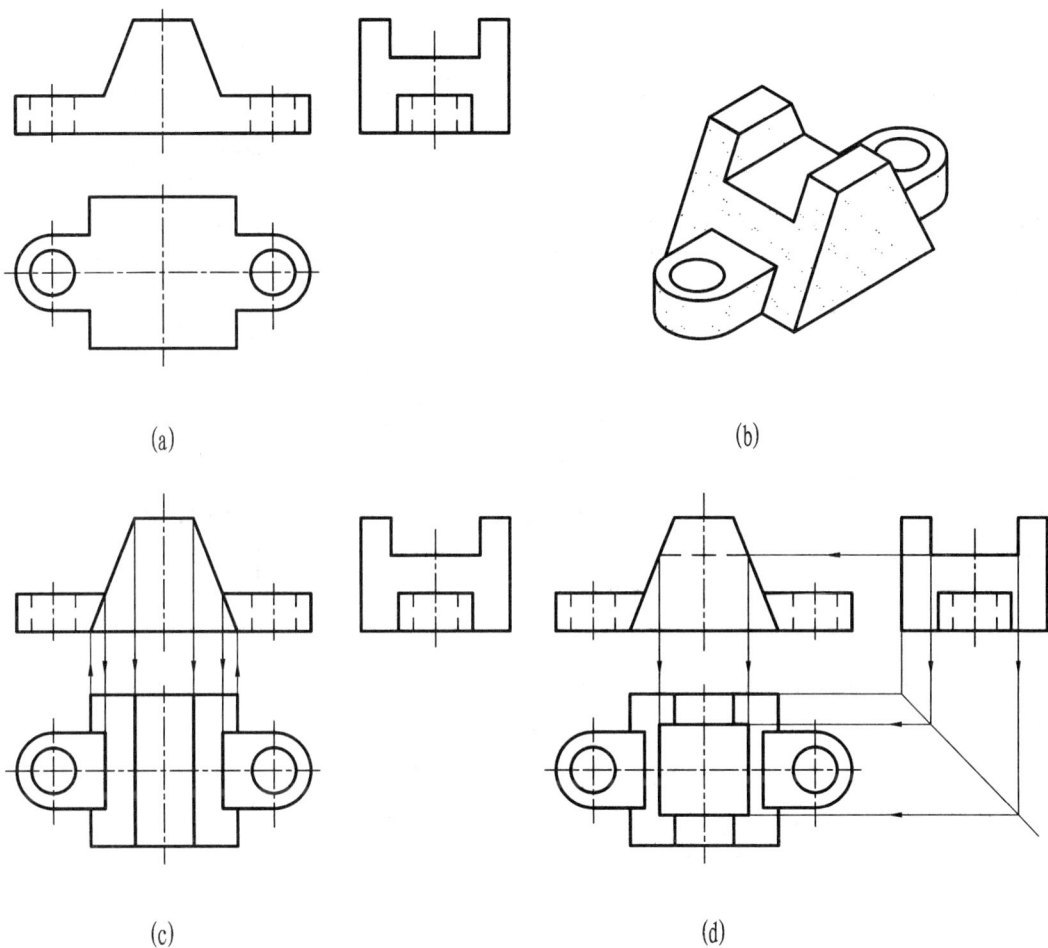

(a)

(b)

(c)

(d)

图4-17 补画视图所缺图线

(a)已知条件;(b)物体形状;

(c)补画四棱柱漏线及方圆板顶面与四棱柱棱面的交线;

(d)补画矩形槽的漏线

第5章 机件的表达方法

由于机件的结构形状是多种多样的，有的仅用前面介绍的三视图来表达就显得不足。为此，国家标准《技术制图》和《机械制图》的相应规定补充了这方面的不足。本章所介绍的视图、剖视图、断面图以及其它各种表达方法，可完整、清晰、简便地表达各种机件的结构形状。

5.1 视   图

视图是根据有关标准和规定，用正投影绘出的物体图形。它主要用来表达物体的可见部分，必要时可用虚线表示其不可见部分。它通常包括基本视图、向视图、局部视图和斜视图四种。

5.1.1 基本视图

物体向基本投影面投影所得的视图称为基本视图。正六面体的六个面称为基本投影面，如图 5 - 1 所示。

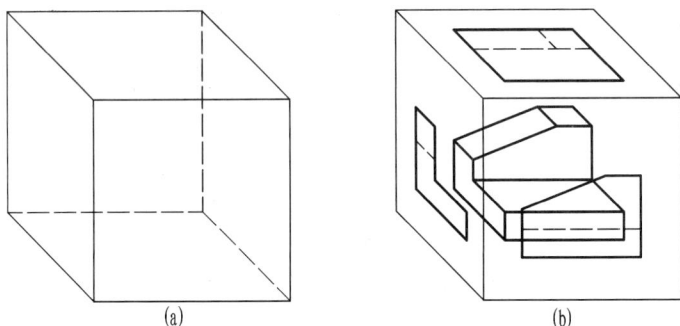

(a)　　　　　　　　　　　　(b)

图 5 - 1 基本视图的形成
（a）六个基本投影面；（b）右、后、仰视图的形成

基本视图名称及投射方向如下：

主视图——由前向后投射；

俯视图——由上向下投射；

左视图——由左向右投射；

右视图——由右向左投射；

仰视图——由下向上投射；

后视图——由后向前投射。

各投影面的展开如图 5 - 2 所示。各视图配置如图 5 - 3 所示，不标注名称，它们仍保持"长对正，高平齐，宽相等"的投影关系。

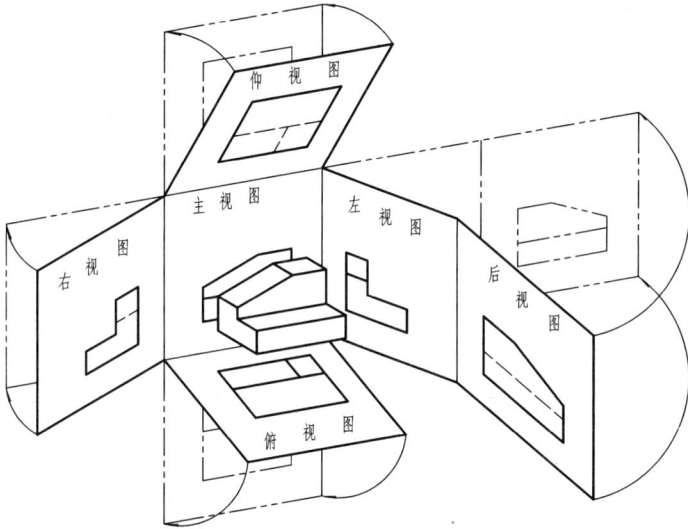

图 5 - 2 六个基本投影面的展开

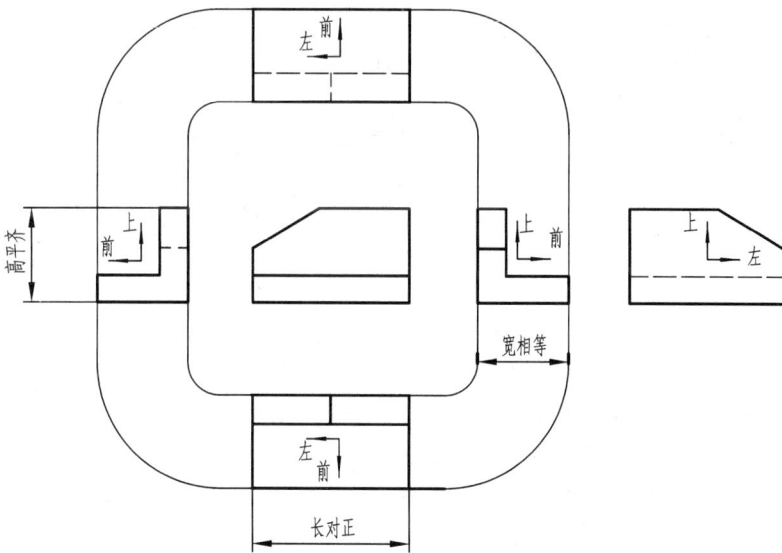

图 5 - 3 六个基本视图的配置

5.1.2 向视图

在实际绘图中，六个基本视图若不能按图 5 - 3 所示的位置配置，则还可采用向视图。向视图是国家标准规定的自由配置的视图。

为了便于读图，应在向视图上方标出视图名称(如"A"、"B"等)，并在相应的视图附近用箭头指明投射方向，并注上相同的字母，如图 5 - 4 所示。

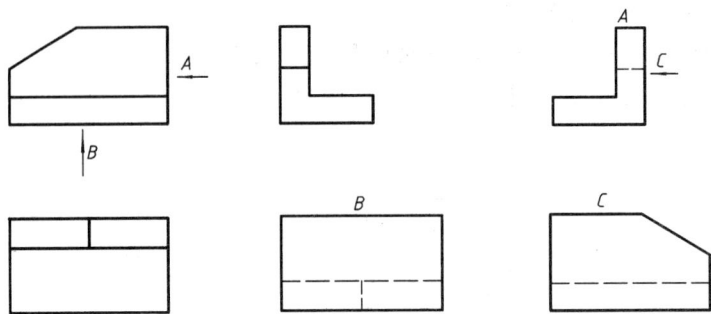

图 5-4 向视图

5.1.3 局部视图

将物体的一部分向基本投影面投射所得的视图，称为局部视图。图 5-5 所示机件，左侧的连接板与右侧的缺口，均采用局部视图来表示，不但节省了两个基本视图，而且表达清晰，简单明了。

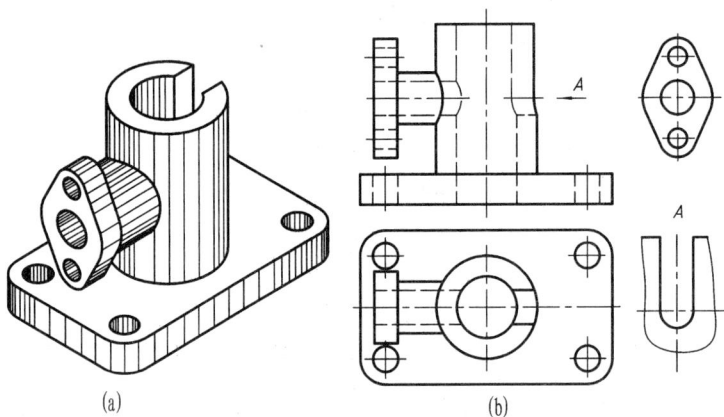

图 5-5 局部视图
(a) 立体图；(b) 投影图

局部视图可按基本视图的位置配置，也可按向视图的配置形式配置并标注。当局部视图按投影关系配置，中间又没有其它视图隔开时，可省略标注。

局部视图的断裂边界应以波浪线（或双折线、中断线）表示。当它们所表示的局部结构是完整的，且外轮廓线成封闭图形时，波浪线可省略不画，如图 5-5 中按投影关系配置的局部视图。

5.1.4 斜视图

物体向不平行于基本投影面的平面进行投射所得的视图，称为斜视图，如图 5-6 所示。

斜视图通常按向视图的配置形式配置并标注，如图 5-7(a)所示。必要时允许将斜视图旋转配置，但需要在该视图上方画出旋转符号，并在旋转符号的箭头端写上相应的字母，如图 5-7(b)所示。斜视图的断裂线可用波浪线表示，如图 5-7 中的视图 A。

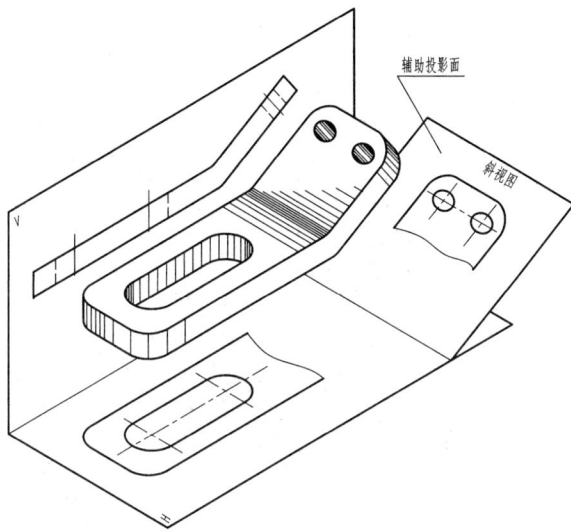

图 5-6 斜视图的形成

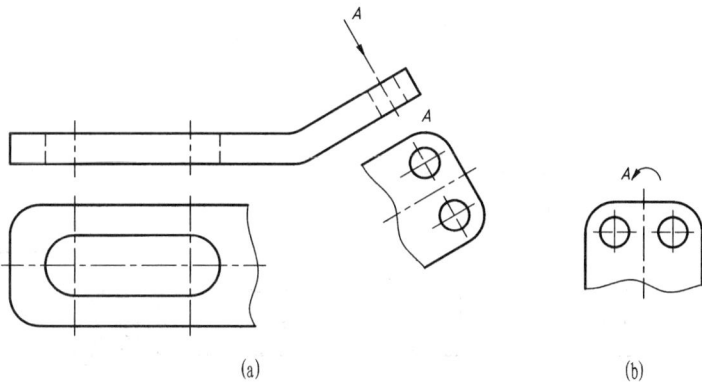

(a)   (b)

图 5-7 斜视图

5.2 剖 视 图

当机件的内部结构比较复杂时，视图上会出现较多的虚线。当虚线较多时，就会给看图和标注尺寸带来一定的困难。为此，国家标准中的剖视便解决了这个问题。

5.2.1 剖视概念

1. 剖视图的形成

假想用剖切面剖开物体，将处在观察者和剖切面之间的部分移去，而将其余部分向投影面投射所得的图形称为剖视图，可简称为剖视，如图 5-8 所示。图 5-9(a)所示的视图，主视图中的虚线较多，不够清晰。图 5-9(b)采用剖视图后，原来不可见的部分变为可见，虚线变为实线，加上剖面线后空、实可辨，层次分明，图形显得更加清晰。

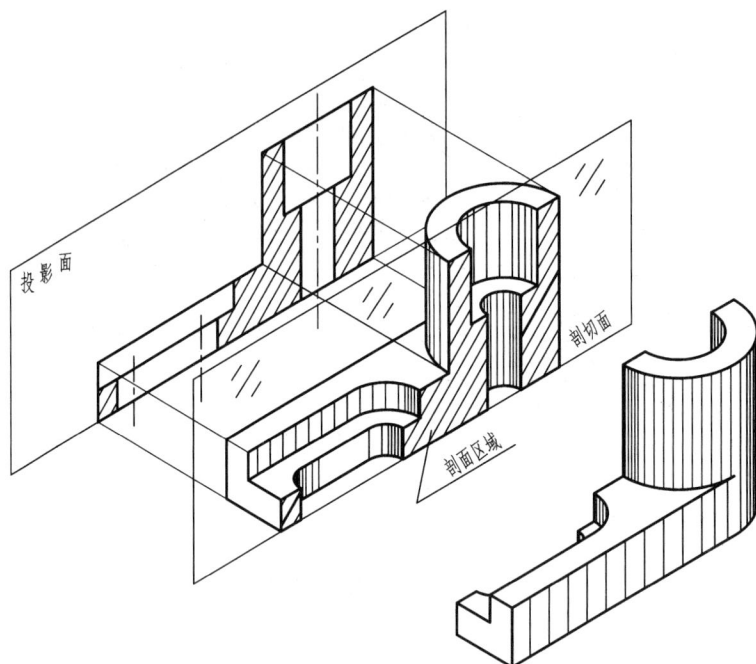

图 5-8 剖视图的形成

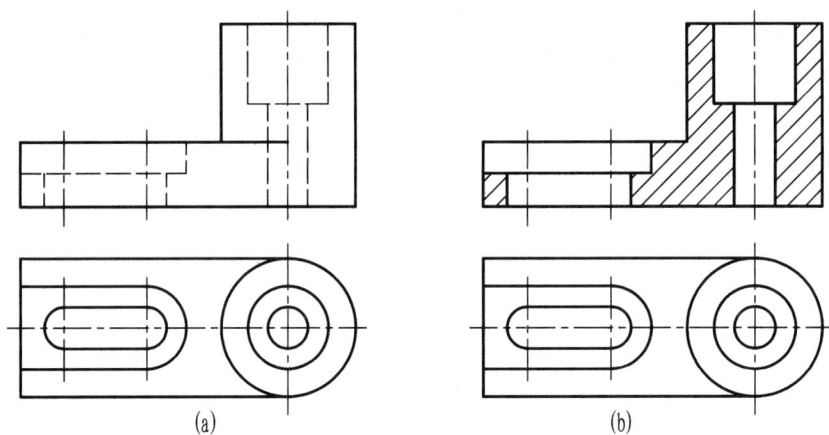

(a)   (b)

图 5-9 剖视图与视图的比较

(a) 视图；(b) 剖视图

2. 画剖视图应注意的事项

（1）剖视图是用剖切面假想地剖开物体，所以，当物体的一个视图画成剖视图后，其它视图的完整性不受影响，仍按完整视图画出。

（2）在绘制剖视图时，通常应在剖面区域画出剖面线或剖切符号。表5-1所示为各种材料的剖面符号。

表 5 - 1　不同材料的剖面符号(摘自 GB/T 4457.5—1984)

材料类型	剖面符号	材料类型	剖面符号	材料类型	剖面符号
金属材料(已有规定剖面符号者除外)		非金属材料(已有规定剖面符号者除外)		线圈绕组元件	
型砂、填砂、粉末冶金、砂轮、陶瓷刀片、硬质合金刀片等		液体		木材纵断面	
转子、电枢、变压器和电抗器等叠钢片		玻璃及供观察用的其他透明材料		木材横剖面	
混凝土		砖		本质胶合板(不分层数)	
钢筋混凝土		基础周围的泥土		格网(筛网、过滤网等)	

剖视图中,不需在剖面区域中表示材料的类别时,可采用通用的剖面线,即应用适当角度的细实线绘制,最好与主要的轮廓线或剖面区域的中心线成 45°,如图 5-10 所示。

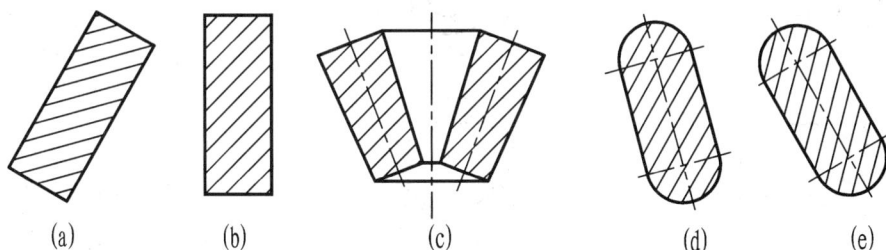

(a)　　　(b)　　　(c)　　　(d)　　　(e)

图 5-10　通用剖面线的绘制

(3) 对于剖视图中不可见部分,若在其它视图中已经表达清楚,则虚线可省略不画,如图 5-9(b)所示。但对于尚未表达清楚的结构形状,若画少量虚线能减少视图数量,则也可画出必要的虚线,如图 5-11 所示。

(a)   (b)

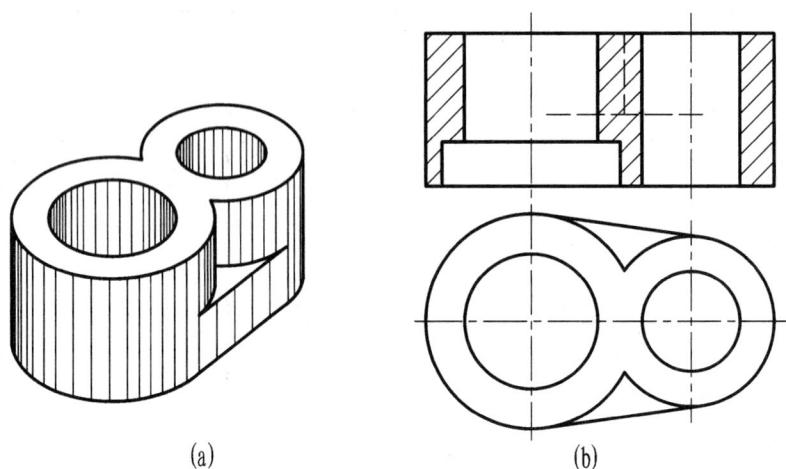

图 5-11 剖视图中必要的虚线

（4）不可漏画剖切平面后面的可见轮廓线，但也不可多画。表 5-2 中是最容易漏画线和多画线的几种。

表 5-2 剖视图中最容易漏画线和多画线的结构

正确画法	错误画法	空间投影情况

正确画法	错误画法	空间投影情况
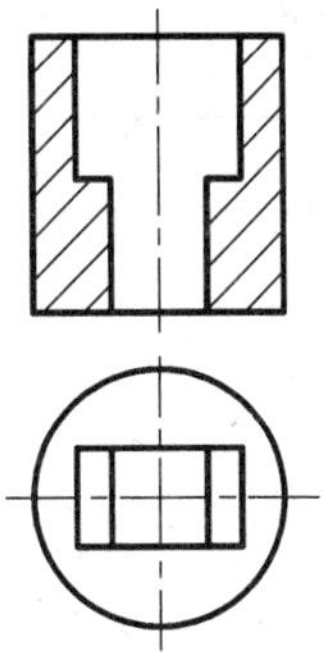	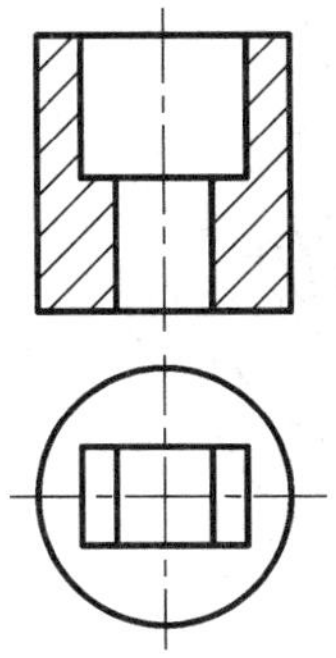	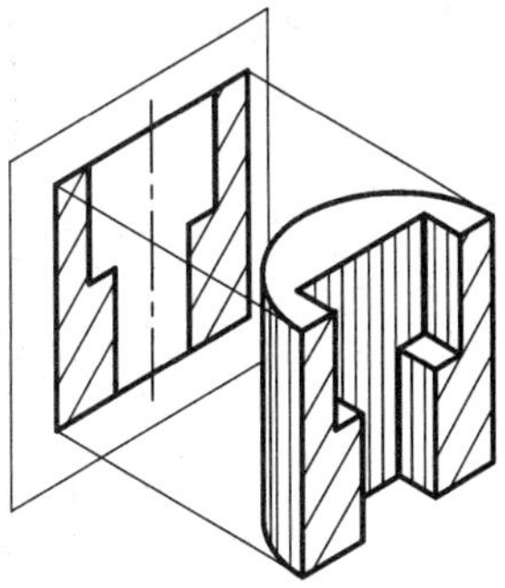
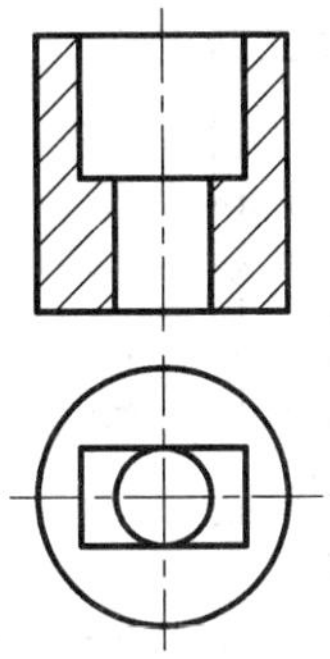	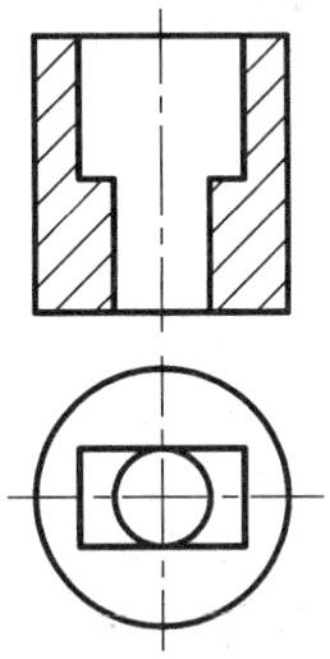	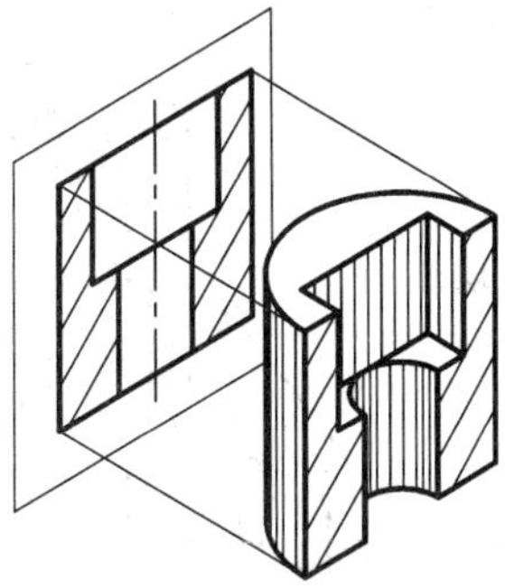

5.2.2 剖视图的种类

1. 全剖视图

用剖切平面完全地剖开机件所得的剖视图称为全剖视图。由于全剖视图是将机件完全地剖开，机件外形的投影受到影响。因此，全剖视图适用于内部复杂、外形简单或外形较复杂但已在其它视图上表达清楚的机件。如图 5-9(b)、图 5-11(b)所示。

2. 半剖视图

当机件具有对称平面时，向垂直于对称平面的投影面上投射所得的图形，可以对称中心线为界，一半画成剖视图，一半画成视图，这样的图形称为半剖视图。

图 5-12(a)所示的零件，左右对称，所以主、俯视图都可以画成半剖视图，如图 5-12 所示。

半剖视图适用于内、外形状比较复杂的对称机件。但当机件的形状接近对称，且不对称部分已另有图形表达时，也可以画成半剖视图。

画半剖视图时应注意两点：

(1) 半个视图与半个剖视图以细点画线为界；

(2) 半个视图中的虚线不必画出。

(a)

(b)

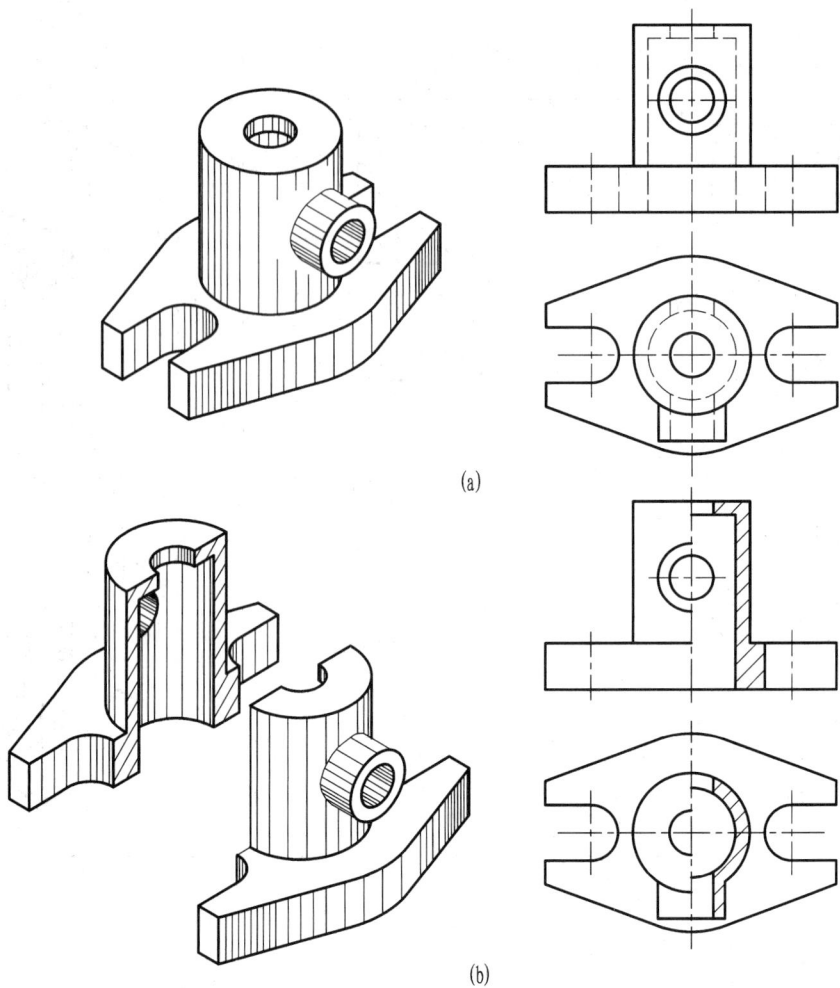

图 5-12　半剖视图

3. 局部剖视图

用剖切面局部地剖开机件所得剖视图，称为局部剖视图，如图 5-13 所示。

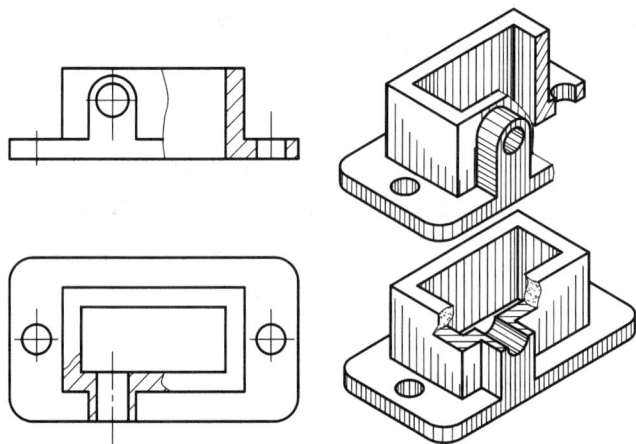

图 5-13　局部剖视图

局部剖视图主要用于只需表达机件的局部结构，或因需要保留部分外部形状而不宜采用全剖视图以及当机件的轮廓线与对称的中心线重合，不宜采用半剖视图的机件，如图 5-14 所示。

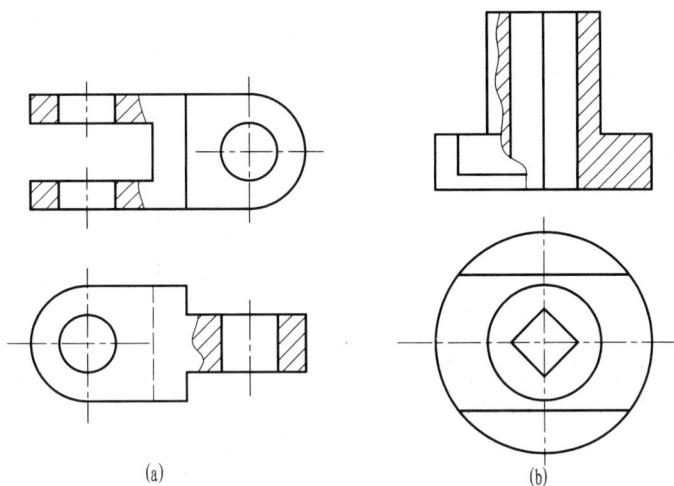

(a)   (b)

图 5-14　局部剖视图

画局部剖视图时应注意以下几点：

（1）波浪线应画在机件表面的实体部分，不能跨越孔槽，也不能超出形体的外形轮廓线。

（2）波浪线不能与其它图线重合，也不应画在轮廓线的延长线上。

（3）当被剖切的局部结构为回转体时，允许将回转中心作为局部剖视图与视图的分界线，如图 5-15(a)所示。图 5-15(b)中的方孔属非回转体，故不可用中心线代替波浪线。

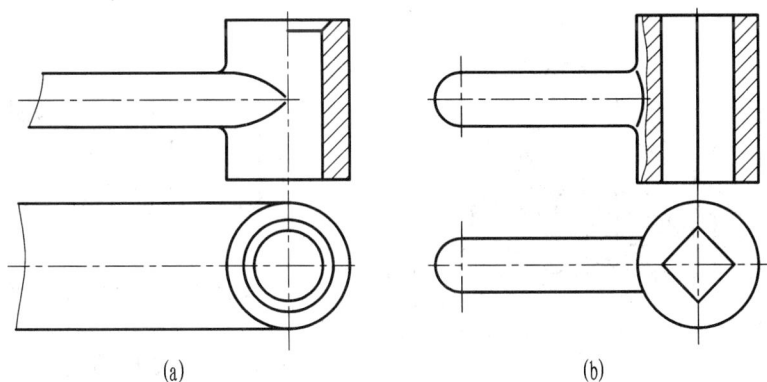

(a)   (b)

图 5-15　局部剖视图

5.2.3　剖切面的种类

由于机件各不相同，在剖切时，需根据机件的结构特点，选用不同数量、位置的剖切面来剖开机件，从而使其结构形状得到充分的表达。国家标准规定了三种剖切面：单一剖切面、几个平行的剖切平面和几个相交的剖切面。

1. 单一剖切面

单一剖切面可以是平面，也可以是柱面。单一剖切平面也有两种情况，一种是平行于基本投影面的剖切平面(图 5 - 16(a) 中的 A - A)，另一种是不平行于基本投影面的剖切平面(图 5 - 16(a) 中的 B - B)。图 5 - 16(b)是采用单一柱面剖切而获得的剖视图，当采用柱面剖切时，剖视图应展开绘制。

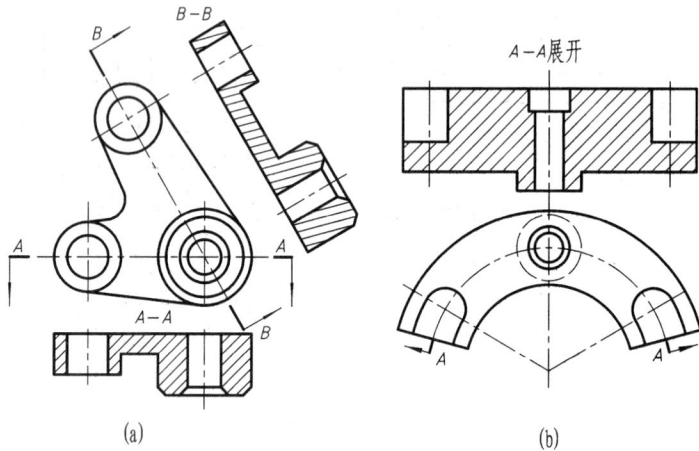

(a)   (b)

图 5 - 16　单一剖切面

（a）单一剖切平面；（b）单一剖切柱面

2. 几个平行的剖切平面

几个平行的剖切平面是指两个或两个以上平行的剖切平面，并且要求各剖切平面的转折处必须是直角。图 5 - 17 所示机件是采用三个平行的剖切平面剖切而获得的剖视图。

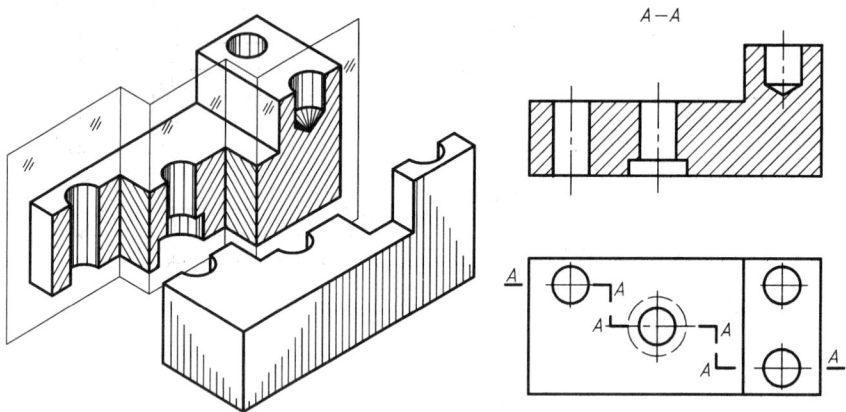

图 5 - 17　几个平行的剖切平面

采用几个平行的剖切平面画剖视图时应注意几个问题：

（1）不应在剖视图中画出各剖切平面转折处的投影，如图 5 - 18(a)所示，同时剖切平面转折处也不应与图形中的轮廓线重合，如图 5 - 18(b)所示。

（2）选择剖切平面位置时，注意在图形上不应出现不完整要素，如图 5 - 18(c)所示。

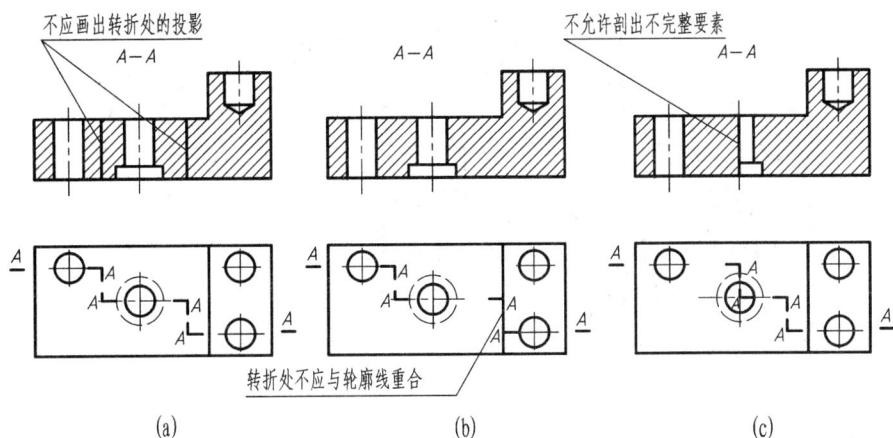

图 5-18　几个平行的剖切平面剖切时应注意的问题

（3）当两个要素在图形上具有公共对称中心线或轴线时，可以对称中心线或轴线为界各画一半。剖面区域中剖面线间隔应一致，如图 5-19 所示。

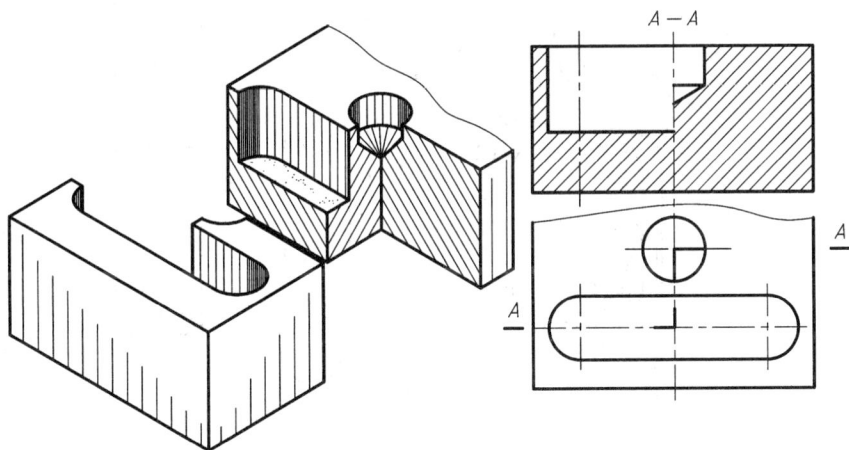

图 5-19　具有公共对称中心的各剖一半的画法

3. 几个相交的剖切平面（交线垂直于某一投影面）

采用几个相交的剖切平面画剖视图时，应注意以下 3 个问题：

（1）剖开机件后，必须将倾斜表面旋转至与某一基本投影面平行的位置后再进行投影，如图 5-20 所示。

（2）剖切平面后的结构仍按原来位置投影，如图 5-20 中的倾斜圆柱孔。

（3）用三个以上两两相交的剖切平面剖开机件，剖视图上应注明"×—×"展开，如图 5-21 所示。

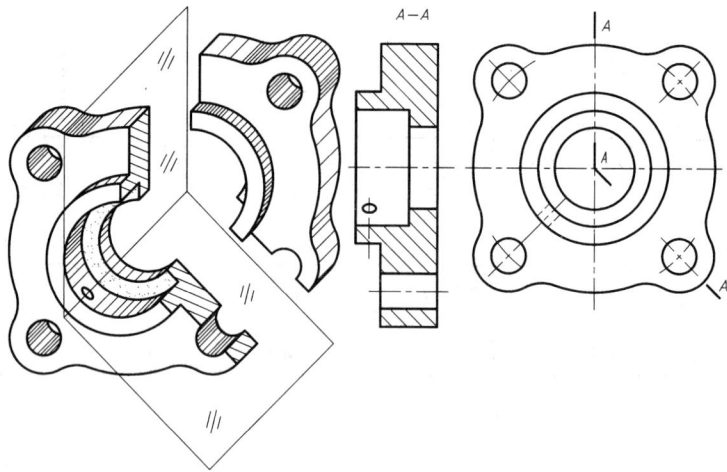

图 5-20 几个相交的剖切平面

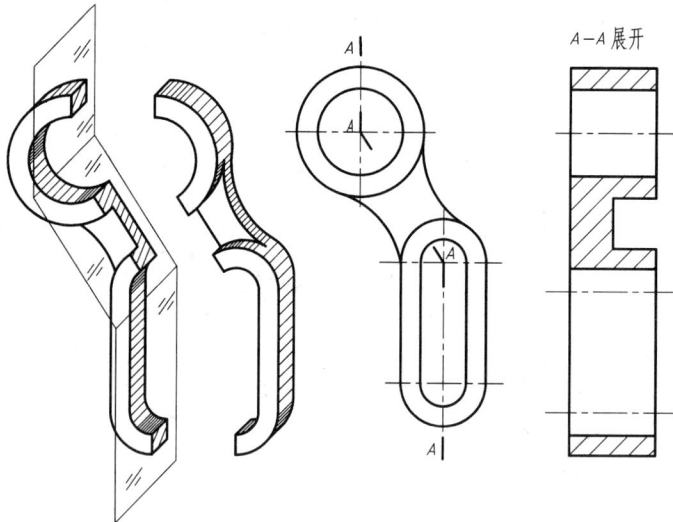

图 5-21 几个相交的剖切平面

5.2.4 剖视图的标注

为了便于看图，应根据剖视图的形成及其配置位置作相应的标注。一般应在剖视图的上方标注剖视图的名称"×-×"，在相应的视图上用剖切符号表示剖切位置和投影方向，并标注相同的字母，如图 5-16 所示。

当单一剖切平面通过物体的对称平面或基本对称平面，且剖视图按投影关系配置，中间又没有其它图形隔开时，可省略标注，如图 5-9(b)、图 5-11、图 5-12 等所示。

当剖切平面的剖切位置明显时，局部剖视图的标注可省略，如图 5-13、图 5-14、图 5-15 等所示。

当剖视图按投影关系配置，中间又没有其它图形隔开时，可省略箭头，如图 5-17 等所示。

5.3 断 面 图

5.3.1 断面图的概念

假想用剖切面将物体的某处切断，仅画出剖切面与物体接触部分的图形，称为断面图，如图 5-22(b)所示。

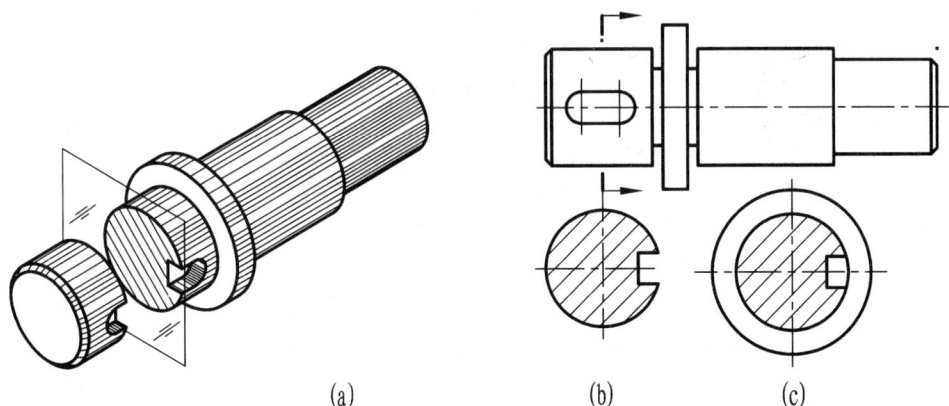

图 5-22 断面图的形成
(a) 轴的立体图；(b) 断面图；(c) 剖视图

画断面图时，应特别注意断面图与剖视图的区别，图 5-22(c)为剖视图，剖切面后面部分也应画出。

断面图通常用来表示物体上某一局部的断面形状。例如机件上的肋板、轮辐，轴上的键槽、孔、凹坑及各种型材的断面形状等等。

5.3.2 断面图的种类及画法

断面图分为移出断面图和重合断面图。

1. 移出断面图

画在视图轮廓之外的断面图为移出断面图。移出断面图的轮廓线用粗实线画出，可配置在剖切位置线的延长线上或其它适当的位置，如图 5-23 所示。当断面图对称时，也可配置在视图的中断处，如图 5-25(a)所示。

画移出断面图时应注意以下 3 点：

(1) 当剖切平面通过由回转面形成的孔或凹坑的轴线时，这些结构应按剖视绘制，如图 5-23(a)、(c)、(d)断面所示。

(2) 当剖切平面通过非圆孔，导致出现完全分离的两个断面图时，应按剖视图绘制，如图 5-24(b)所示。

(3) 由两个或多个相交的剖切平面剖切所得的移出断面图，中间一般应断开绘制，如图 5-25(b)所示。

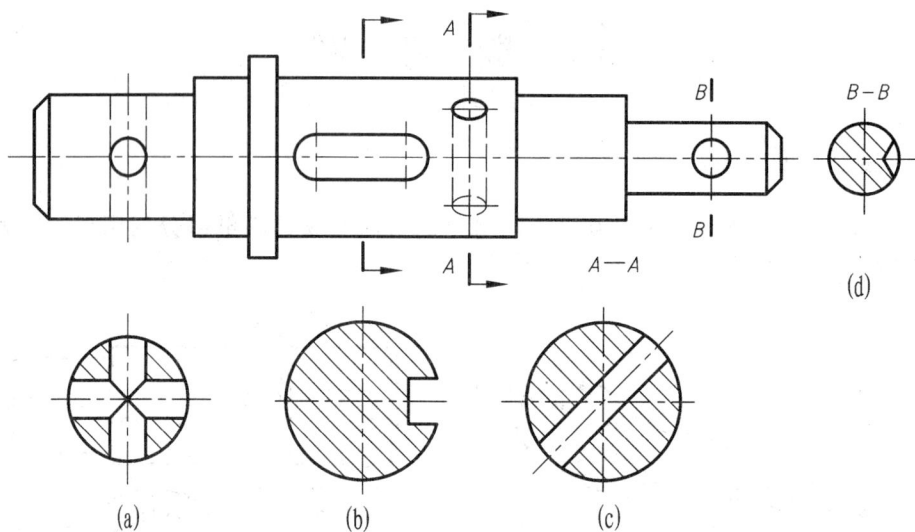

图 5 – 23　移出断面图的配置及画法

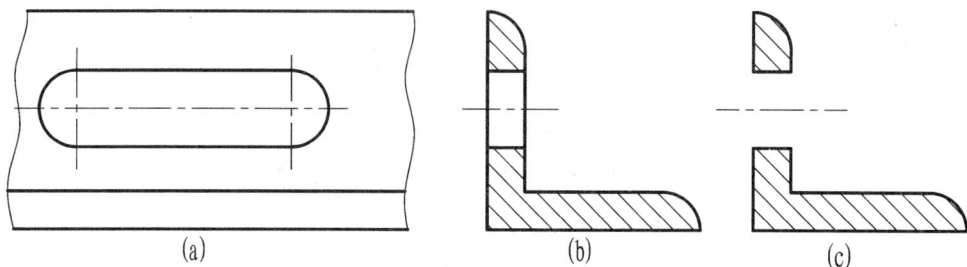

图 5 – 24　移出断面图的画法

（a）主视图；（b）左视图正确画法；（c）左视图错误画法

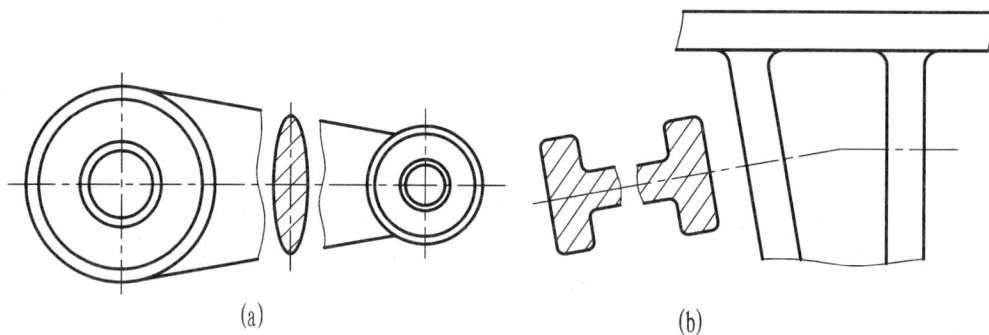

图 5 – 25　移出断面图的配置及画法

2. 重合断面图

画在视图轮廓线之内的断面，称为重合断面图，如图 5 – 26 所示。

重合断面图的轮廓线用细实线绘制。当视图中的轮廓线与重合断面图的轮廓线重叠时，视图中的轮廓线应连续画出，不可间断，如图 5 – 26（b）所示。

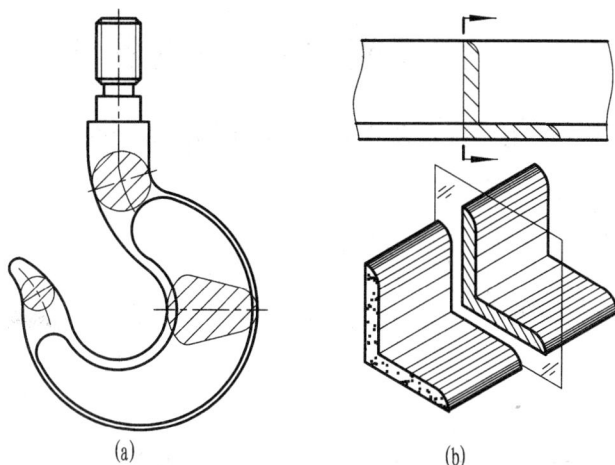

(a) (b)

图 5 – 26 重合断面图的画法

5.3.3 断面图的标注

1. 移出断面图的标注

一般用剖切符号表示剖切位置，用箭头表示投射方向，并注上字母，在断面图的上方用同样的字母标出相应的名称"×－×"，如图 5 – 23(c) 中断面。标注还可省略，当图形配置在剖切符号(或剖切迹线)的延长线上时，可省略名称，如图 5 – 23(a)、(b) 和图 5 – 27(a)、(c) 的断面，图形对称或按投影关系配置，可省略箭头，如图 5 – 23(a)、(d) 和图 5 – 27(a)、(b)、(d) 的断面。

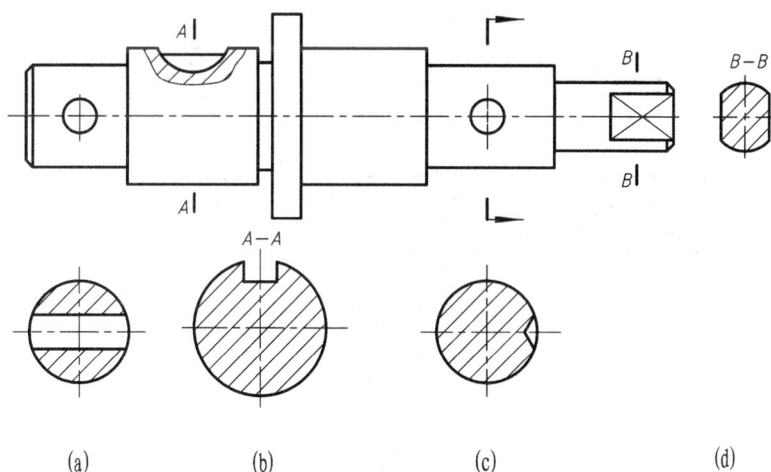

图 5 – 27 断面图的标注

2. 重合断面图的标注

相对于剖切位置线对称的重合断面不必标注，如图 5 – 26(a) 所示。对于非对称的重合断面图，应标注剖切位置符号及投影方向，如图 5 – 26(b) 所示，在不致引起误解时也可省略标注。

5.4 局部放大图与简化画法

为使图形清晰与画图简便,国家标准中还规定了局部放大图和图样的简化表示法,供绘图时选用。

5.4.1 局部放大图

将图样中所表示物体的部分结构,用大于原图的比例所给出的图形,称为局部放大图,如图 5-28 和图 5-29 所示。

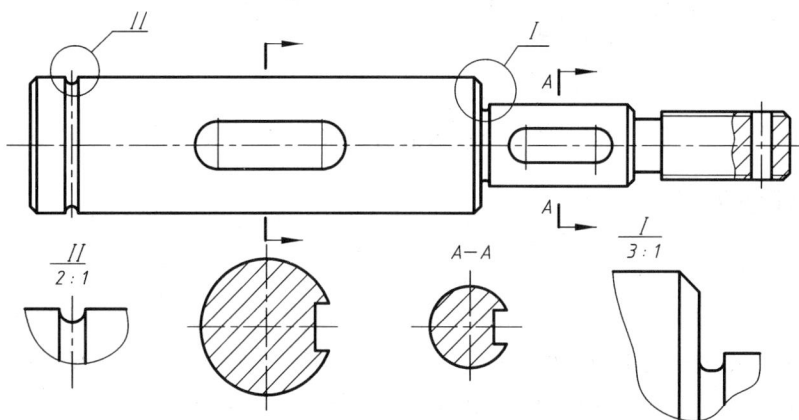

图 5-28 局部放大图

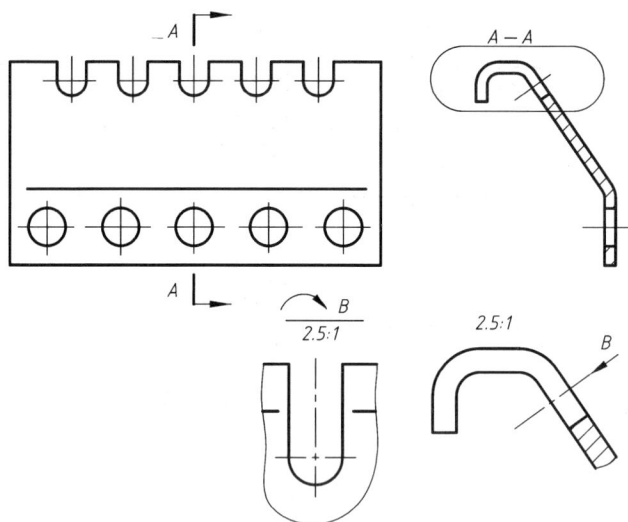

图 5-29 局部放大图

局部放大图可以画成视图、剖视、断面图的形式,与放大部分的表示形式无关,并应尽量配置在被放大部位的附近。

画局部放大图时还应注意以下 3 点:

（1）用细实线圈出被放大的部位，当同一机件上有几处需要放大时，必须用罗马数字依次标明被放大的部位，并在局部放大图上标出相应的罗马数字和所采用的比例，如图 5-28 所示。若只有一处被放大时，在局部放大图上方只需注明所采用的比例，如图 5-29 所示。

（2）对于同一机件上不同部位的局部放大图，当图形相同或对称时，只需画出一个。

（3）必要时，可用几个图形来表达同一个被放大部位的结构，如图 5-29 所示。

5.4.2 简化画法

（1）对于机件上的肋、轮辐及薄壁等，如按纵向剖切，这些结构都不画剖面符号，用粗实线将其与相邻接部分分开，如图 5-30(b)所示。

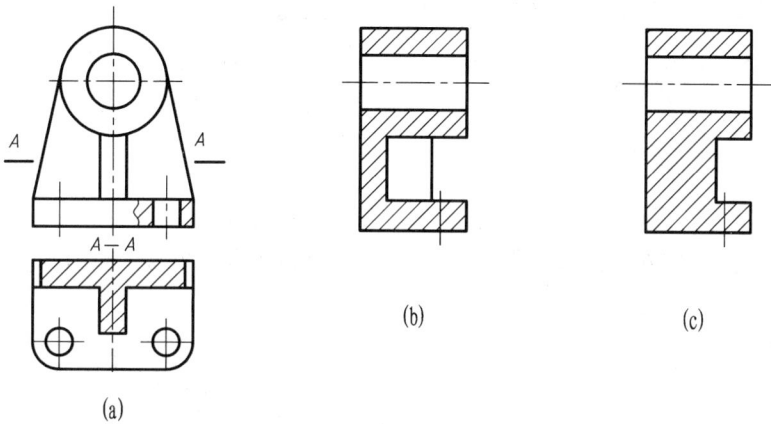

图 5-30　肋的简化画法

（a）主俯视图；（b）左视图的正确画法；（c）左视图的错误画法

带有规则分布结构要素的回转零件，需要绘制剖视图时，可以将其结构要素转到剖切平面上绘制，如图 5-31 所示。

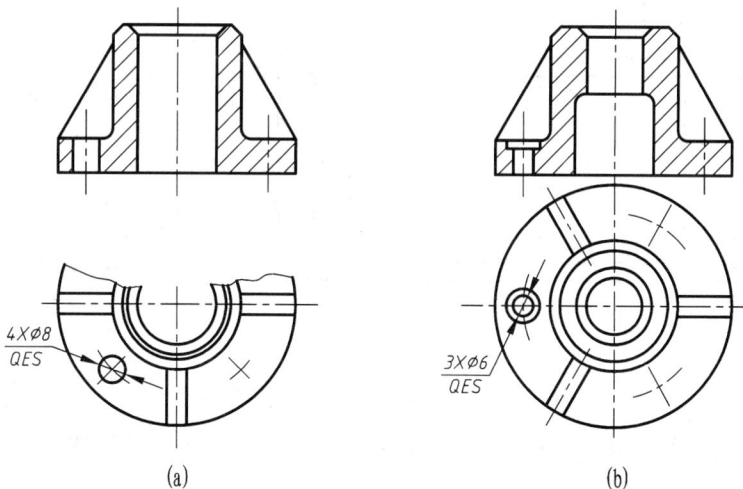

图 5-31　回转体上均布的肋、孔的简化画法

（2）零件中成规律分布的重复结构，允许只绘制出其中的一个或几个完整的结构，并反映分布情况，如图 5-32(a)所示。对称的重复结构，用细点画线表示各对称要素的位置，如图 5-32(b)所示。不对称的重复结构，则用相连的细实线代替，如图 5-33 所示。

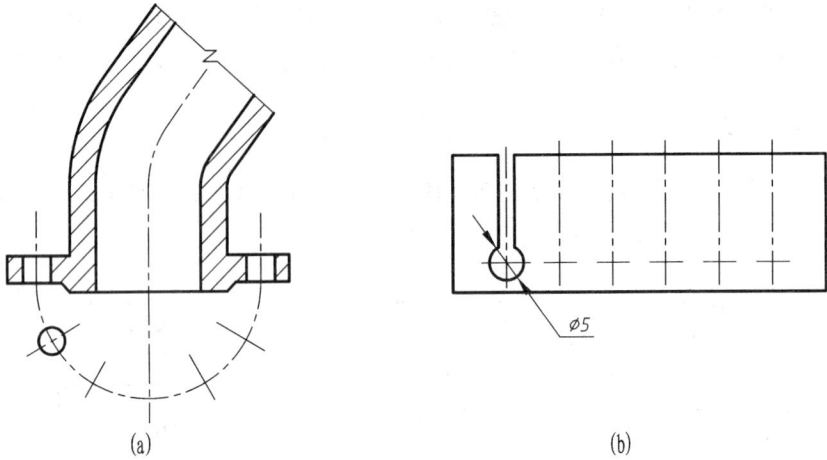

图 5-32　对称的重复结构的画法

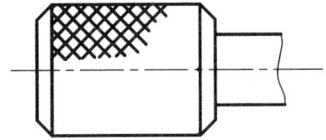

（3）滚花、槽沟等网状结构应用粗实线完全或部分地表达出来，如图 5-34 所示。

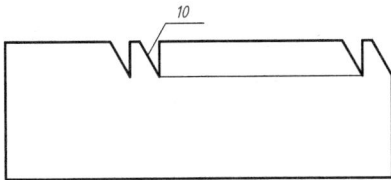

图 5-33　不对称的重复结构的画法　　　　图 5-34　网状结构的简化画法

（4）均布的孔（圆孔、螺孔、沉孔等），可以仅画一个或少量几个，其余只需用细点画线表示其中心位置，但在零件图中要注明孔的总数，如图 5-35 所示。

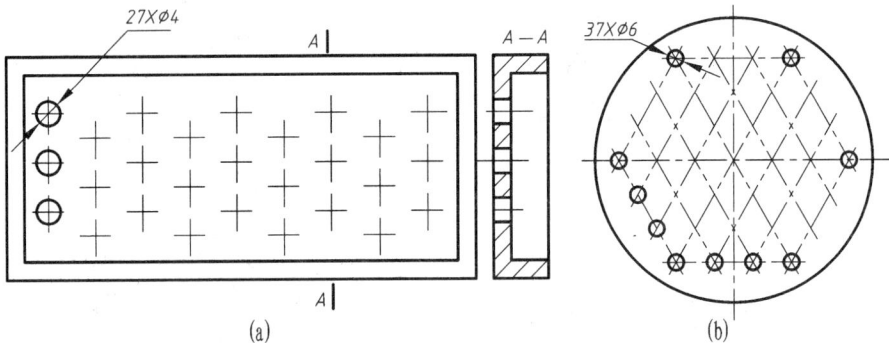

图 5-35　等径且成规律分布孔的画法

（5）为了避免增加视图、剖视图或断面图，可用细实线绘出对角线以表示平面，如图 5-36 所示。

（6）对于机件上斜度和锥度等较小的结构，如在一个图形中已表达清楚时，其它图形可按小端画出，如图 5-37 所示。

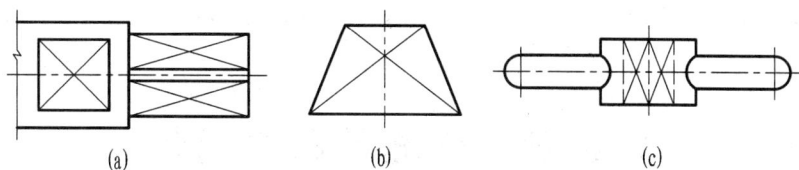

图 5-36 平面的表示法

（a）轴上矩形平面的画法；（b）锥形平面的画法；（c）方孔上矩形平面的画法

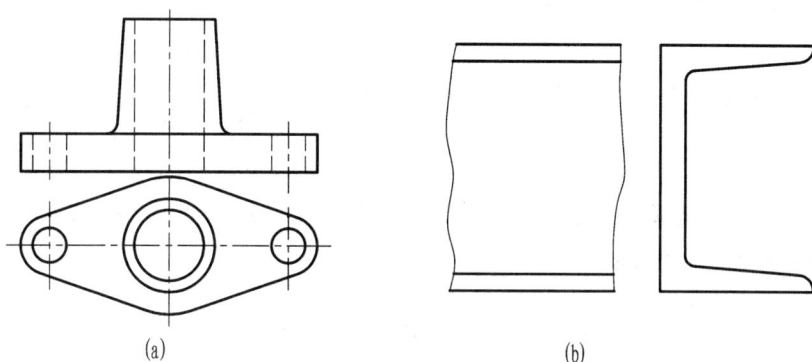

图 5-37 较小斜度和锥度结构的画法

（7）较长机件(轴、杆、型材、连杆等)沿长度方向的形状一致或按一定规律变化时，可断开绘制，如图 5-38 所示。

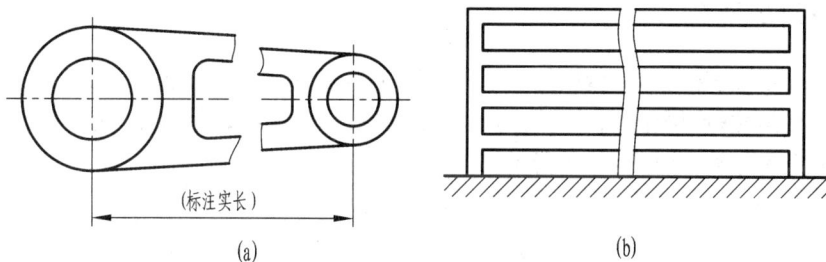

图 5-38 较长机件的简化画法

（8）零件上对称结构的局部视图可配置在视图上所需表示物体局部结构的附近，并用细点画线将两者相连，如图 5-39 所示。

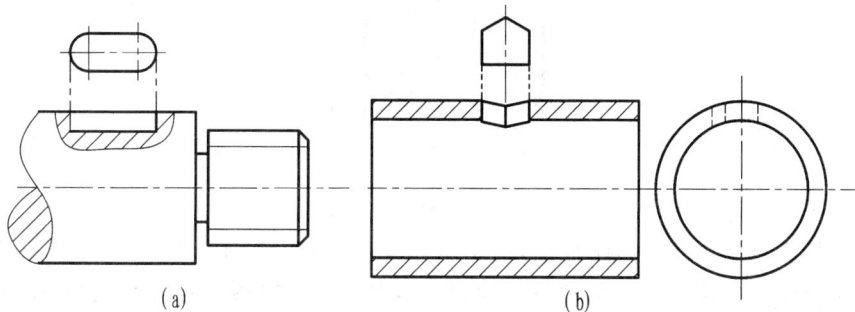

图 5-39 局部视图的简化画法

第6章 标准件和常用件

在各种机械设备中，经常用到螺栓、螺母、垫圈、键、销、轴承等零件，这类零件一般由专门厂家大批量生产，国家标准对其结构、尺寸和技术要求实行了标准化，这类零件称为标准件。另外常用到的齿轮、弹簧等零件，国家标准只对它们的部分结构和参数实行了标准化，习惯上称这类零件为常用件。本章主要介绍标准件及常用件的基本知识、规定画法、标记和有关查表及计算方法。

6.1 螺　　纹

螺纹是零件上常见的一种结构，它被广泛地用于零件之间的联接，也可起传递运动和动力的作用。国家标准对螺纹的结构、尺寸、画法和标注都作了相应的规定。

6.1.1 螺纹的形成

在圆柱或圆锥表面上，沿着螺旋线所形成的具有规定牙型的连续凸起称为螺纹，如图 6-1 所示。在圆柱(或圆锥)外表面上形成的螺纹称为外螺纹；在圆柱(或圆锥)内表面上形成的螺纹称为内螺纹，如图 6-2 所示。

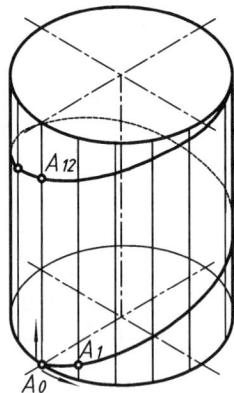

图 6-1　圆柱螺旋线

螺纹的加工方法很多，具体有：车制、碾压及用丝锥、板牙工具加工。图 6-2 表示在车床上加工螺纹的方法：工件作等角速旋转，车刀沿工件轴线方向作等速移动，这样，切入工件一定深度的刀尖便在工件上车出螺纹来。内螺纹可以在车床上加工，也可以先在工件上钻孔，再用丝锥攻制而成，如图 6-3 所示。

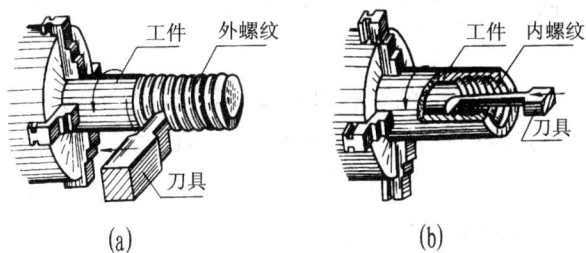

图 6-2 车削螺纹

（a）外螺纹；（b）内螺纹

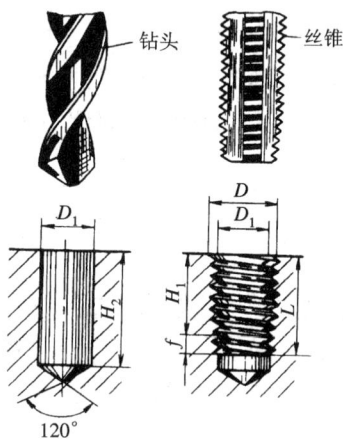

图 6-3 丝锥攻制内螺纹

6.1.2 螺纹的基本要素

1. 螺纹牙型

在通过螺纹轴线的剖面上，螺纹的轮廓形状称为螺纹牙型，它包括牙顶、牙底、牙侧等部分，如图 6-4 所示。常见的牙型有三角形、梯形、锯齿形等。

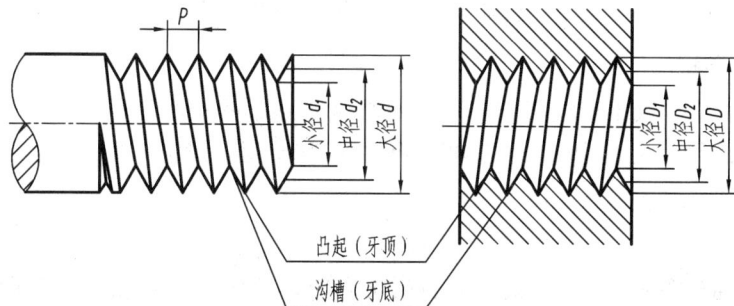

图 6-4 螺纹的大径、小径和中径

2. 螺纹的直径(如图 6－4 所示)

1) 大径

一个与外螺纹的牙顶或内螺纹的牙底相重合的假想圆柱面的直径称为大径。内、外螺纹的大径分别用 D、d 表示。一般称大径为螺纹的公称直径。

2) 小径

一个与外螺纹的牙底或内螺纹的牙顶相重合的假想圆柱面的直径称为小径。内、外螺纹小径分别用 D_1、d_1 表示。

3) 中径

一个假想圆柱的直径,其母线通过牙型上的沟槽和凸起宽度相等的假想圆柱面的直径称为中径。内、外螺纹的中径分别用 D_2、d_2 表示。

3. 线数

螺纹有单线和多线之分,沿一条螺旋线形成的螺纹称单线螺纹;沿两条或两条以上螺旋线形成的螺纹称多线螺纹,如图 6－5(a)所示。螺纹的线数用 n 表示。

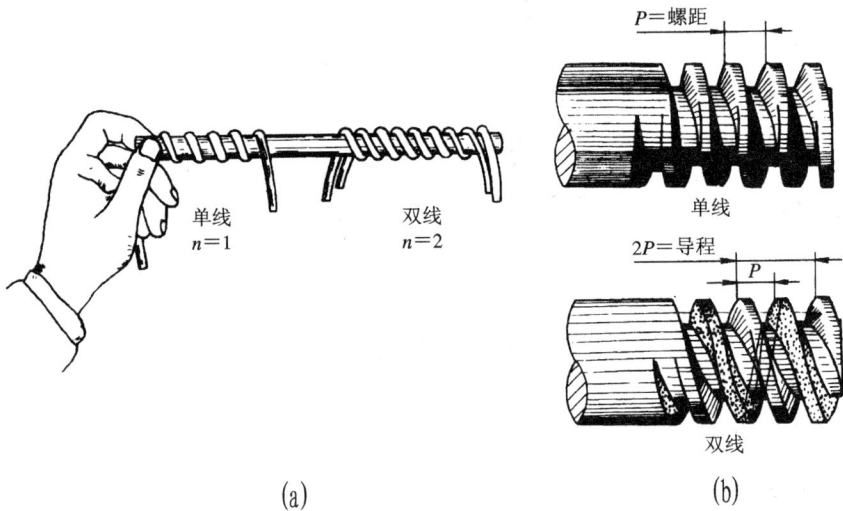

图 6－5 螺纹的线数、导程与螺距
(a) 螺纹的线数;(b) 螺距和导程

4. 螺距和导程

相邻两牙在中径线上对应两点间的轴向距离称为螺距,用 P 表示。同一条螺旋线上的相邻两牙在中径线上对应两点间的轴向距离称为导程,用 P_h 表示,且 $P_h = nP$。如图 6－5(b)所示。

5. 旋向

螺纹分右旋和左旋两种。顺时针旋转时旋入的螺纹称为右旋螺纹,其可见螺旋线表现为左低右高的特征,如图 6－6(b)所示;逆时针旋转时旋入的螺纹称为左旋螺纹,其可见螺旋线表现为左高右低的特征,如图 6－6(a)所示。

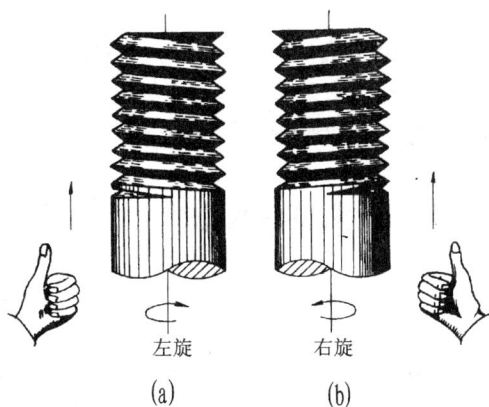

图 6-6　螺纹的旋转方向

螺纹是成对(内、外)使用的,一对旋合的螺纹以上五个要素必须相同。

若改变上述五项基本要素中的任何一项,就会得到不同规格的螺纹。为了便于设计、制造与选用,国家标准对螺纹的牙型、直径和螺距等都作了规定,凡这三项要素都符合标准规定的螺纹称为标准螺纹;牙型符合标准,直径和螺距不符合标准的螺纹称为特殊螺纹;牙型不符合标准的螺纹称为非标准螺纹。

6.1.3　螺纹的规定画法

螺纹一般不按实际投影作图,而是按国家标准《机械制图》GB/T 4459.1—1995 中规定的螺纹画法绘制的。

1. 外螺纹的画法

(1)螺纹的大径用粗实线表示,小径用细实线表示;在螺杆的倒角或倒圆部分也应画出。绘图时,小径 $d_1 \approx 0.85\ d$。

(2)垂直于螺纹轴线的投影面的视图中,表示小径的细实线圆只画约 3/4 圈,轴端倒角圆不应画出,如图 6-7(a)所示。

(3)螺纹终止线用粗实线表示;在剖视图中,螺纹终止线只画出大径和小径之间的部分,剖面线应画到粗实线处,如图 6-7(b)所示。

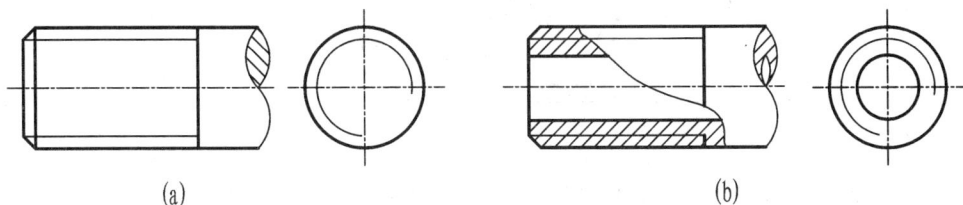

图 6-7　外螺纹的画法

(a)外螺纹视图的画法;(b)外螺纹剖视图的画法

2．内螺纹的画法

（1）在剖视图中，螺纹的大径用细实线表示，小径和螺纹终止线用粗实线表示，剖面线应画到粗实线处。

（2）在垂直于螺纹轴线的投影面的视图中，表示大径的细实线圆只画 3/4 圈，孔口倒角圆不画。

（3）绘制不穿通的螺孔时，应分别画出钻孔深度和螺纹部分的深度，如图 6-8(a) 所示。

（4）不可见螺纹的所有图线均用虚线绘制，如图 6-8(b) 所示。

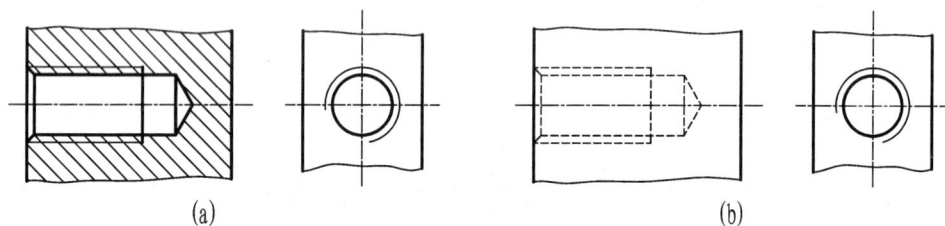

（a）　　　　　　　　　　　　　　　（b）

图 6-8　内螺纹的画法

（a）内螺纹剖视的画法；（b）内螺纹视图的画法

3．螺纹连接画法

用剖视图表示内、外螺纹的连接时，其旋合部分应按外螺纹的画法绘制，其余部分仍按各自的画法表示，如图 6-9 所示。注意：当沿外螺纹的轴线剖开时，螺杆作为实心零件按不剖绘制。

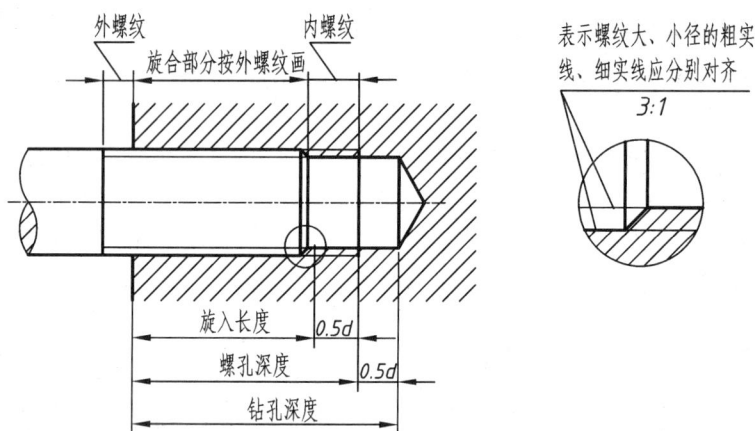

图 6-9　内、外螺纹连接画法

4．常见螺纹结构的画法

零件上常见到螺纹孔相贯、圆锥螺纹等结构的画法，见表 6-1。

表 6－1　零件上常见螺纹结构的画法

	画　　法	说　　明
螺纹收尾	(a) 外螺纹　　　　(b)内螺纹	内、外螺纹中的螺尾，一般不必画出。当需要表示时，螺尾部分的牙底用与轴线成30°的细实线绘制
螺纹孔相贯	(a) 两螺纹孔相贯　　(b) 螺纹孔与光孔相贯	
表示牙型	5:1 (a) 在原视图上用局部剖表示　(b) 采用局部放大图表示	一般连接螺纹不画牙型
圆锥螺纹	(a) 外螺纹　　　　　(b) 内螺纹	圆锥形螺纹的画法：在垂直于轴线的投影面的视图中，左视图上按螺纹的大端绘制，右视图上按螺纹的小端绘制

6.1.4　常用螺纹的种类及标注

1. 螺纹的种类

螺纹按其用途可分为连接螺纹和传动螺纹两大类，前者起连接作用，后者用于传递动力和运动，见表 6－2。

1）连接螺纹

(1) 普通螺纹：有粗牙普通螺纹和细牙普通螺纹。在相同的大径下，细牙普通螺纹的螺距比粗牙普通螺纹的小，多用于薄壁或紧密连接的零件上，普通螺纹的直径与螺距系列参数见附录表 1。

(2) 管螺纹：有用螺纹密封的管螺纹、非螺纹密封的管螺纹和60°圆锥管螺纹。

2）传动螺纹

有梯形螺纹、锯齿形螺纹和矩形螺纹(非标准螺纹)。

2. 螺纹的标记

各种螺纹的规定画法相同，为区别起见，国家标准对其规定了相应的标记。

1）普通螺纹

普通螺纹在大径处按尺寸标注的形式进行标注，其完整的标记由螺纹特征代号、尺寸代号、公差带代号、旋合长度代号和旋向五部分组成，其格式如图 6－10 所示。

螺纹特征代号	尺寸代号	－	公差带代号	－	旋合长度代号	－	旋向

图 6－10　普通螺纹标记格式

普通螺纹的标记规则如下：

（1）尺寸代号：包括公称直径、螺距（多线时为导程螺距）。粗牙普通螺纹不标注螺距。

（2）公差带代号：先写中径的公差带代号后写顶径的公差带代号。当中径和顶径的公差带代号相同时，可注写一个代号。

（3）旋合长度代号：普通螺纹的旋合长度分短、中、长三种，分别用代号 S、N、L 表示。中等旋合长度使用最多，代号 N 可省略不注。

（4）右旋螺纹省略标注，左旋螺纹标注代号"LH"。

2）梯形螺纹

梯形螺纹和锯齿形螺纹的标注形式同普通螺纹，其标记格式如图 6-11 所示。

| 特征代号 | 公称直径 | × | 导程（P 螺距） | 旋向 | － | 中径公差带代号 | － | 旋合长度代号 |

图 6-11　梯形螺纹标记格式

梯形螺纹的标记规则如下：

（1）单线螺纹只注螺距；

（2）旋合长度只分 N、L 两组，N 可省略不注；

（3）右旋不标旋向代号，左旋标"LH"。

3）管螺纹

管螺纹的标记一律注在引出线上，引出线应由大径处或对称中心处引出，管螺纹的标记格式如图 6-12 所示。

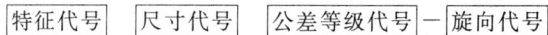

| 特征代号 | 尺寸代号 | 公差等级代号 | － | 旋向代号 |

图 6-12　管螺纹标记格式

管螺纹的标记规则如下：

（1）尺寸代号：管螺纹的尺寸代号不是指螺纹的大径，而是指管子的内径，并以英寸为单位。

（2）公差等级代号：对非螺纹密封的管螺纹，其外螺纹的中径公差等级分 A、B 两种，A 为精密级，B 为普通级，其余管螺纹的公差等级只有一种，故不标注此项。

（3）旋向代号：左旋螺纹加代号"LH"，右旋不标注。

4）特殊螺纹及非标准螺纹的标注

标注特殊螺纹时，应在特征代号前加注"特"字，并注出大径和螺距。非标准螺纹应画出牙型并注出全部尺寸，如图 6-13 所示。

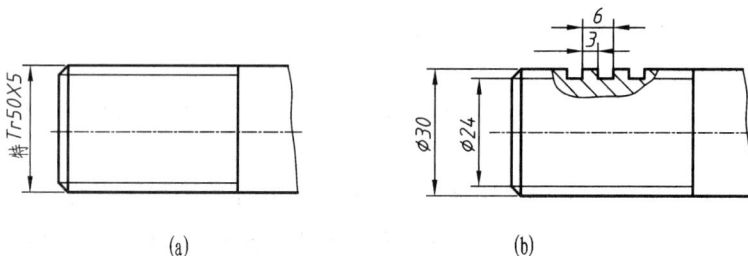

（a）　　　　　　　　　　（b）

图 6-13　特殊螺纹与非标准螺纹的标注

（a）特殊螺纹；（b）非标准螺纹

常用标准螺纹的标注示例见表6-2。

表6-2 常用标准螺纹的牙型及标注示例

螺纹类别		标准编号	特征代号	牙型	标注示例	说明
普通螺纹	粗牙	GB/T 193—2003	M			表示公称直径为24的右旋粗牙普通外螺纹，中径公差带代号5g，顶径公差带代号6g，短旋合长度
	细牙					表示公称直径为24，螺距为2的右旋细牙普通内螺纹，中径、顶径公差带代号为6H，中等旋合长度
梯形螺纹		GB/T 5796—2005	T_r		Tr40×14(P7)LH-7c	表示公称直径为40，导程为14，螺距为7的双线、左旋梯形外螺纹，中径公差带为7c，中等旋合长度
锯齿形螺纹		GB/T 13576—1992	B		B32×7-7c	表示公称直径为32，螺距为7的右旋锯齿形外螺纹，中径公差带代号为7c，中等旋合长度
用螺纹密封的管螺纹		GB/T 7306—2000	R		R1/2LH	表示尺寸代号为1/2，用螺纹密封的左旋圆锥外螺纹
			R_p		R_p3/4	表示尺寸代号为3/4，用螺纹密封的圆柱内螺纹
			R_c		R_c3/4	表示尺寸代号为3/4，用螺纹密封的圆锥内螺纹
非螺纹密封的管螺纹		GB 7307—2001	G		G3/4 G3/4B	表示尺寸代号为3/4，非螺纹密封的圆柱内螺纹及B级圆柱外螺纹

6.2　常用螺纹紧固件

螺纹紧固件是利用内、外螺纹的旋合作用来连接和紧固一些零、部件的。螺纹紧固件种类很多，其中最常见的有螺栓、双头螺柱、螺钉、螺母、垫圈等，如图 6-14 所示。这类零件一般都是标准件，其结构形式和尺寸均已标准化。只要给出它们的规定标记，就可在相应的标准中查出其结构形式和全部尺寸。

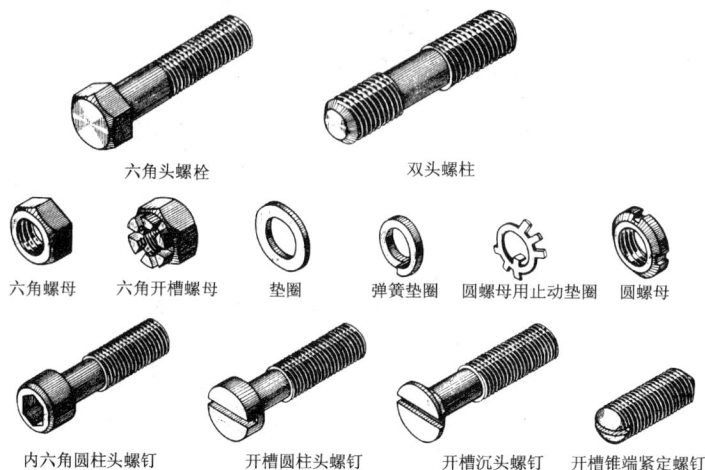

六角头螺栓　　　　　　双头螺柱

六角螺母　六角开槽螺母　垫圈　弹簧垫圈　圆螺母用止动垫圈　圆螺母

内六角圆柱头螺钉　开槽圆柱头螺钉　开槽沉头螺钉　开槽锥端紧定螺钉

图 6-14　常用的螺纹紧固件

6.2.1　螺纹紧固件的标记

螺纹紧固件完整的标记由名称、标准编号、螺纹规格和公称尺寸、性能等级、硬度、表面处理等组成，并规定标记允许简化。其简化格式如下：

$$\boxed{名称}\quad\boxed{标准编号}\quad\boxed{规格尺寸}$$

例如：六角头螺栓的公称直径 $d=M12$，公称长度为 60 mm，性能等级 10.9 级，产品等级为 A 级，表面经氧化处理。其完整标记如下：

螺栓　GB/T 5782—2000 M12×60—10.9—A—O

一般情况下可简化为

螺栓　GB/T 5782 M12×60

常用紧固件的标记示例，见附表 2～4。

6.2.2　螺纹紧固件连接图画法

按照被连接件的结构和所使用螺纹紧固件的不同，螺纹连接分为螺栓连接、双头螺柱连接和螺钉连接三种形式，如图 6-15 所示。在本节中主要介绍螺栓连接的画法。

用螺栓、螺母、垫圈把两个被连接的零件连接在一起，称为螺栓连接。连接前，先在被连接的零件上钻出通孔(孔径略大于螺栓大径 d，近似为 $1.1d$)。装配时，使螺栓穿过通孔，然后套上垫圈，再用螺母拧紧，即完成连接。螺栓连接适用于两个不太厚且允许钻成通孔的零件。

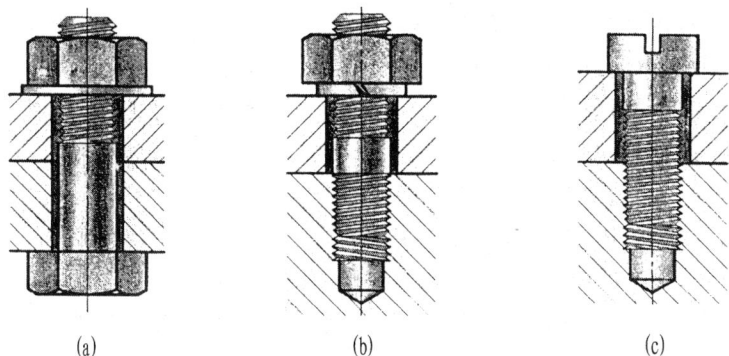

图 6-15　螺纹紧固件连接

（a）螺栓连接；（b）螺柱连接；（c）螺钉连接

1. 螺栓、螺母及垫圈的近似比例画法

螺纹紧固件是标准件，一般无需画零件图。当它们在装配图中出现时，可按其标记从标准中查得各部分尺寸画图。为了简化作图，通常采用近似比例画法，即除了螺栓的公称长度 l 外，螺栓、螺母、垫圈的其余尺寸都取与螺纹大径成一定比例的数值画图，从而节省了查表的时间。

螺栓、螺母和垫圈的比例画法如图 6-16 所示。图中六角螺母和六角螺栓头部的端面，由于圆锥形倒角而产生的双曲线（截交线），可用圆弧代替，如图 6-16(a)、(b) 所示。

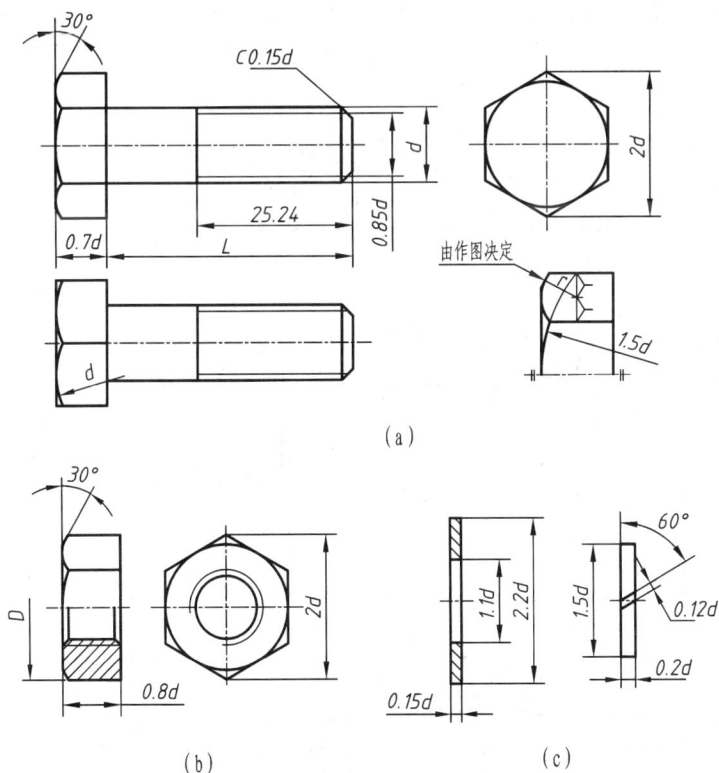

（a）

（b）　　　　　　　　（c）

图 6-16　螺栓、螺母、垫圈的近似比例画法

（a）六角头螺栓的比例画法；（b）六角螺母的比例画法；（c）垫圈的比例画法

99

2. 画螺栓连接图时应遵守的基本规定

画螺栓连接图时遵守下列基本规定：

（1）当剖切平面通过螺栓、螺母、垫圈等标准件的轴线时，其标准件应按未剖切绘制，即只画出其外形。

（2）在剖视图中，两相邻零件的剖面线倾斜方向应当相反，或方向相同、间距不同。但同一零件在各个剖视图中，其剖面线的倾斜方向和间距应当一致。

（3）两零件的接触面应画成一条线；不接触的表面表示其间隙，画两条线。

（4）螺栓的公称长度 l 应按下式估算，然后查表选取与估算值相近的标准值。

$$l \geqslant \delta_1 + \delta_2 + h + m + a$$

式中，δ_1、δ_2 为被连接零件的厚度；m 为螺母厚度；h 为垫圈厚度；a 为螺栓末端伸出螺母长度（一般取 $0.2\,d \sim 0.3\,d$）。

3. 螺栓连接图近似比例画法

螺栓连接图近似比例画法如图 6-17 所示。

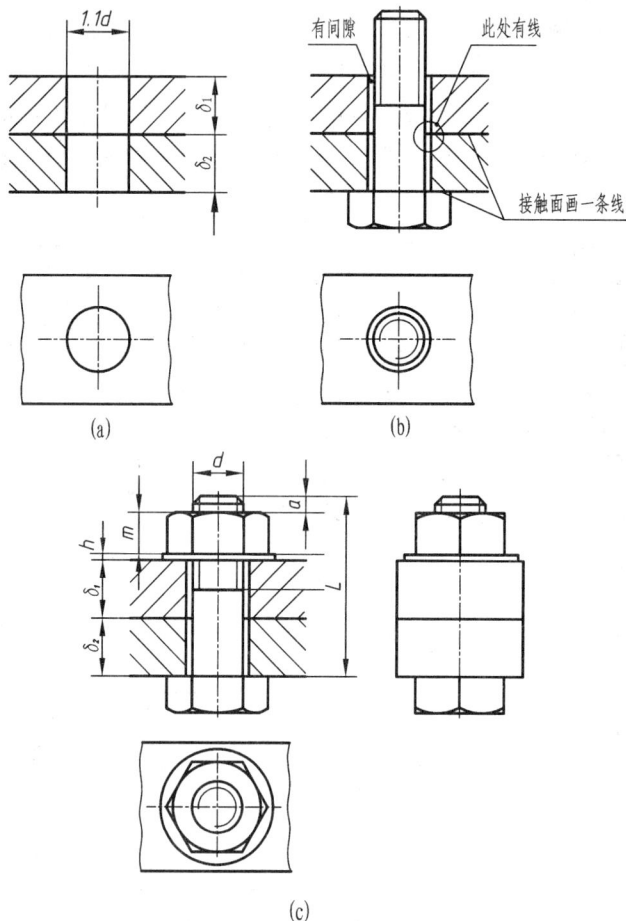

图 6-17　螺栓连接画图步骤

（a）零件上钻通孔，孔径≈1.1d；（b）穿入螺栓；（c）套上垫圈，拧紧螺母

6.3 齿 轮

齿轮是机械中应用较多的一种传动装置,它的主要作用是传递动力或改变运动方向及速度。齿轮的种类很多,根据它的用途或传动情况可分为三大类:

(1) 圆柱齿轮:用于两平行轴之间的传动,如图 6-18(a)所示。

(2) 圆锥齿轮:用于两相交轴之间的传动,如图 6-18(b)所示。

(3) 蜗轮蜗杆:用于两垂直交错轴之间的传动,如图 6-18(c)所示。

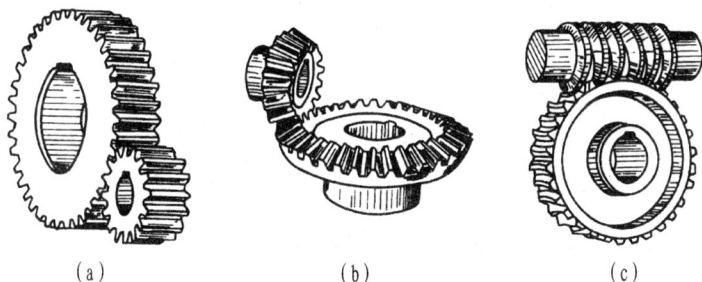

图 6-18 齿轮传动

(a) 圆柱齿轮;(b) 圆锥齿轮;(c) 蜗轮蜗杆

常见的圆柱齿轮按轮齿的方向不同分为直齿圆柱齿轮、斜齿圆柱齿轮和人字齿轮三种,如图 6-19 所示。其中以直齿圆柱齿轮应用最多。本节主要介绍直齿圆柱齿轮的基本知识和规定画法。

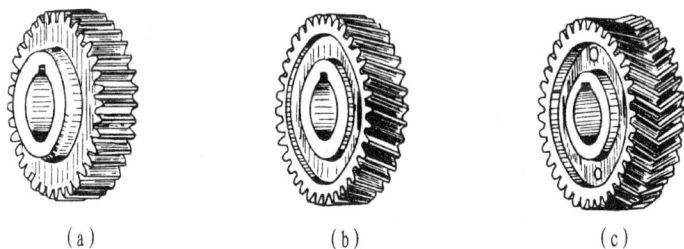

图 6-19 圆柱齿轮

(a) 直齿轮;(b) 斜齿轮;(c) 人字齿轮

6.3.1 齿轮的基本知识

1. 基本术语和几何要素代号(图 6-20 所示)

(1) 齿顶圆:通过齿顶的圆,其直径用 d_a 表示。

(2) 齿根圆:通过齿根的圆,其直径用 d_f 表示。

(3) 分度圆:齿轮上的一个假想圆,该圆上的齿厚弧长(s)与齿间弧长(e)相等;此圆是设计、计算和制造齿轮时进行分度轮齿和确定轮齿尺寸的基准圆,其直径用 d 表示。

(4) 齿高:从齿顶圆到齿根圆间的径向距离,用 h 表示。

齿顶高:从分度圆到齿顶圆间的径向距离,用 h_a 表示。

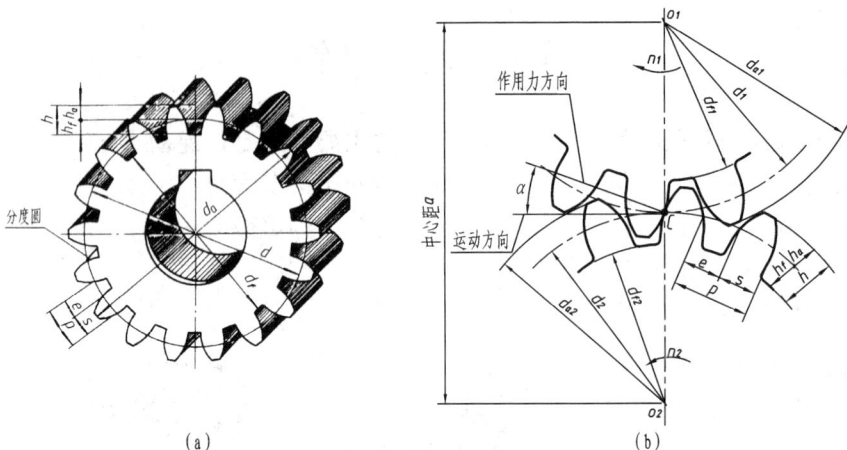

图 6-20 直齿圆柱齿轮各部分名称

(a) 立体图；(b) 平面示意图

齿根高：从分度圆到齿根圆间的径向距离，用 h_f 表示。

$$h = h_a + h_f$$

(5) 齿距：分度圆圆周上相邻两轮齿对应点间的弧长，用 p 表示。

(6) 齿厚和槽宽：分度圆上一个轮齿齿廓间的弧长称为齿厚，用 s 表示。分度圆上一个齿槽间的弧长，称为槽宽，用 e 表示。在标准齿轮中，齿厚与槽宽近似相等，且各为齿距的一半，即

$$s = e = \frac{1}{2}p$$

(7) 节圆：两啮合齿轮齿廓在中心连线 o_1o_2 上的啮合接触点 C 称为节点（图 6-20）。通过节点的两个相切圆称为节圆，用 d_1、d_2 表示。对标准齿轮而言，分度圆与节圆正好重合，单个齿轮不存在节圆，而只有分度圆。

(8) 中心距：两啮合齿轮轴线间的距离，用 a 表示中心距与两节圆的关系为

$$a = \frac{d_1}{2} + \frac{d_2}{2}$$

2. 基本参数

(1) 齿数：一个齿轮的轮齿总数，用 z 表示。

(2) 模数：是设计、制造齿轮的重要参数，用 m 表示。因分度圆周长等于齿数乘齿距，即

$$\pi d = zp$$

得出

$$d = \frac{p}{\pi}z$$

为了设计与制造的方便，令 $p/\pi = m$，于是 $d = mz$。

相互啮合的一对齿轮，齿距一定相等，所以模数也是相等的。为了减少加工齿轮的刀具数量，国家标准 GB/T 1357—2008 对齿轮的模数作了统一规定，见表 6-3。

表6-3　齿轮标准模数系列(摘自 GB/T 1357—2008)　　　单位：mm

第一系列	1，1.25，1.5，2，2.5，3，4，5，6，8，10，12，16，20，25，32，40，50
第二系列	1.125，1.375，1.75，2.25，2.75，3.5，4.5，5.5，(6.5)，7，9，11，14，18，…

注：选用时应优先选用第一系列，括号内的模数尽可能不用。

（3）齿形角：一对啮合齿轮，在分度圆上其受力方向与运动方向之间所夹的锐角，称为齿形角，以 α 表示。齿形角大小不同，齿廓形状也不同，国标规定，标准齿轮的齿形角为 $20°$。

3. 尺寸关系

齿轮的齿数 z、模数 m、齿形角 α 确定之后，标准直齿圆柱齿轮的各部分尺寸都可根据模数来确定，计算公式见表6-4。

表6-4　直齿圆柱齿轮各部分尺寸计算

基本参数：模数 m　　齿数 z

序号	名称	代号	计算公式
1	齿距	p	$p = \pi m$
2	齿顶高	h_a	$h_a = m$
3	齿根高	h_f	$h_f = 1.25\,m$
4	齿高	h	$h = 2.25\,m$
5	分度圆直径	d	$d = mz$
6	齿顶圆直径	d_a	$d_a = m(z+2)$
7	齿根圆直径	d_f	$d_f = m(z-2.5)$
8	中心距	a	$a = m(z_1 + z_2)/2$

6.3.2　齿轮的规定画法

1. 单个齿轮的画法

（1）齿顶线和齿顶圆用粗实线绘制。

（2）分度线和分度圆用细点画线绘制。

（3）齿根线和齿根圆在视图中用细实线绘制，也可省略不画，如图 6-21(d)所示；在剖视图中，当剖切平面通过齿轮的轴线时，轮齿一律按不剖处理，齿根线用粗实线绘制，如图 6-21(a)所示。

（4）斜齿圆柱齿轮的画法与直齿圆柱齿轮的画法基本相同，只是为了表示轮齿的方向，常将其画成半剖视图，并在非圆外形图上用三条平行的细实线表示，如图 6-21(c)所示。

2. 齿轮啮合画法

非啮合区：按单个齿轮的画法绘制。

啮合区内：

（1）在投影为圆的视图中，两分度圆相切，啮合区内的齿顶圆均用粗实线绘制，如图 6-22(a)的左视图所示，其省略画法如图 6-22(b)所示；齿根圆用细实线绘制，一般省略不画。

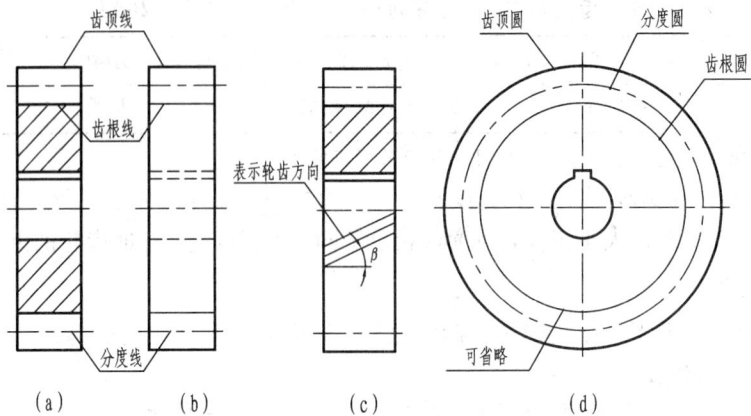

图 6-21 单个圆柱齿轮规定画法

(a) 剖视图；(b) 视图；(c) 斜齿(半剖)；(d) 左视图

(2) 在平行于齿轮轴线的投影面的视图(非圆视图)中，若取剖视，一个齿轮的轮齿用粗实线绘制，另一个齿轮的轮齿被遮挡部分用细虚线绘制，如图 6-22(a) 的主视图所示(也可省略不画)。当不采用剖视而用外形视图表示时，啮合区内的齿顶线不需画出，分度线用粗实线绘制，如图 6-22 (c)、(d)所示。

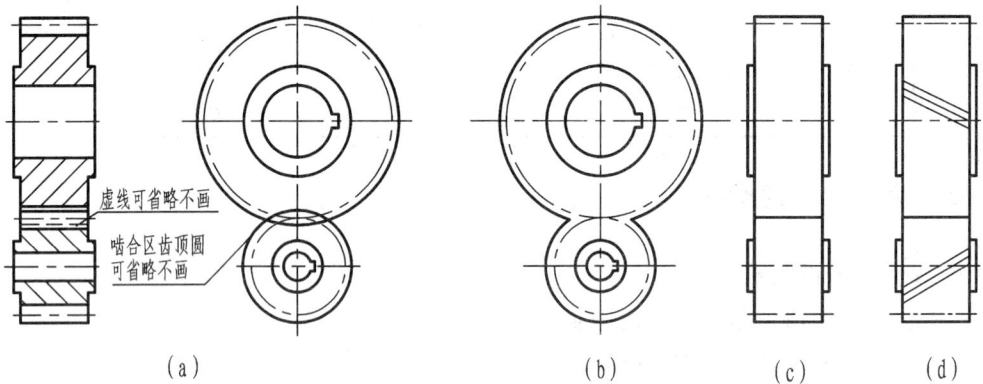

图 6-22 圆柱齿轮啮合的规定画法

注意 由于齿根高与齿顶高相差 $0.25\,m$，因此，一个齿轮的齿顶线和另一个齿轮的齿根线间存在 $0.25\,m$ 的径向间隙。如图 6-23 所示。

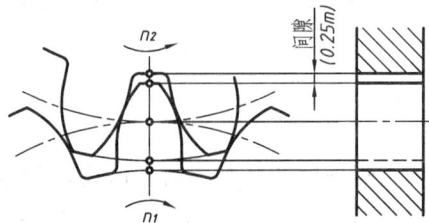

图 6-23 啮合区的投影

6.4 键 和 销

6.4.1 键连接

键主要用来连接轴及轴上的传动零件(如齿轮、皮带轮等),周向固定以传递扭矩。如图 6-24 所示是一种用键连接的形式。先在轴和轮毂上加工出键槽,装配时,将键嵌入轴的键槽内,然后将带有键槽的轮装配到轴上。传动时,轴和轮通过键连接便可一起传动。

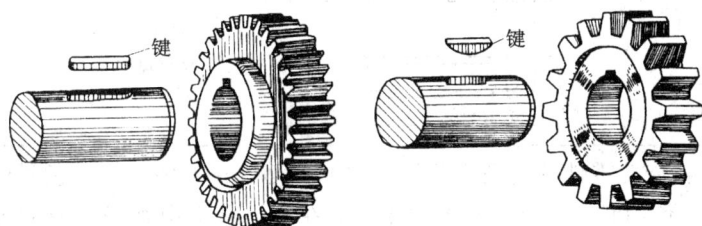

图 6-24 键连接

键的种类很多,常用的有普通平键、半圆键及钩头楔键等三种,如图 6-25 所示。它们都是标准件,结构尺寸均已标准化。其型式、画法和标记如表 6-5 所列。

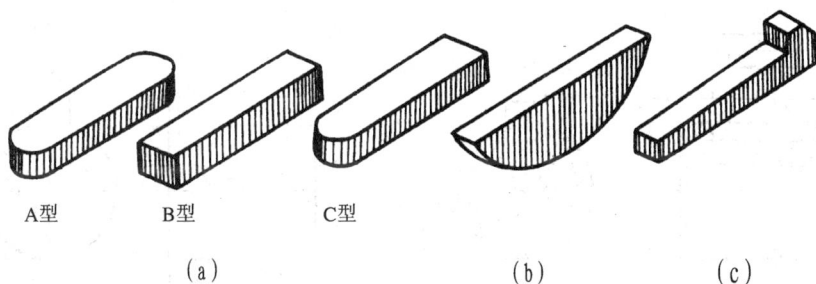

A型 B型 C型

(a) (b) (c)

图 6-25 常用键的型式

(a)普通平键;(b)半圆键;(c)钩头楔键

表 6-5 常用键及其标记示例

名称及标准编号	简　图	标记及说明
普通平键 GB/T 1096—2003		GB/T 1096 键 18×11×100 表示:$b=18$、$h=11$、$L=100$ 的普通平键(A 型)

名称及标准编号	简 图	标记及说明
半圆键 GB/T 1099.1—2003		GB/T 1099.1 键 $6 \times 10 \times 25$ 表示：$b=6$、$h=10$、$D=25$ 的半圆键
钩头楔键 GB/T 1565—2003		GB/T 1565 键 18×100 表示：$b=18$、$h=11$、$L=100$ 的钩头楔键

被连接的轴和传动零件的轮毂上均开有键槽，键嵌在槽中达到连接目的。键及键槽的尺寸均已标准化。使用时可根据被连接的轴径，在相应标准中查得相应的尺寸、结构及标记(见附表5)。图6-26是普通平键连接的画法；图6-27是半圆键连接的画法。它们的共同点是：以侧面为工作面，顶面为非工作面。因此在连接画法中，键与键槽两侧为接触面，分别画一条线；而键和键槽间顶部应留有间隙，应画两条线。

半圆键的优点是自动调位。但由于轴上的键槽深度比平键键槽深度大，影响轴的强度，因此主要用于锥形或传递较小转矩的传动轴上。

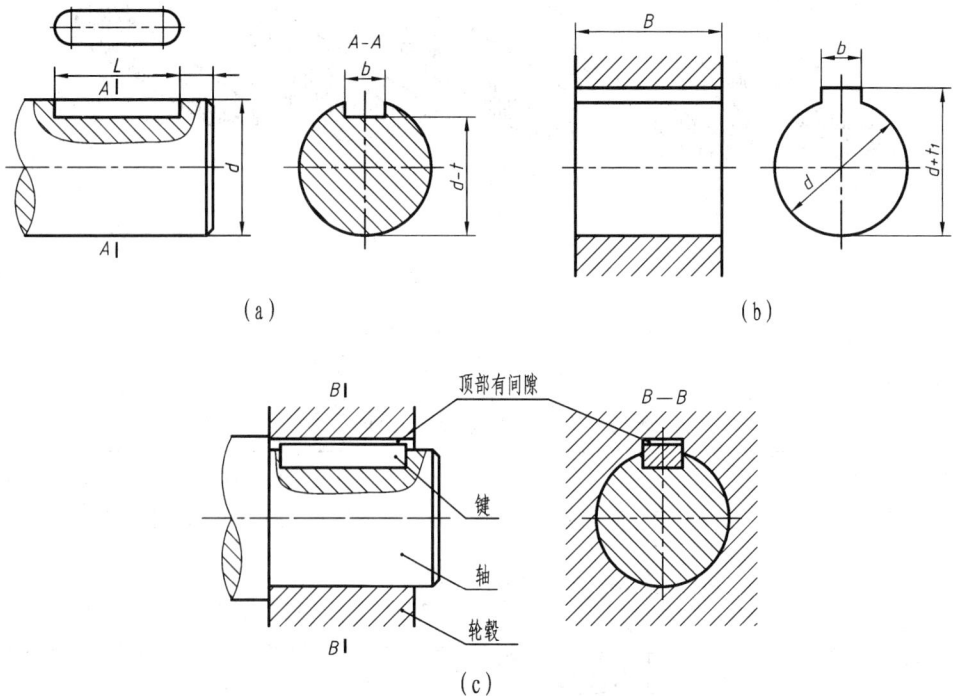

(a)　　　　　　　　　　(b)

(c)

图 6-26 平键连接图画法

(a)轴上键槽的画法及标注；(b)轮毂上键槽的画法及标注；(c)键连接图

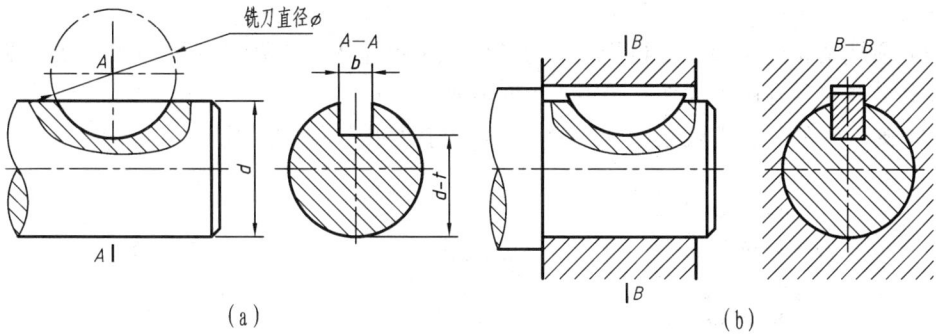

图 6-27　半圆键连接图画法

（a）轴的零件图；（b）半圆键连接图

6.4.2　销连接

销在机器上起零件之间的定位和连接作用。常用的有圆柱销、圆锥销和开口销。前两种主要用作连接和定位，后一种则主要用于防松。销是标准件，其结构、尺寸都可以从标准中查出。常用销的简图和标记如表 6-6 所列。

表 6-6　常用销的简图和标记

名称及标准编号	简　　图	标记及说明
圆柱销 GB/T 119.1—2000		销 GB/T 119.1 $B10 \times 60$ 表示 B 型圆柱销，公称直径 $d=10$ mm，公称长度 $L=60$ mm
圆锥销 GB/T 117—2000		销 GB/T 117 12×60 表示 A 型圆锥销，公称直径 $d=12$ mm，公称长度 $L=60$ mm
开口销 GB/T 91—2000		销 GB/T 91 8×45 表示开口销，公称直径 $d=8$ mm，公称长度 $L=45$ mm

销连接画法如图 6-28 所示，当剖切平面通过销的轴线作纵向剖切时，销按未剖绘制。

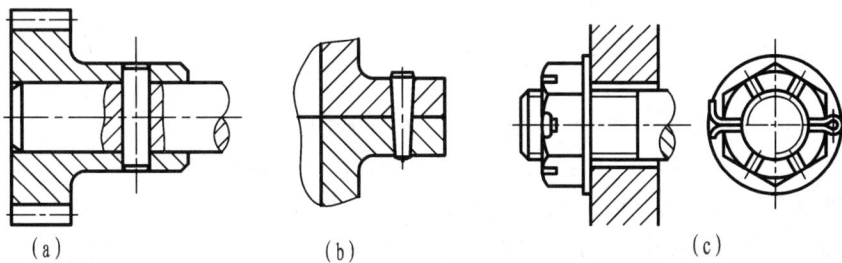

图 6-28　销连接

（a）圆柱销连接；（b）圆锥销定位；（c）开口销锁紧

注意：

（1）圆柱销和圆锥销作定位用时，为了保证定位精度，销孔一般要在被连接件装配后一起钻铰，并在零件图上注明，如图6-29所示。

（2）圆锥销的公称直径指小端直径，开口销直径指销孔的直径。

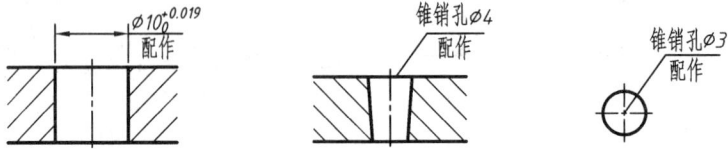

图6-29　销孔的尺寸标注

6.5　滚　动　轴　承

滚动轴承是一种支承旋转轴，并承受轴上载荷的组件。它具有摩擦力小、结构紧凑等优点，是被广泛使用在机器或部件中的标准件。

6.5.1　滚动轴承的结构和分类

滚动轴承的种类很多，但它们的结构大致相似，一般由外圈、内圈、滚动体和保持架所组成，如图6-30所示。其外圈装在机座的孔内，内圈套在转动的轴上。一般情况下，外圈固定不动，而内圈随轴转动。

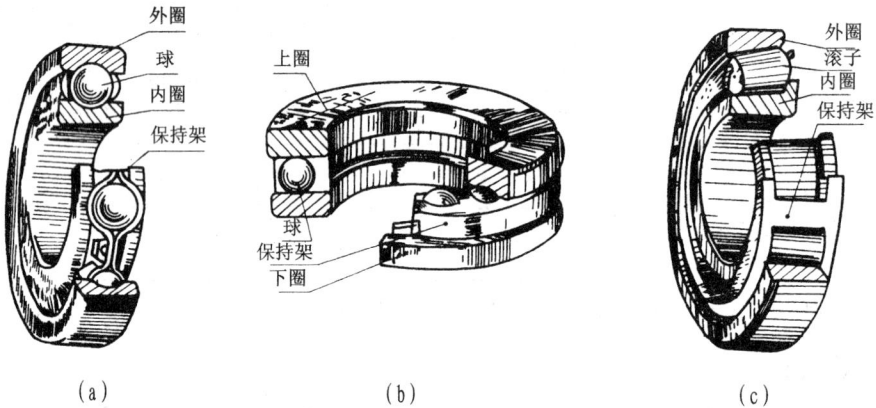

（a）　　　　　　　　（b）　　　　　　　　（c）

图6-30　滚动轴承

（a）深沟球轴承；（b）推力球轴承；（c）圆锥滚子轴承

滚动轴承根据受力情况的不同，可分为：

向心轴承——只承受径向力，如图6-30(a)所示。

推力轴承——只承受轴向力，如图6-30(b)所示。

向心推力轴承——既承受径向力，又承受轴向力，如图6-30(c)所示。

6.5.2 滚动轴承的代号

轴承的代号由基本代号、前置代号和后置代号三部分组成，其排列顺序如下：

| 前置代号 | 基本代号 | 后置代号 |

1. 基本代号

基本代号由轴承类型代号、尺寸系列代号、内径代号构成，这是轴承代号的基础。

（1）滚动轴承类型代号：轴承类型代号用数字或字母表示。如 3 表示圆锥滚子轴承，5 表示推力球轴承，6 表示深沟球轴承。其他轴承代号见表 6-7 所示。

表 6-7 轴承类型代号(摘自 GB/T 272—1993)

代号	轴 承 类 型	代号	轴 承 类 型
0	双列角接触球轴承	N	圆柱滚子轴承 双列或多列用字母 NN 表示
1	调心球轴承		
2	调心滚子轴承和推力调心滚子轴承	U	外球面球轴承
3	圆锥滚子轴承	QJ	四点接触球轴承
4	双列深沟球轴承		
5	推力球轴承		
6	深沟球轴承		
7	角接触球轴承		
8	推力圆柱滚子轴承		

（2）尺寸系列代号：尺寸系列代号由轴承宽(高)度系列代号和直径系列代号组成，一般用两位数字表示(有时省略其中一位)。左边的一位数字为宽(高)度系列代号，右边的一位数字为直径系列代号。它的主要作用是区别内径相同而宽度和外径不同的轴承。

宽(高)度系列代号和直径系列代号的具体含义请查阅有关轴承标准。

（3）内径代号：用两位数字表示。

常见的轴承内径代号如表 6-8 所示；其中表内未列入的轴承内径 d 为 0.6～10 或 $d=22$、28、32 或 $d \geqslant 500$ 时，内径代号用公称内径毫米数直接表示，这时内径与尺寸系列代号之间用"/"分开。

表 6-8 常见的轴承内径代号

内径代号	00	01	02	03	04～96
轴承内径/mm	10	12	15	17	代号数字×5

轴承代号标记示例如图 6-31 所示。

```
5  12  04
          └── 内径代号(d＝4×5＝20 mm)
      └───── 尺寸系列代号(宽度系列代号为1,直径系列代号为2)
  └────────── 类型代号(推力球轴承)
```

```
N  21  10
          └── 内径代号(d＝10×5＝50 mm)
      └───── 尺寸系列代号(宽度系列代号为2,直径系列代号为1)
  └────────── 类型代号(圆柱滚子轴承)
```

```
6  2  04
         └── 内径代号(d＝4×5＝20 mm)
     └────── 尺寸系列代号(宽度系列代号为0,直径系列代号为2)
  └───────── 类型代号(深沟球轴承)
```

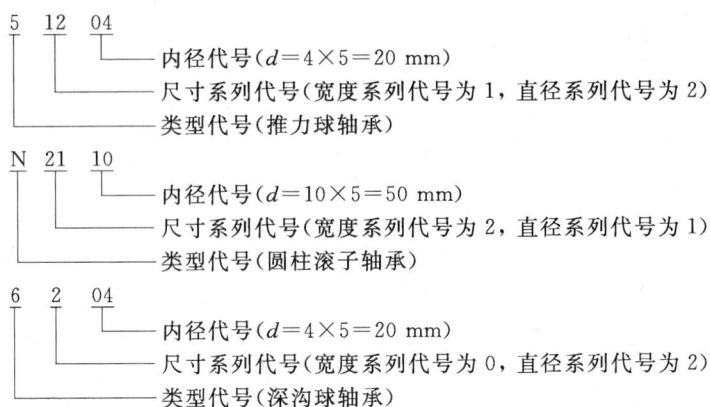

图 6-31　轴承代号标记示例

轴承代号中字母、数字的含义可查阅国家标准 GB/T 272—1993。

2. 前置代号和后置代号

前置、后置代号是轴承在结构形状、尺寸、公差、技术要求等有改变时,在其基本代号左、右添加的补充代号。前置代号用字母表示;后置代号用字母或数字表示。具体内容可查阅有关的国家标准(GB/T 272—1993)。

6.5.3　滚动轴承的画法

滚动轴承是标准件,不需要画零件图。在装配图中采用简化画法或规定画法绘制(GB/T 4459.7—1998)。

1. 简化画法

滚动轴承的外轮廓形状及大小不能简化,以使它能正确反映出与其相配合零件的装配关系。它的内部结构可以简化。简化画法分为通用画法和特征画法。但在同一张图样中一般只采用一种画法。

(1)通用画法:在剖视图中,当不需要确切地表示滚动轴承的外形轮廓、载荷特征、结构特征时,可采用矩形线框及位于线框中央正立的"十"字形符号表示滚动轴承。"十"字符号和矩形线框均用粗实线绘制,"十"字符号不应与矩形线框接触,其尺寸比例如图 6-32 所示。

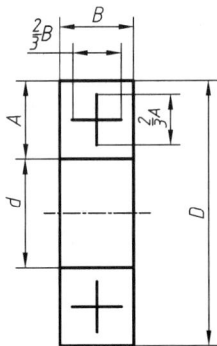

图 6-32　轴承的通用画法

（2）特征画法：在剖视图中，如果需要形象地表示滚动轴承的特征，则可采用矩形线框及在线框内画出其滚动轴承结构要素符号的画法，如图6-33所示。

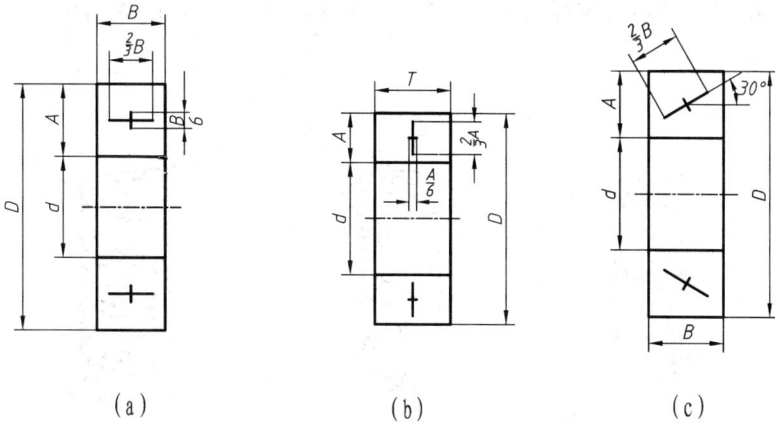

图6-33 轴承的特征画法

（a）深沟球轴承（GB/T 276—1994）；（b）推力球轴承（GB/T 301—1995）；

（c）圆锥滚子轴承（GB/T 297—1994）

2. 规定画法

必要时，在滚动轴承的产品图样、产品样品和产品标准中采用规定画法。在装配图中，规定画法一般采用剖视图绘制在轴的一侧，另一侧按通用画法绘制，如图6-34所示。

图中的尺寸除 A 是计算的，其余尺寸都可按所选轴承类型尺寸通过查阅国家标准确定其值。

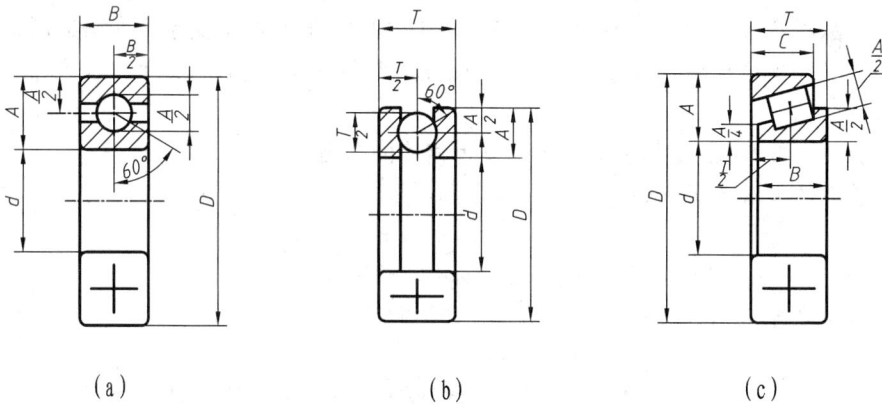

图6-34 轴承的规定画法

（a）深沟球轴承；（b）推力球轴承；（c）圆锥滚子轴承

6.6 弹 簧

弹簧是常用件，用于减震、夹紧、承受冲击、储能和测力等。其主要特点是除去外力后，可立即恢复原状。

弹簧的种类很多，以圆柱螺旋弹簧最为常见。在圆柱螺旋弹簧中，按其受力形式又分为压缩弹簧、拉伸弹簧和扭转弹簧，如图 6-35 所示。本节只介绍圆柱压缩弹簧的有关尺寸计算和画法。

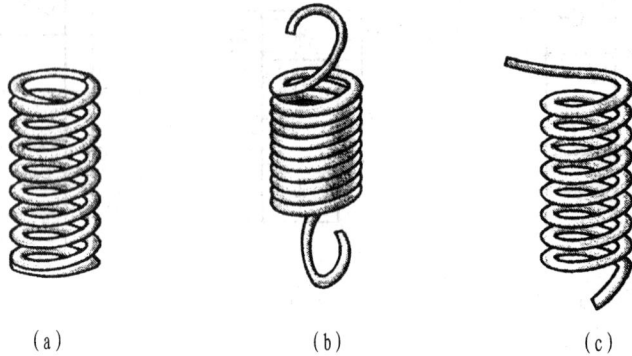

(a)   (b)   (c)

图 6-35 圆柱螺旋弹簧
(a) 压缩弹簧；(b) 拉伸弹簧；(c) 扭转弹簧

6.6.1 圆柱螺旋压缩弹簧的有关术语和尺寸关系

（1）线径 d：弹簧钢丝的直径。

（2）弹簧外径 D_2：弹簧最大的直径。

（3）弹簧内径 D_1：弹簧最小的直径，$D_1 = D_2 - 2d$。

（4）弹簧中径 D：弹簧内、外径的平均值，$D = (D_2 + D_1)/2 = D_1 + d = D_2 - d$。

（5）支承圈数 n_2：为使弹簧受力均匀，保证中心轴线垂直于支承面，制造时需将两端并紧磨平，只起支承作用，称为支承圈。一般支承圈数为 1.5 圈、2 圈和 2.5 圈三种，常用的是 2.5 圈。

（6）有效圈数 n：除支承圈外，保持节距相等的圈数。

（7）总圈数 n_1：支承圈数和有效圈数之和，即

$$n_1 = n_2 + n$$

（8）节距 t：螺旋弹簧两相邻有效圈截面中心线的轴向距离。

（9）自由高度 H_0：弹簧在不受外力作用时的高度，即

$$H_0 = nt + (n_2 - 0.5)d$$

（10）弹簧展开长度 L：制造时所需弹簧钢丝的长度，其计算方法为

当 $d \leqslant 8$ mm 时，$L = \pi D(n+2)$；

当 $d \geqslant 8$ mm 时，$L = \pi D(n+1.5)$。

（11）旋向：螺旋弹簧分为左旋、右旋两种。

6.6.2 圆柱螺旋压缩弹簧的画法

1. 基本规定

（1）在平行于螺旋弹簧轴线的投影面的视图中，其各圈轮廓线应画成直线，如图 6-36

所示。

（2）螺旋弹簧均可画成右旋，但左旋弹簧不论画成左旋或右旋，一律要注出旋向"左"字。

（3）螺旋压缩弹簧如果要求两端并紧磨平，则不论支承圈多少和末端并紧情况如何，均按支承圈为2.5圈的形式画出。

（4）对于有效圈在四圈以上的螺旋弹簧，中间部分可以省略。中间部分省略后，允许适当缩短图形的长度，但尺寸应按原长度标注。

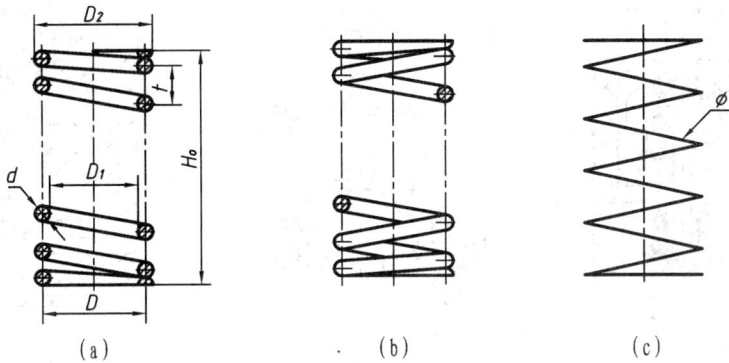

图 6-36　圆柱螺旋压缩弹簧的画法
（a）剖视图；（b）视图；（c）示意图

2. 画图步骤

例 6-1　已知右旋圆柱螺旋压缩弹簧的线径 $d=5$ mm，中径 $D=40$ mm，节距 $t=10$ mm，有效圈数 $n=10$，支承圈数 $n_2=2.5$，画出该弹簧的剖视图和外形图。

画图步骤如图 6-37 所示。

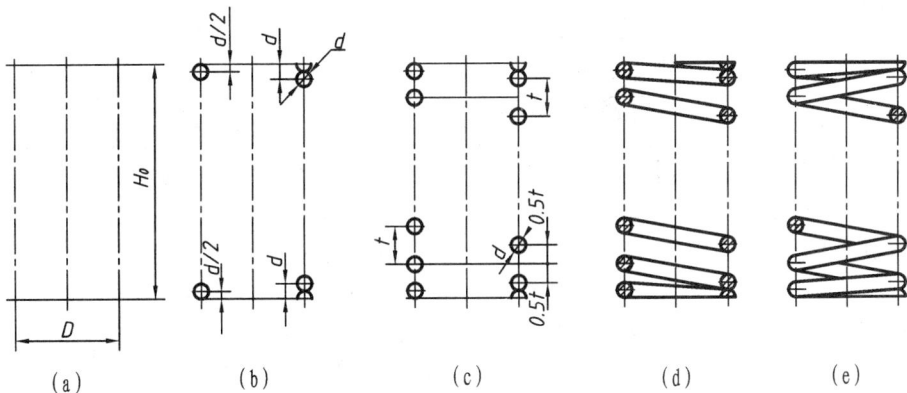

图 6-37　圆柱螺旋压缩弹簧画图步骤
（a）以自由高度 H_0 和弹簧中径 D 作矩形；（b）根据 d 画出两端支承圈的小圆；
（c）根据 t 从支承圈画出几个有效圈的小圆；（d）按右旋作弹簧钢丝断面的外公切线，再画剖面线；
（e）若画视图，则可按右旋方向作相应圆的公切线，完成弹簧外形图

3. 在装配图中弹簧的规定画法

（1）被弹簧挡住的结构一般不画，可见部分应从弹簧外轮廓线或弹簧钢丝剖面的中心线画起，如图 6-38(a)所示。

（2）当弹簧被剖切时，若弹簧直径在图形上等于或小于 2 mm，则其断面可用涂黑表示，如图 6-38(b)所示；也允许用示意图绘制，如图 6-38(c)所示。

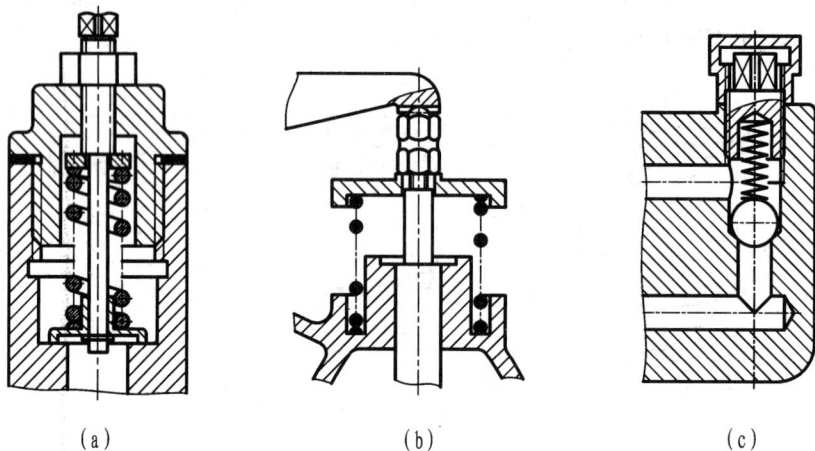

(a)   (b)   (c)

图 6-38　装配图中螺旋弹簧的规定画法

第7章 零 件 图

7.1 零件图的作用和内容

表示零件结构、大小及技术要求的图样，称为零件图。零件图是制造、检验零件的依据，是重要的技术文件。一张完整的零件图(图7-1)包含以下内容：

(1) 一组视图：包括视图、剖视图、断面图等，用以完整、清晰地表达零件的结构形状。

(2) 全部尺寸：加工与检验零件所需的尺寸。

(3) 技术要求：标注与说明零件在制造、检验时应达到的一些技术要求，如表面结构、尺寸公差、几何公差、材料的热处理要求等。

(4) 标题栏：填写零件的名称、材料、数量、比例以及制图、审核等人的签名和日期等。

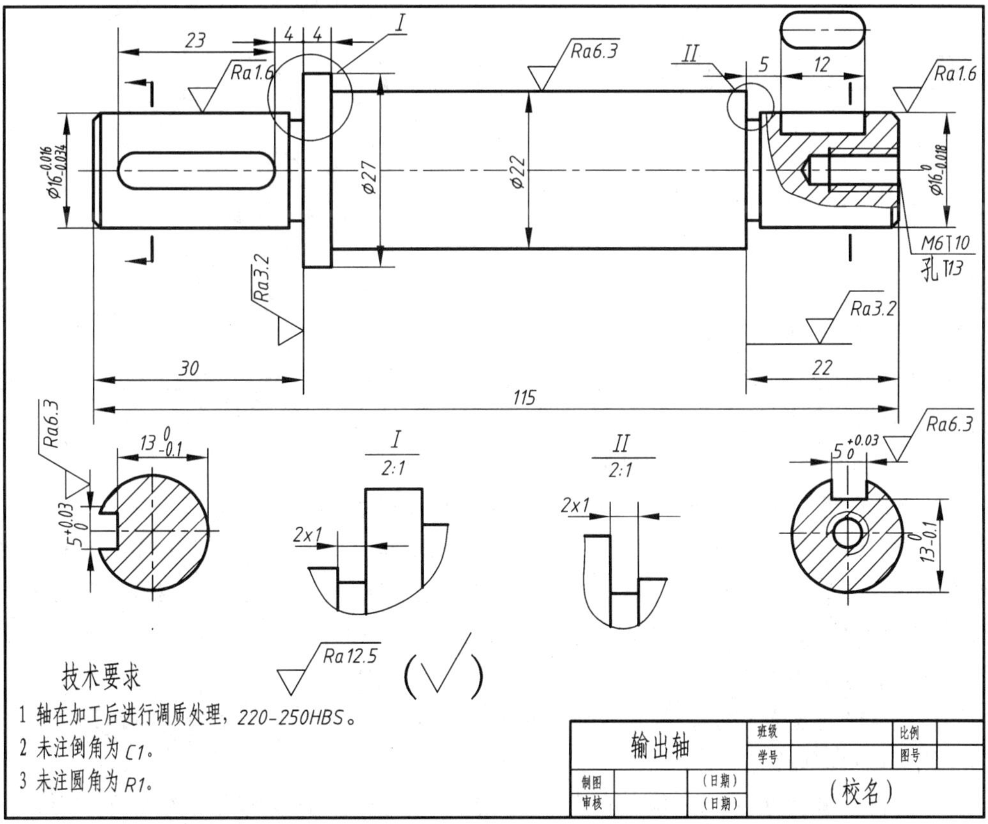

图7-1 输出轴的零件图

7.2 零件的视图选择

7.2.1 主视图的选择

因为主视图是零件表达的核心，拟定表达方案，应首先考虑主视图的选择，选择时应从以下几个方面考虑。

1. 确定主视图的投影方向

选择反映零件形状和结构特征以及各形状之间相互关系最明显的方向，作为主视图的投射方向，即符合形体特征原则。如图 7-2 所示的支座，其主视图的投射方向 K 较其它方向更清楚地显示了零件的结构特征。

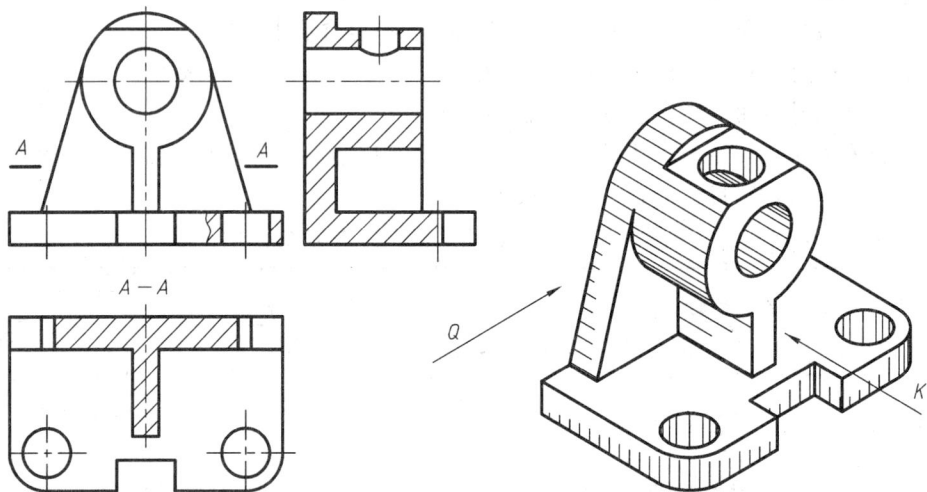

图 7-2 支座的主视图选择

2. 确定零件的放置位置

（1）加工位置：主视图表示的零件位置应与零件的加工工序中主要的装夹位置一致，以便加工时图物对照。如轴、盘、轮、套类由回转面形成的零件，主要是车削加工，故主视图常以加工位置画出，如图 7-3(b) 所示。

（2）工作位置：主视图所表达的零件位置应与零件在机器或部件中的工作位置一致，以便于将零件和机器联系起来想象其工作情况。如支架、底座、箱体类零件的主视图常以工作位置画出。如图 7-2 所示的支座，K 向和 Q 向都体现了它的工作位置，但又考虑 K 向也反映了形体特征，故确定 K 向为主视图投射方向就更为合理。又如图 7-4 所示的吊钩，主视图既显示了吊钩的形体特征，又反映了工作位置。

（3）自然放置位置：如果零件的加工位置多变，工作位置又不确定，则常以自然放置平稳的位置画出，如图 7-5 所示。

因零件图主要用于加工和检验，若以上选择不可兼顾，则应优先考虑零件的形体特征和零件的加工位置。

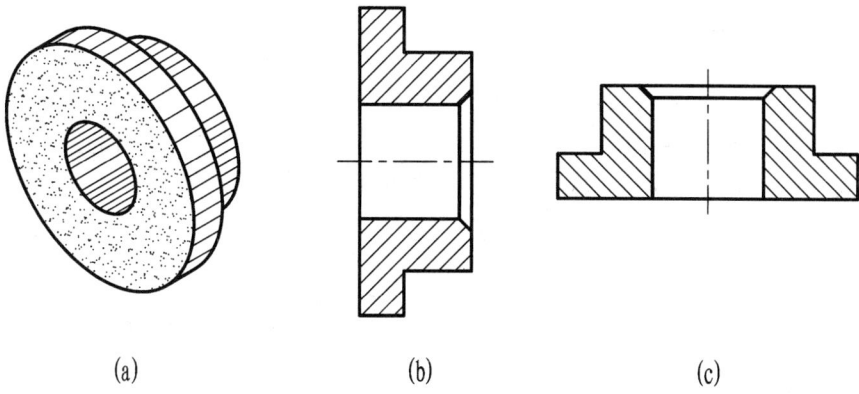

图 7-3　按加工位置选择主视图
（a）立体图；（b）合理；（c）不合理

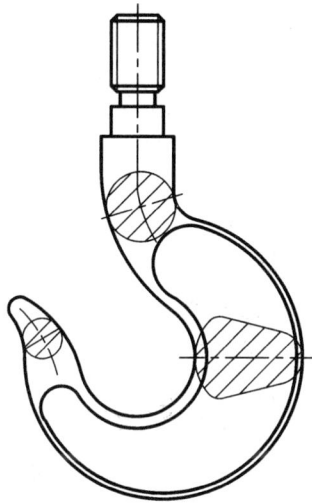

图 7-4　按工作位置选择主视图

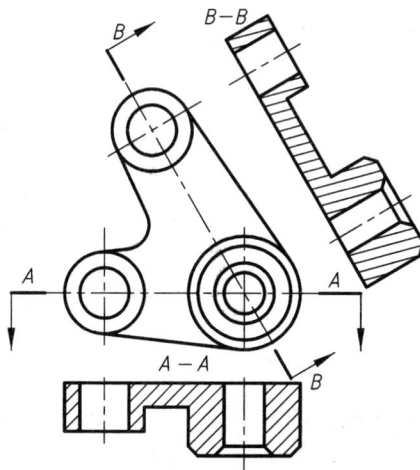

图 7-5　按自然放置位置选择主视图

7.2.2 其它视图的选择

对于较复杂的零件图,主视图尚未完全表达清楚,应以其它视图作以补充与完善。其它视图包括视图、剖视、断面、局部放大图和简化画法等。选择其它视图的原则是:每个视图都有其表达的重点,在完全、清晰地表达零件内外结构形状的前提下,视图的数量越少越好。

7.3 零件图的尺寸标注

在标注零件图尺寸时,必须达到完整、正确、清晰、合理四个方面的要求,其中完整、正确、清晰的要求在组合体尺寸标注中已作了阐述,本节将介绍尺寸标注中合理性方面的一些知识。

7.3.1 尺寸基准的选择

标注尺寸的起点,称为尺寸基准。零件的底面、端面、对称面、主要轴线和中心线都可作为尺寸基准,如图 7-6 所示。

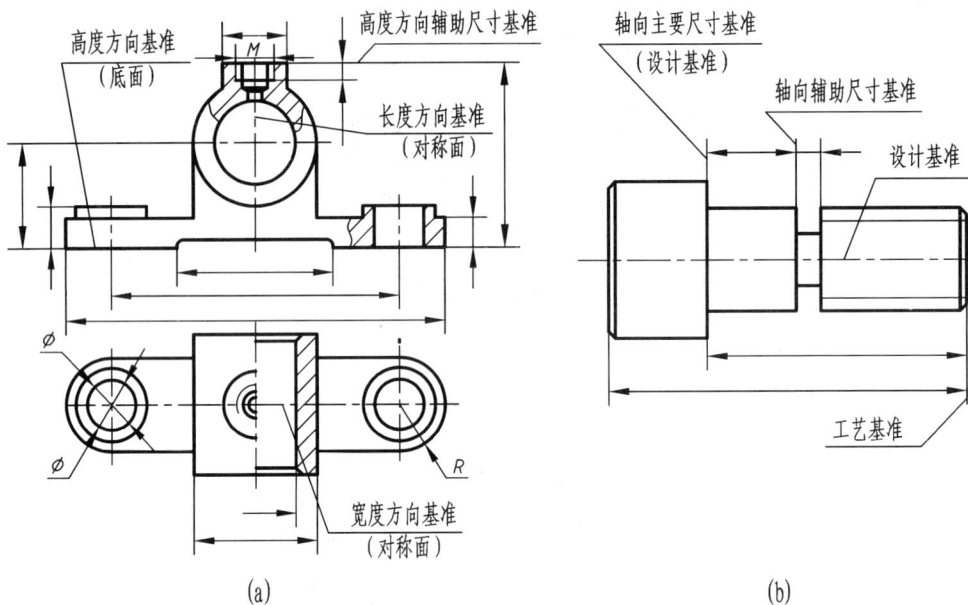

图 7-6 尺寸基准的选择

(a)轴承座的尺寸基准;(b)轴的尺寸基准

1. 设计基准和工艺基准

根据零件结构的设计要求而确定的尺寸基准为设计基准,根据零件在加工、测量方面的要求而确定的尺寸基准为工艺基准,如图 7-6(b)所示。

2. 主要基准与辅助基准

每个零件都有长、宽、高三个方向的尺寸，每个方向至少有一个基准，且都有一个主要基准，即决定零件主要尺寸的基准，如图 7-6 所示。

7.3.2 标注尺寸应注意的问题

1. 主要尺寸应直接标注

直接标注主要尺寸是为了避免加工误差的积累，图 7-7(a)中轴承孔的高度"a"和底面安装孔的中心距 l 都是主要尺寸，不能标注成图 7-7(b)的形式。

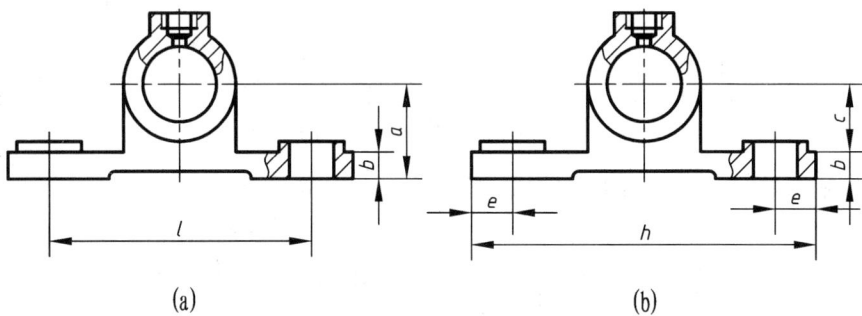

图 7-7 主要尺寸直接标注出
（a）正确标注法；（b）错误标注法

2. 避免标注成封闭的尺寸链

尺寸线起点和终点相接成链条状的标注形式称为封闭尺寸链，如图 7-8(b)所示。因受链中每段尺寸误差的影响，很难保证总长尺寸的精度，故在标注时，应将不重要的一段断开，使尺寸误差积累在这段，从而保证总长尺寸的精度，如图 7-8(a)所示。

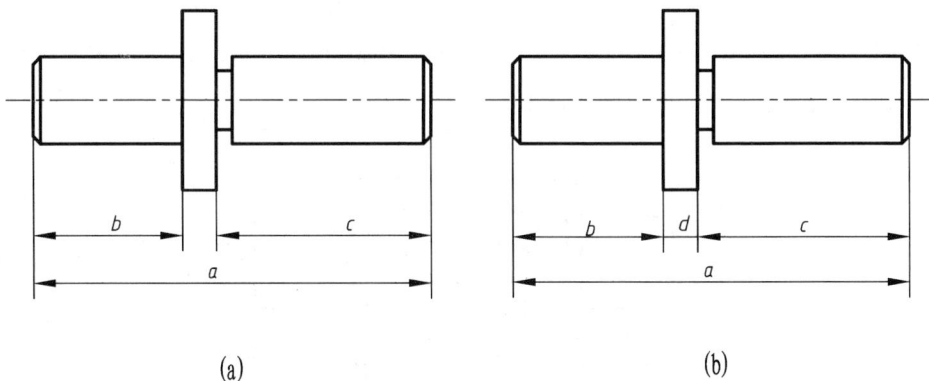

图 7-8 避免标注成封闭的尺寸链
（a）正确标注法；（b）错误标注法

3. 应便于加工与测量

（1）按加工顺序标注，如图7-9所示。

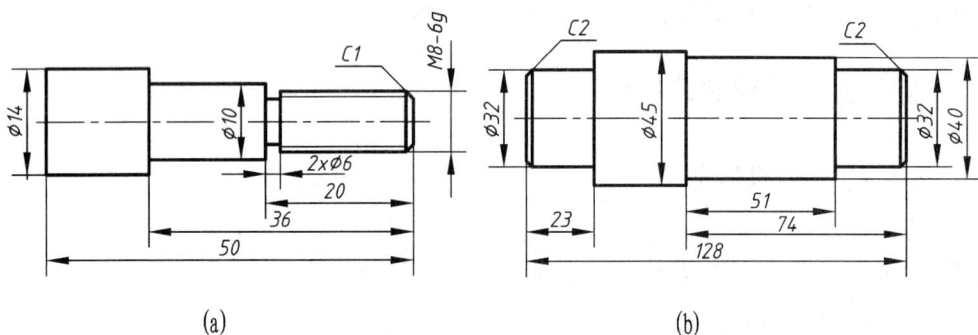

(a)　　　　　　　　　　　　(b)

图7-9　按加工顺序标注尺寸

（a）一端加工；（b）两端加工

（2）按加工面与非加工面集中标注，如图7-10所示。

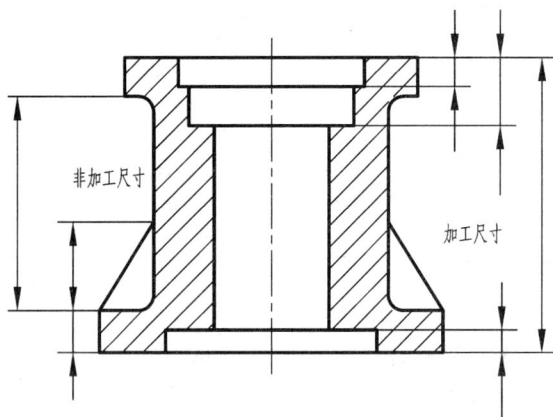

图7-10　按加工面与非加工面标注尺寸

（3）按不同的加工方法分开标注，如图7-11所示。

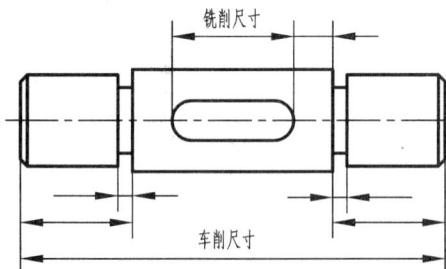

图7-11　按不同的加工方法分开标注尺寸

（4）考虑测量方便，如图 7-12 所示。

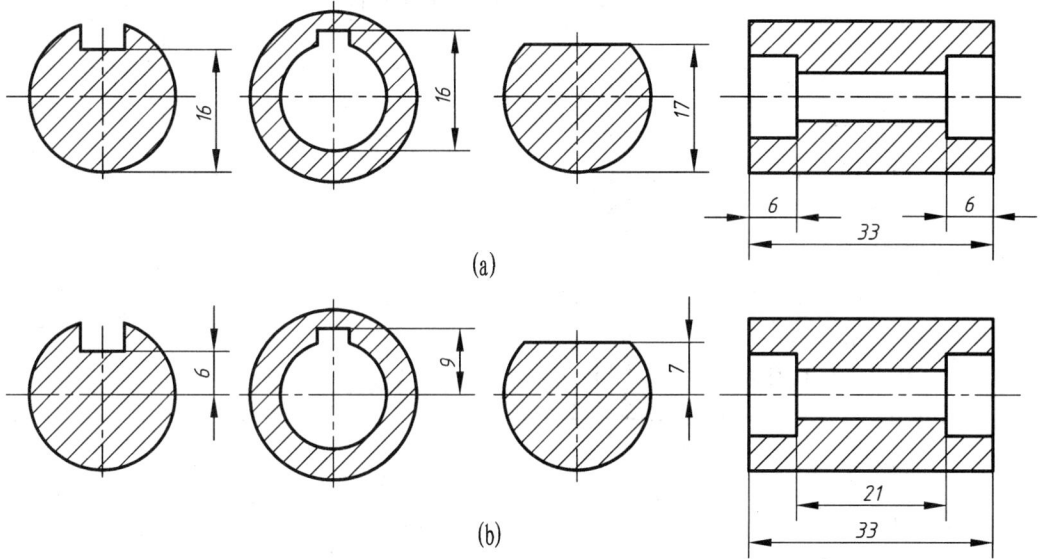

图 7-12　考虑测量方便

（a）便于测量；（b）不便测量

（5）符合加工方法的要求，如图 7-13（a）所示，下轴衬是与上轴衬合起来加工的，因此半圆尺寸注直径 $\varnothing$ 而不注半径 R。图 7-13（b）所示的半圆键槽是用铣刀铣出来的，故标直径而不标半径，以便于选择刀具。

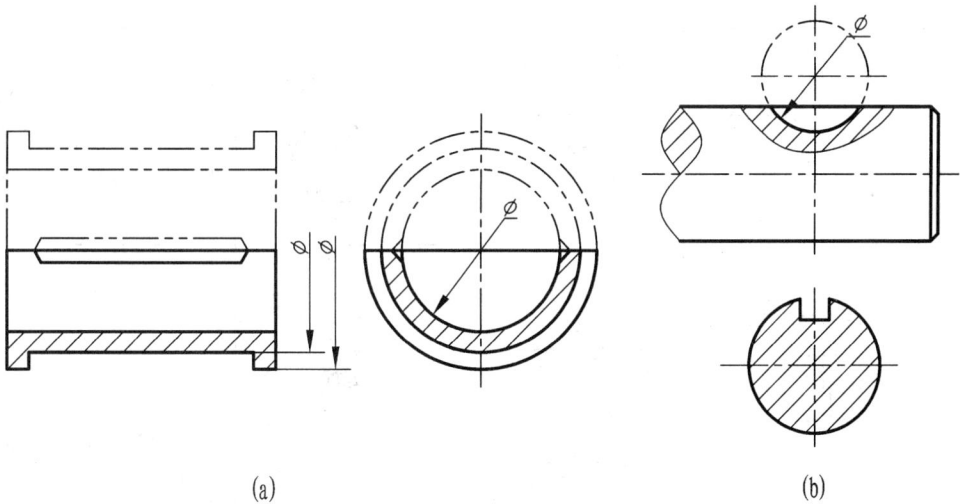

图 7-13　按加工方法进行标注

（a）下轴衬尺寸的标注；（b）半圆键槽直径尺寸的标注

4. 零件上常见孔的尺寸标注(见表 7-1)

表 7-1 零件上常见孔的尺寸标注

类型	普通注法	旁注法		说　　明
光孔	*4×Ø5* *10*	*4×Ø5▽10*	*4×Ø5▽10*	"▽"为孔深符号
	该孔无普通注法。注意：ø4 是指与其相配的圆锥销的公称直径(小端直径)	锥销孔Ø4 配作	锥销孔Ø4 配作	"配作"系指该孔与相邻零件的同位销孔一起加工
锪孔	*⊔Ø13* *4×Ø5*	*4×Ø5* *⊔Ø13*	*4×Ø5* *⊔Ø13*	"⊔"为锪平符号，锪孔通常只须锪出圆平面即可，故沉孔深度一般不注
沉孔	*⊔Ø13* *4×Ø5*	*4×Ø5* *√Ø13 X90°*	*4×Ø5* *√Ø13 X90°*	"√"为埋头孔符号，该孔为安装沉头螺钉所用
	Ø11 *4* *4×Ø5*	*4×Ø5* *⊔Ø11▽4*	*4×Ø5* *⊔Ø11▽4*	该孔为安装内六角圆柱头螺钉所用，承装头部的孔深应注出
螺孔	*3×M6-6H* *EQS* *3×M6-6H* *EQS* *10* *12*	*3×M6-6H* *EQS* *3×M6-6H▽10* *孔▽12EQS*	*3×M6-6H* *EQS* *3×M6-6H▽10* *孔▽12EQS*	"EQS"为均布孔的缩写词

7.4 零件图上技术要求的注写

7.4.1 零件表面结构

在加工零件时,由于刀具、零件的振动以及材料的塑性变形等因素,被加工表面形成了凹凸不平的峰和谷,这种表面上具有较小间距的峰谷所组成的微观几何形状特征,被称为零件表面结构。表面结构常以轮廓算术平均偏差 Ra 值来评定。Ra 数值越大,表面越粗糙;数值越小,表面越光滑。

1. 表面结构的评定参数

1)基本术语

(1)取样长度。以表面结构高度参数的测量为例,由于表面轮廓的不规则性,测量结果与测量段的长度密切相关,当测量段过短,各处的测量结果会产生很大差异,但当测量段过长,则测得的高度值中将不可避免地包含了波纹度的幅值。因此,在 X 轴(即基准线,见图 7-14)上选取一段适当长度进行测量,这段长度称为取样长度。

(2)评定长度。在每一取样长度内的测得值通常是不等的,为取得表面结构最可靠的值,一般取几个连续的取样长度进行测量,并以各取样长度内测量值的平均值作为测得的参数值。这段在 X 轴方向上用于评定轮廓的、包含着一个或几个取样长度的测量段称为评定长度。

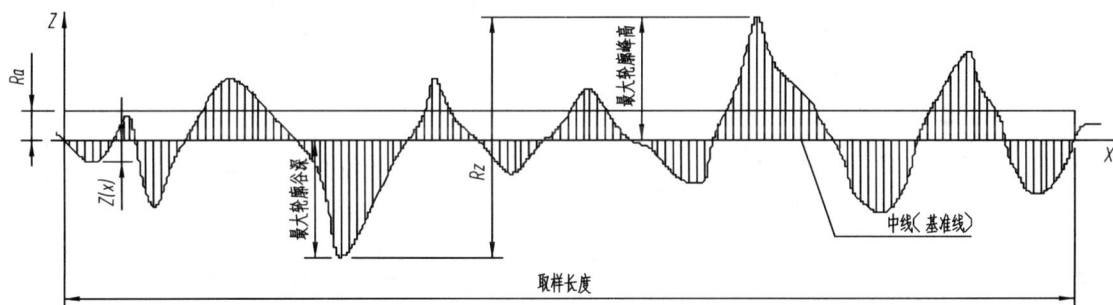

图 7-14 轮廓的算术平均偏差 Ra 和轮廓最大高度 Rz

2)表面结构评定参数

轮廓参数是我国机械图样中目前最常用的评定参数。本节仅介绍评定表面结构轮廓(R 轮廓)中的两个高度参数 Ra 和 Rz。

(1)轮廓的算术平均偏差 Ra:在一个取样长度内纵坐标值 $Z(x)$ 绝对值的算术平均值(如图 7-14 所示)。

(2)轮廓的最大高度 Rz:在同一取样长度内,最大轮廓峰高和最大轮廓谷深之和的高度(如图 7-14 所示)。

2. 表面结构代(符)号的含义

表面结构代(符)号的含义见表 7-2。

表 7 - 2　表面结构代(符)号的含义

基本 图形 符号	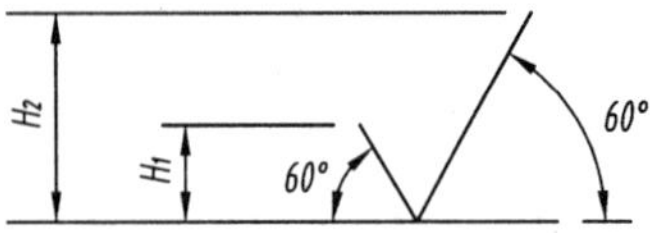	未指定工艺方法的表面，当通过一个注释解释时可单独使用
扩展 图形 符号	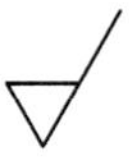	用去除材料方法获得的表面；仅当其含义是"被加工表面"时可单独使用
		不去除材料的表面，也可用于表示保持上道工序形成的表面，不管这种表面是通过去除或不去除材料形成的
完整 图形 符号	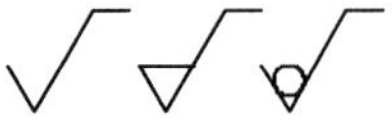	在以上各种符号的长边上加一横线，以便注写对表面结构的各种要求
代号	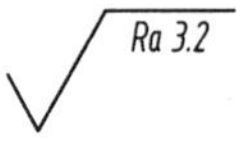 $Ra\ 3.2$	表示用任何方法获得的表面，Ra 的上限值为 $3.2\ \mu m$
	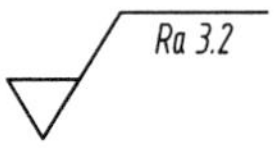 $Ra\ 3.2$	表示用去除材料的方法获得的表面，Ra 的上限值为 $3.2\ \mu m$
	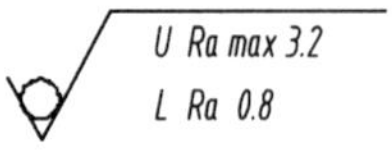 $U\ Ra\ max\ 3.2$ $L\ Ra\ 0.8$	表示用不去除材料的方法获得的表面，Ra 的上限值为 $3.2\ \mu m$，Ra 的下限值为 $0.8\ \mu m$

3. 表面结构的标注

表面结构的标注见表 7 - 3。

表 7 – 3　表面结构的标注

图　例	说　明
 Rz12.5 *Rz 6.3* *Ra 1.6* *Ra 1.6* *Rz12.5*　*Rz 6.3*	标注在轮廓线或其延长线上； 　对每一表面一般只标注一次，并尽可能标注在相应的尺寸及其公差的同一视图上。除非另有说明，所标注的表面是完工后的零件表面； 　表面结构高度参数值标注和读取方向与尺寸的标注和读取方向一致。其符号应从材料外指向并接触表面
铣　　　　车 *Rz 3.2*　*Rz 3.2* *φ28* (a)　　　(b)	必要时，也可用带箭头或黑点的指引线引出标注
 Rz 6.3 *φ120H7* *Rz 6.3* *φ120 h6*	在不致引起误解时，可以标注在给定的尺寸线上
Ra 1.6　　　*Rz 6.3* 0.1　　φ0.2 A B (a)　　　(b)	可标注在几何公差框格的上方
Ra1.6　　*Rz 6.3*　*Rz 6.3* *Rz6.3*　　　　　*Ra1.6*	圆柱和棱柱表面只标注一次，如果每个棱柱表面有不同的表面要求，则应分别单独标注； 　也可标注在圆柱特征的延长线上

7.4.2 极限与配合

在一批相同的零件中任取一个，不需修配便可装到机器上，并能满足使用要求的性质，称为互换性。

要保证零件具有互换性，就必须将零件的尺寸控制在一个合理的变化范围内，以满足使用要求，这样便形成了"极限与配合"的概念。

1. 基本概念

如图 7-15 所示。

(1) 公称尺寸：设计零件时所确定的尺寸。这是确定极限尺寸和偏差的基准尺寸，如 $\phi80$。

(2) 实际尺寸：通过测量获得的某一孔、轴的尺寸。

(3) 极限尺寸：孔和轴允许尺寸变化的两个界限值。

允许的最大尺寸，称为上极限尺寸，如孔为 $\phi80.065$，轴为 $\phi79.970$。

允许的最小尺寸，称为下极限尺寸，如孔为 $\phi80.020$，轴为 $\phi79.940$。

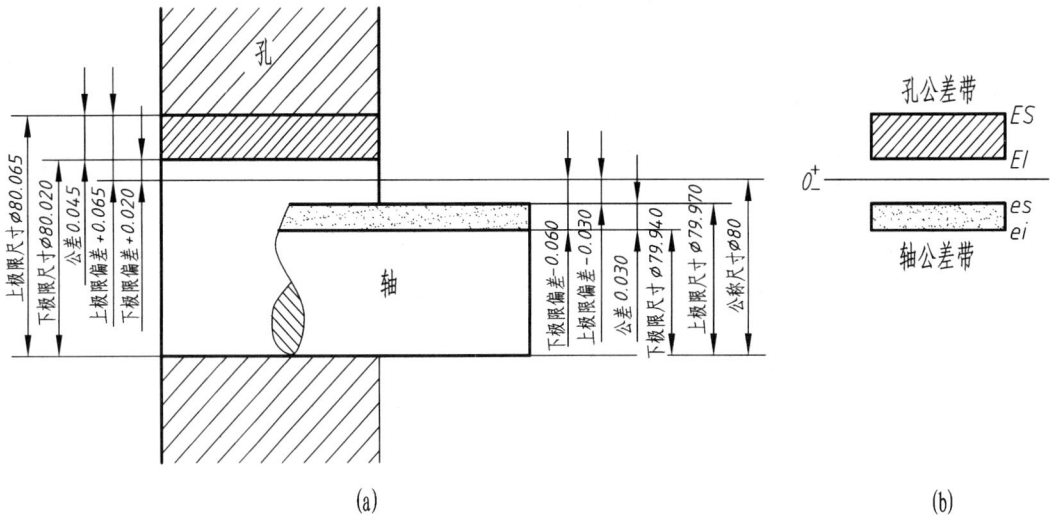

图 7-15 极限与配合基本术语和公差带示意图
(a) 极限与配合基本术语；(b) 公差带图

(4) 极限偏差：极限尺寸减其公称尺寸所得的代数差。上极限尺寸减其公称尺寸所得的代数差，称为上极限偏差；下极限尺寸减其公称尺寸所得的代数差称为下极限偏差。

轴的上极限偏差、下极限偏差代号分别用小写字母 es、ei 表示；孔的上极限偏差、下极限偏差代号分别用大写字母 ES、EI 表示。

孔：上极限偏差$(ES)=80.065-80=+0.065$，下极限偏差$(EI)=80.020-80=+0.020$

轴：上极限偏差$(es)=79.970-80=-0.030$，下极限偏差$(ei)=79.940-80=-0.060$

(5) 尺寸公差：上极限尺寸减下极限尺寸，或上极限偏差减去下极限偏差称为尺寸公差。它是允许尺寸的变动量，简称公差。

孔：公差$=80.065-80.020=0.045$ 或公差$=(+0.065)-(+0.020)=0.045$

轴：公差＝79.970－79.940＝0.030 或公差＝（－0.030）－（－0.060）＝0.030

（6）公差带：由代表上极限偏差和下极限偏差或上极限尺寸 、下极限尺寸的两条直线所限定的一个区域，称为公差带。常用它来表示公称尺寸、极限偏差和公差之间的关系。

2. 配合

公称尺寸相同的、相互结合的孔和轴公差带之间的关系，称为配合。

根据孔、轴之间配合程度的不同，可将配合分为间隙配合、过盈配合和过渡配合。

（1）间隙配合：具有间隙的配合称为间隙配合。间隙配合中孔的下极限尺寸大于或等于轴的上极限尺寸。如孔 $\phi 20G7(^{+0.028}_{+0.007})$ 与轴 $\phi 20h6(^{0}_{-0.013})$ 的配合。

（2）过盈配合：具有过盈的配合称为过盈配合。过盈配合中孔的上极限尺寸小于或等于轴的下极限尺寸。如孔 $\phi 20P7(^{-0.014}_{-0.035})$ 与轴 $\phi 20h6(^{0}_{-0.013})$ 的配合。

（3）过渡配合：具有间隙或过盈的配合。如孔 $\phi 20K7(^{+0.006}_{-0.015})$ 与轴 $\phi 20h6(^{0}_{-0.013})$ 的配合。

3. 标准公差与基本偏差

（1）标准公差（IT）：标准公差是国家标准规定的确定公差带大小的任一公差。"IT"是标准公差代号，阿拉伯数字表示其公差等级。

标准公差分为 20 个等级，即 IT01，IT0，IT1，……，IT18。从 IT01 到 IT18，精度等级依次降低，相应的标准公差数值依次增大。

（2）基本偏差：在极限与配合制中，确定公差带相对零线位置的那个极限偏差称为基本偏差。它可以是上极限偏差或下极限偏差，一般为靠近零线的那个偏差。当公差带在零线上方时，基本偏差为下极限偏差；当公差带在零线下方时，基本偏差为上极限偏差，如图 7－16 所示。

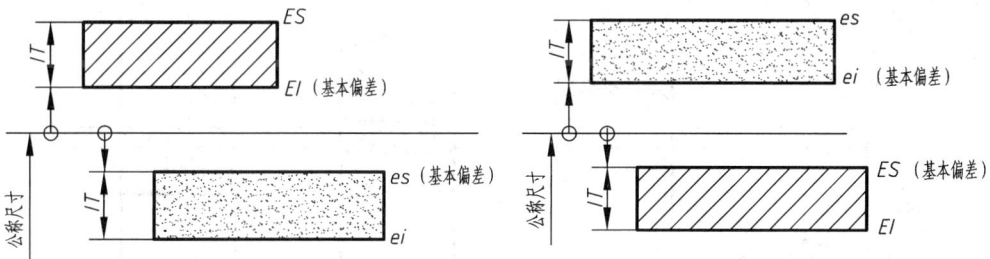

图 7－16　孔、轴的基本偏差与标准公差

孔和轴的公差带代号由基本偏差代号与公差等级代号组成。例如：$\phi 50H8$，其中"H8"为孔的公差带代号，"H"为孔的基本偏差代号，"8"为公差等级代号；$\phi 50f7$，其中"f7"为轴的公差带代号，"f"为轴的基本偏差代号，"7"为公差等级代号。

4. 配合制度

（1）基孔制配合：基本偏差为一定的孔的公差带，与不同基本偏差的轴的公差带形成各种配合的一种制度，称为基孔制配合。基孔制配合的孔，称为基准孔，代号为"H"，其上极限偏差为正值，下极限偏差为零，下极限尺寸等于公称尺寸。

滚动轴承的内孔与各种轴的配合就是一种基孔制配合，孔的公差带保持一定，通过改变轴的公差带，轴承孔与轴之间形成松紧程度不同的各种配合。如 ø50H7 的孔分别与 ø50f7、ø50k6、ø50s6 的轴可以形成间隙配合、过渡配合、过盈配合，以满足各种不同程度的使用要求，如图 7−17 所示。

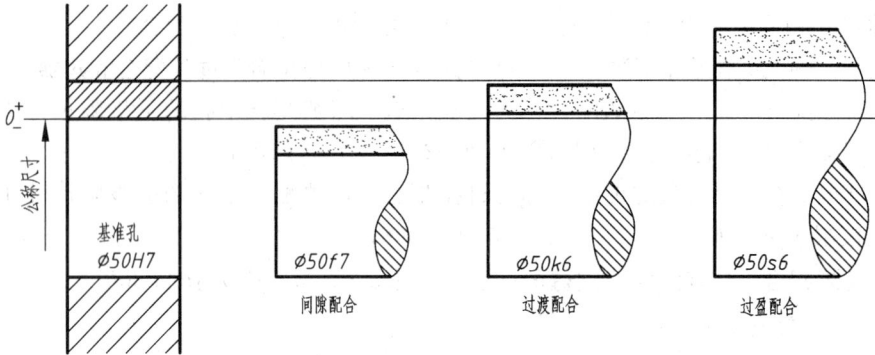

图 7−17 基孔制配合

（2）基轴制配合：基本偏差为一定的轴的公差带，与不同基本偏差的孔的公差带形成各种配合的一种制度，称为基轴制配合。基轴制配合的轴称为基准轴，代号为"h"，其上极限偏差为零，下极限偏差为负值，上极限尺寸等于公称尺寸。滚动轴承的外圈与各种壳体上轴承安装孔的配合就是一种基轴制配合，轴承外圈即轴的公差带不变，只要改变安装孔的公差带，便可形成松紧程度不同的各种配合。如轴 ø50h6 与孔 ø50G7、ø50K7、ø50S7 形成间隙配合、过渡配合、过盈配合，以满足各种不同程度的使用要求，如图 7−18 所示。

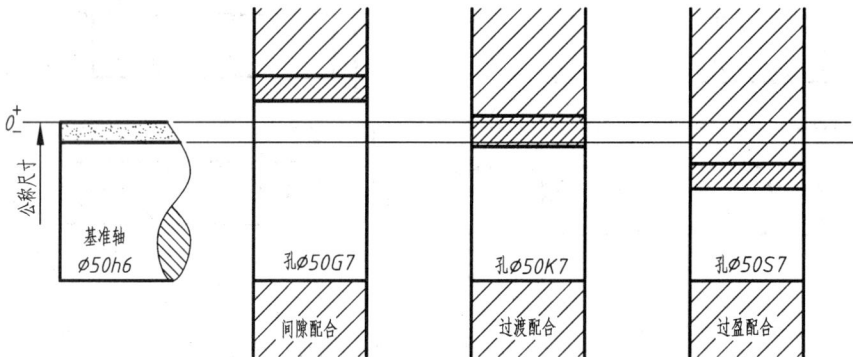

图 7−18 基轴制配合

5. 极限与配合的标注及查表

（1）在零件图上的标注：在零件图上的标注有三种形式，如表 7−4。在公称尺寸后只标公差带代号，或只标极限偏差，或代号和偏差都标。

（2）在装配图上标注：在装配图上只标注配合代号，可用分数表示。如表 7−4 中的 ø65H7/k6，ø65 表示孔、轴配合的公称尺寸，分数线上的 H7 为孔的公差带代号，分数线下 k6 为轴的公差带代号。

表 7-4 极限与配合在图样中的标注

种类	标 注 图 例
零件图	$\phi65H7$ 　　　 $\phi65^{+0.030}_{0}$ 　　　 $\phi65H7(^{+0.030}_{0})$
	$\phi65k6$ 　　　 $\phi65^{+0.021}_{+0.002}$ 　　　 $\phi65K6(^{+0.021}_{+0.002})$
装配图	$\phi65\dfrac{H7}{k6}$ 　　　 $\phi65\dfrac{H7}{k6}$ 　　　 $\phi65H7/K6$

7.4.3　几何公差简介

1. 几何公差概念

在加工零件时,除了尺寸产生误差外,形状和位置也会产生误差,如图 7-19 所示。

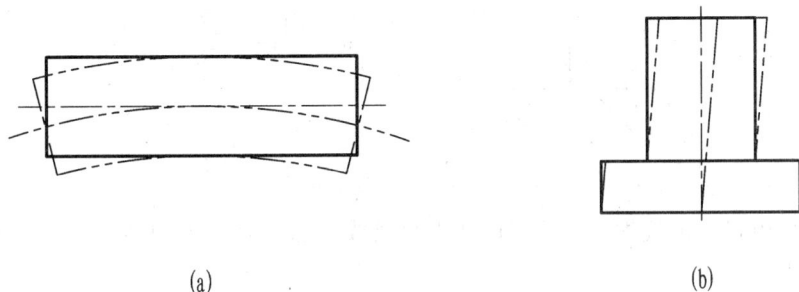

(a)　　　　　　　　　　　　　　　(b)

图 7-19　几何误差
(a) 形状误差;(b) 位置误差

如果形状和位置误差过大,会导致装配困难,因此,在设计时,应对零件的重要棱线、轴线及表面规定一个允许变动的范围,合理地确定出形状和位置误差的最大允许值。为此,国家标准规定了一项保证零件质量的技术指标——几何公差。

2. 几何公差代号

国家标准《GB/T 1182—2008》规定了几何公差的几何特征、代号等。几何公差分形状公差、方向公差、位置公差、跳动公差。各类几何公差特征、符号、基准要求见表 7-5。

表 7 - 5   几何公差的分类、特征及符号

公差类型	几何特征	符　号	有无基准	公差类型	几何特征	符　号	有无基准
形状公差	直线度	—	无	位置公差	位置度	⊕	有或无
	平面度	▱	无		同心度 （用于中心点）	◎	有
	圆度	○	无		同轴度 （用于轴线）	◎	有
	圆柱度	⌀	无		对称度	═	有
	线轮廓度	⌒	无		线轮廓度	⌒	有
	面轮廓度	⌓	无		面轮廓度	⌓	有
方向公差	平行度	∥	有	跳动公差	圆跳动	↗	有
	垂直度	⊥	有		全跳动	⌰	有
	倾斜度	∠	有				
	线轮廓度	⌒	有				
	面轮廓度	⌓	有				

3. 几何公差的标注

几何公差代号由带箭头的指引线（细实线）和公差框格（细实线）组成。框格中所填写内容如图 7 - 20 所示。

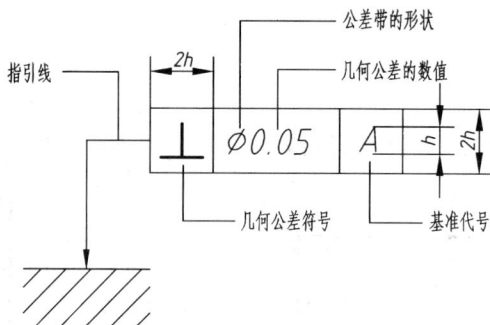

图 7 - 20　几何公差代号

基准代号由正方形线框、大写字母和带涂黑或空白三角形的引线组成。基准代号的画法如图 7 - 21 所示。

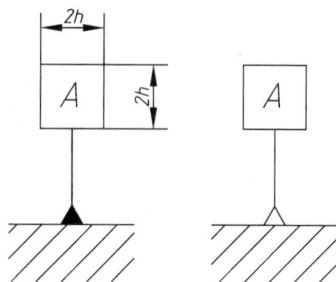

图 7 - 21　基准代号

常用几何公差标注见示例表 7 - 6。

表 7 - 6   常用几何公差标注示例

类别	几何特征	标 注 示 例	说　明
形状公差	直线度		被测表面的素线，必须位于平行于图样所示投影面且距离为 0.1 的两平行线内
	平面度		被测表面必须位于距离为 0.06 的两平行平面内
	圆度		被测圆柱任一正截面的圆周，必须位于半径差为 0.03 的两同心圆之间
方向公差	平行度		被测表面必须位于距离为 0.01 且平行于基准表面 A 的两平行平面之间
	垂直度		被测轴线必须位于直径为 0.01 且垂直于基准面 A 的圆柱面内
位置公差	同轴度		大圆柱的轴线，必须位于直径为 $\phi 0.01$ 且与公共基准线 A－B 的同轴圆柱面内

7.5 读零件图

读零件图主要是弄清零件的结构形状、尺寸和技术要求等内容，并了解零件在机器中的作用。

7.5.1 读零件图的方法和步骤

1. 读图方法

读零件图的基本方法仍然是形体分析法与线面分析法。零件图一般视图数量较多，尺寸及各种代号也较多，但对其每一个组成部分来说，仍然只用几个视图就可确定它的形状。读图时，首先找出各组成部分的形状特征或位置特征，并从此入手，按照投影规律找出其另外的对应投影，便很快地将各个部分逐一"分离"出来，对于局部投影难理解之处，要用线面分析法仔细分析。最后将其综合，想象出零件的完整形状。

2. 读图步骤

1）概括了解

首先从标题栏中了解零件的名称、材料、数量、比例等，从而判断零件的类型、加工方法、复杂程度、实际大小等，并对照装配图了解该零件在机器或部件中与其它零件的装配关系。

2）分析视图，想象零件形状

（1）弄清各视图之间的投影关系。

（2）运用形体分析法，结合线面分析法读懂零件各个部分结构，想象出零件的形状。

3）分析尺寸

分析尺寸基准，了解零件各部分的定形、定位尺寸。

4）分析技术要求

读懂视图中各项技术要求，如表面结构、极限与配合、几何公差等。

7.5.2 读零件图实例

图 7 - 22 是支架的零件图，读图步骤如下：

1. 概括了解

从标题栏可知，零件的名称是支架，属于叉架类零件，该零件是铸件，经多道工序加工而成。支架主要起支承和连接作用，常用在机器的操纵机构上。该支架由固定板、连接板、肋、圆筒及圆筒左侧的耳板组成。

2. 分析视图，想象零件形状

该支架用了两个基本视图，一个局部视图和一个移出断面图。主视图主要考虑工作位置和形状特征。

采用局部剖视图的主视图主要表达了圆筒、固定板、耳板、连接板及肋之间的相对位置及连接关系，其局部剖视图一处是表达耳板上孔的结构，另一处是表达固定板上孔的结

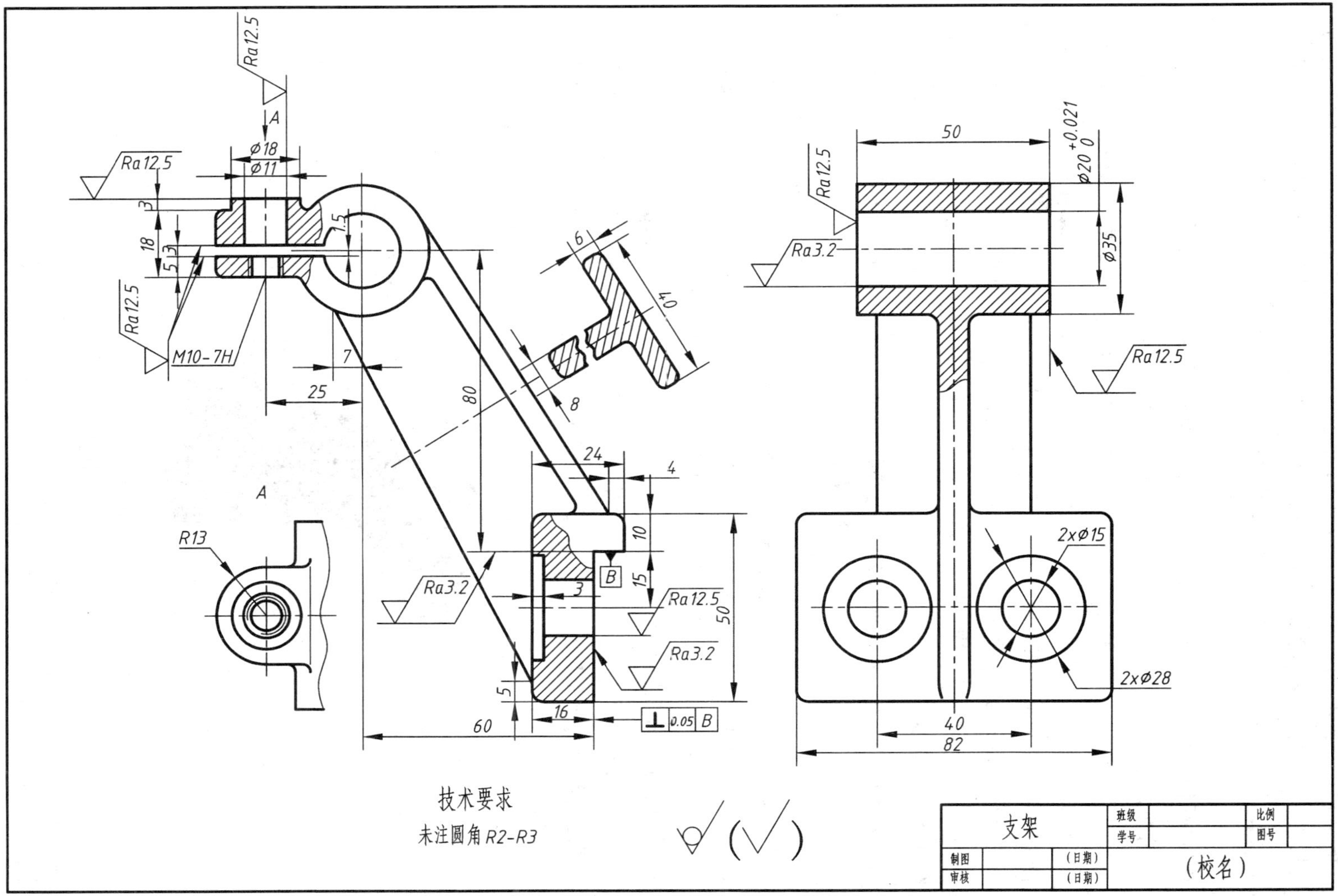

技术要求
未注圆角 R2-R3

图 7 - 22 支架零件图

构。耳板为上下两部分，中间有一间隙，上部为光孔，下部为螺纹孔，显然是用来固定与圆筒中 ⌀20 孔配合的轴类零件的。采用局部剖视图的左视图主要表达了固定板的形状及其连接孔的位置，表达了圆筒的内部结构以及固定板、圆筒、连接板、肋板的前后位置、上下关系。

移出断面图主要表达连接板与肋板的断面形状及互相垂直的关系。

3. 分析尺寸

主视图中，固定板右侧的竖直安装面与标有基准面 B 的水平安装面，分别为支架长度和高度两个方向的尺寸基准，从基准出发注出圆筒的定位尺寸 60、80，固定板上沉孔的上下定位尺寸 15。从辅助基准出发注出了耳板孔 ⌀11、肋板、连接板的定位尺寸 25、7、4 等。左视图的对称中心线为支架宽度方向的尺寸基准，标注了圆筒定形、定位尺寸 50，固定板的定形、定位尺寸 82，以及固定板上孔的定位尺寸 40。

4. 分析技术要求

长度方向和高度方向基准面表面结构参数 Ra 为 3.2 μm，圆筒 ⌀20 的孔表面结构参数 Ra 也为3.2 μm，其它加工面表面结构参数 Ra 为 12.5 μm，其余为不加工表面，基准面与 ⌀20 孔的圆柱面，一个是定位的接触面，一个是配合面，故表面要求光滑，Ra 值要小。圆筒的尺寸为 ⌀$20^{+0.021}_{0}$，带有极限偏差值，且下极限偏差为 0，说明是基孔制配合的基准孔。

长度方向的基准面相对于高度方向的基准面 B，要求垂直度为 0.05。由于支架为铸件，铸造圆角较多，未注铸造圆角均为 $R2 \sim R3$。

5. 综合想出零件完整形状

通过以上分析，该支架分为三部分，右下方的支承部分有两个安装沉孔，中心距为 40。中间连接部分是 T 形的实心肋板，左上方圆筒部分是工作部分，用以支承 ⌀20 的轴。如图 7-23 所示。

图 7-23 叉架零件立体图

第8章 装 配 图

8.1 装配图概述

8.1.1 装配图的作用

表达机器(或部件)中各零件之间装配关系、连接方式、装配体的工作原理的图样称为装配图。设计、仿造或改装产品时,一般先画出装配图,再根据装配图画出零件图。制造时,应先根据零件图生产零件,再由装配图指导装配成部件或机器。因此,装配图是表达设计思想、指导生产及进行技术交流的重要技术文件。

8.1.2 装配图的内容

图 8-1 所示为旋塞装配图,从图中可以看出,一张完整的装配图应具有下列内容:

(1) 一组图形:表达机器或(部件)的工作原理、装配关系等。

(2) 必要的尺寸:表达装配体的性能、规格、装配、安装、外形的尺寸。

(3) 技术要求:用符号或文字说明装配体在装配、检验和使用时应达到的要求。

(4) 零件序号、明细栏和标题栏:对零件依次编写的号码称为零件序号;按规定格式与方法将各零件的序号、名称、数量、材料等依次整齐地编排的表格称为明细栏;用以填写装配体的名称、图号、比例以及有关责任者的签名、日期等内容的栏目称为标题栏。

8.2 装配图的表达方法

8.2.1 装配图的规定画法

装配图的规定画法如下:

(1) 相邻两零件的接触面、配合面只画一条线,不接触面和非配合面画两条线。如图 8-2(a)所示,轴承内圈与轴画一条线,端盖与轴画两条线。

(2) 两个或两个以上相邻的金属零件其剖面线的方向应相反,或方向一致、间隔不等。同一零件在各视图中的剖面线方向和间隔必须一致。如图 8-2(a)所示。

(3) 装配体中的实心件和标准件如按纵向剖切,剖切平面通过对称平面或轴线时,均按不剖绘制。但反映实心杆件上的凹坑、键槽、销孔等要用局部剖视图表示。如图 8-2(a)所示的轴按不剖绘制,轴上键槽用局部剖视图表示。

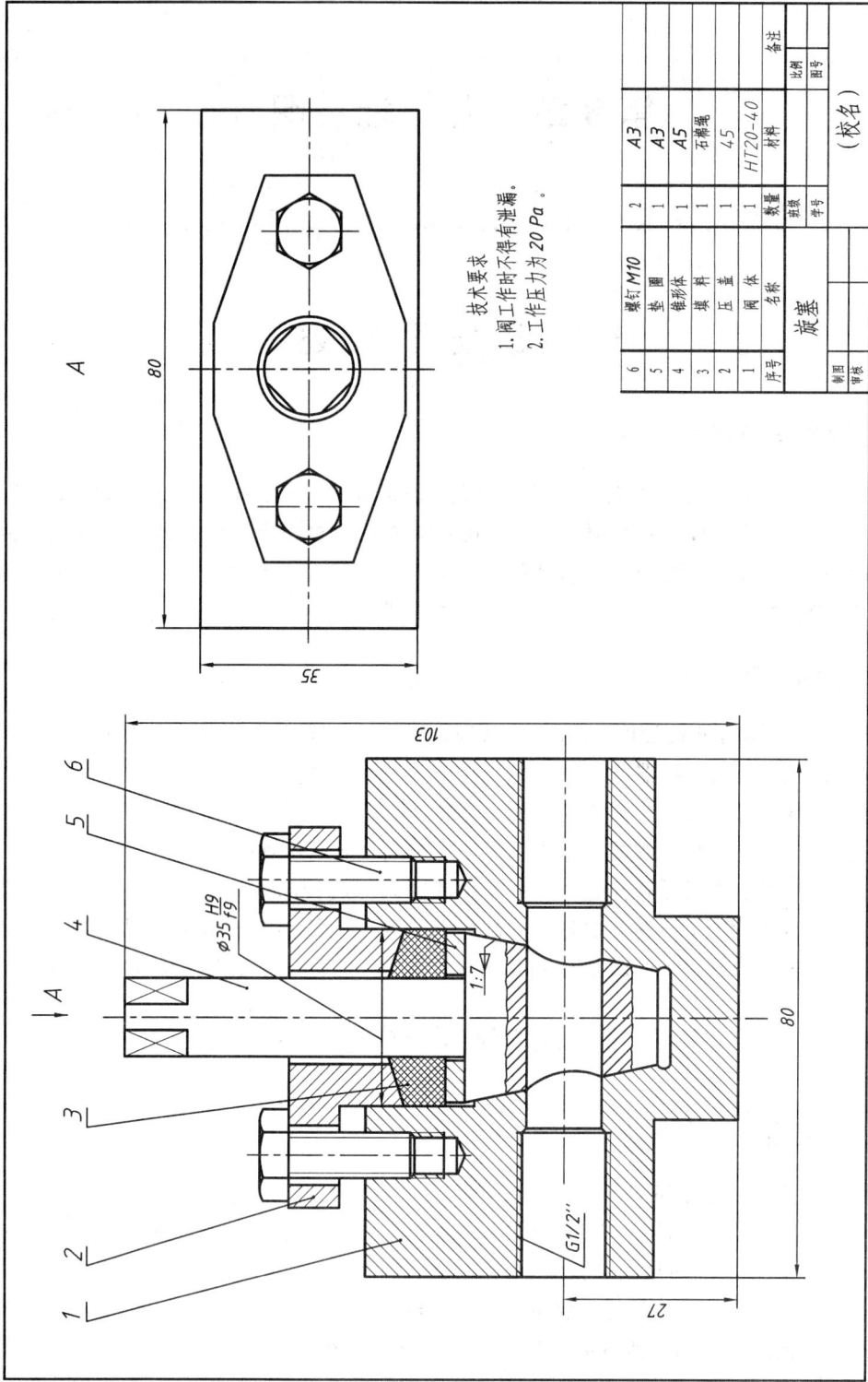

技术要求

1. 阀工作时不得有泄漏。
2. 工作压力为 20 Pa。

6	螺钉 M10	2	A3	
5	垫圈	1	A3	
4	锥形体	1	A5	
3	填料	1	石棉绳	
2	压盖	1	45	
1	阀体	1	HT20-40	
序号	名称	数量	材料	备注

制图			班级		比例	
审核			学号		图号	
					（校名）	

图 8-1 旋塞装配图

$\phi 35 \dfrac{H9}{f9}$

1:7

G1/2″

80

103

27

80

35

A

A

· 136 ·

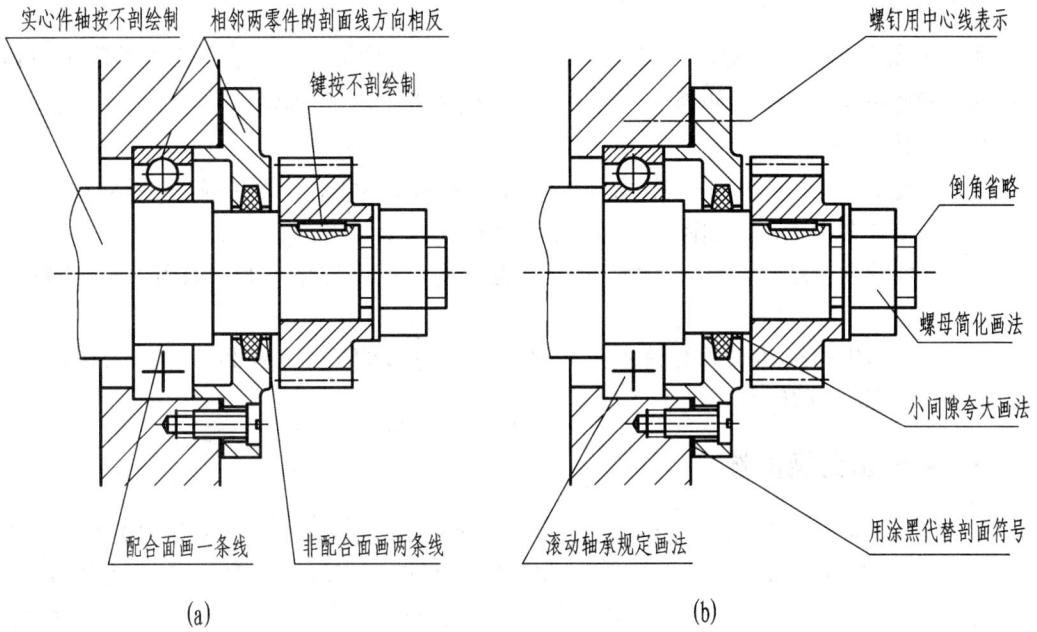

实心件轴按不剖绘制　相邻两零件的剖面线方向相反

键按不剖绘制

螺钉用中心线表示

倒角省略

螺母简化画法

小间隙夸大画法

用涂黑代替剖面符号

配合面画一条线　非配合面画两条线

滚动轴承规定画法

(a)　　　　　　　　　　　　　(b)

图 8-2　规定画法与简化画法

（a）规定画法；（b）简化画法

8.2.2　装配图的特殊表达方法

1. 拆卸画法

在装配图中，可以假想沿两个零件的接触面剖切，必要时，可对拆卸画法加以说明，如"拆去××"等。

2. 假想画法

为了表达运动零件的极限位置或零件与相邻零件的关系，可用双点画线画出其轮廓，如图 8-3 所示。

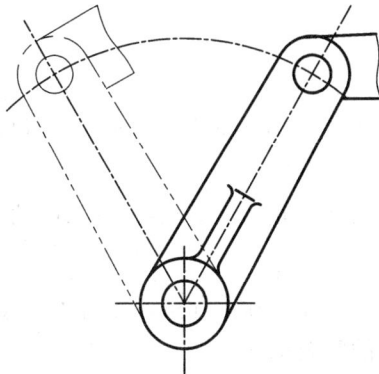

图 8-3　假想画法

3. 夸大画法

在装配图中，对于薄的垫片，簧丝很细的弹簧，微小间隙等，为了表达清楚起见，可将它们适当夸大画出或涂黑。如图 8-2(b)中小间隙及垫片。

4. 简化画法

（1）在装配图中，对于同一规格、均匀分布的相同零件组，允许只画出一个，其余的可用点画线或其它符号表示，如图 8-2(b)中的螺钉。

（2）零件的工艺结构，如小圆角、倒角、退刀槽等可以省略不画，如图 8-2(b)中的螺母。

（3）装配图中的滚动轴承允许按规定画法画出投影的一半，而另一半则采用简化画法，如图 8-2(b)中的轴承。

8.2.3 装配图的视图选择

装配图应反映装配体的结构特征、工作原理及零件间的相对位置和装配关系。因此，装配图的主视图选择，应符合装配体的工作位置，并应尽量反映装配体的工作原理和零件间的装配关系，一般画成剖视图，使内部结构较清楚地表达出来。其它视图的选择主要是补充表达那些在主视图中尚未表达或表达不够清楚的地方，视图数目应尽量少。

8.3 装配图的尺寸标注和技术要求

装配图不需标出零件的所有尺寸，只需标出性能、装配、安装、外形及重要的尺寸。

8.3.1 装配图的尺寸标注

1. 性能（规格）尺寸

性能（规格）尺寸表示装配体的规格或性能的尺寸，如图 8-1 中的 $G1/2$。

2. 装配尺寸

装配尺寸表示装配体中各零件之间装配关系的尺寸，包括配合尺寸和相对位置尺寸，如图 8-1 中的 $\o35H9/f9$。

3. 安装尺寸

安装尺寸表示部件安装时所需要的尺寸，如图 8-11 齿轮油泵装配图中的 70、50。

4. 外形尺寸

外形尺寸表示部件外形轮廓大小的尺寸，如图 8-1 中的 80、35、103。

5. 其它重要尺寸

装配图中除上述尺寸外，有时还应注出如运动零件的活动范围，非标准零件上的螺纹标记，以及设计时经计算确定的重要尺寸。

8.3.2 装配图的技术要求

装配图的技术要求主要包括零件装配过程中的质量要求，以及在检验、调试过程中的特殊要求,如图8-1所示。

8.4 装配图的零件序号和明细栏

为了便于看图和生产管理,对组成部件的所有零件,应在装配图上编写序号,并在标题栏上方编制明细栏。

8.4.1 零件序号

装配图中相同的零件只编一个序号,序号按顺时针或逆时针方向整齐排列。零件序号与零件之间用指引线连接,指引线不能互相交叉,不能与图线、剖面线平行。对一组连接件或装配关系清楚的零件组,允许采用公共指引线,序号画法如图8-4所示。

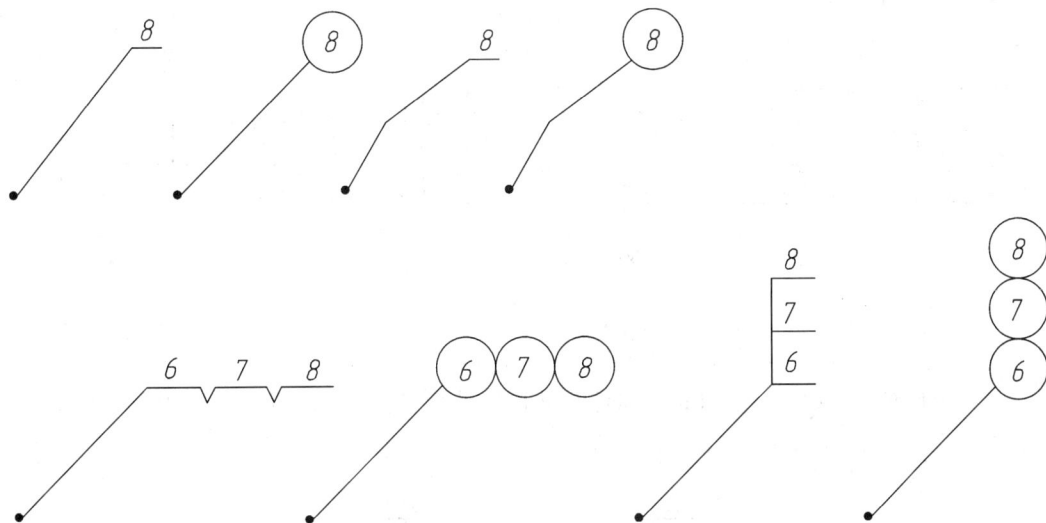

图8-4 零件序号注写形式

8.4.2 明细栏

明细栏画在标题栏的上方,是部件全部零件的详细目录。序号应自下而上按顺序填写,在制图作业中建议采用图8-1所示的格式。当地方不够时,可将其余部分移到标题栏的左边,如图8-11中的明细栏。

8.5 装配图的工艺结构

了解部件上有关的装配工艺结构,可使零部件上的结构形状画得更合理,而且在读装配图时,也有助于理解零件间的装配关系和零件的结构特征。

(1)轴间面和孔端面相接触时,应在孔边倒角或在轴的根部切槽,以保证轴肩与孔的端面接触良好,如图8-5所示。

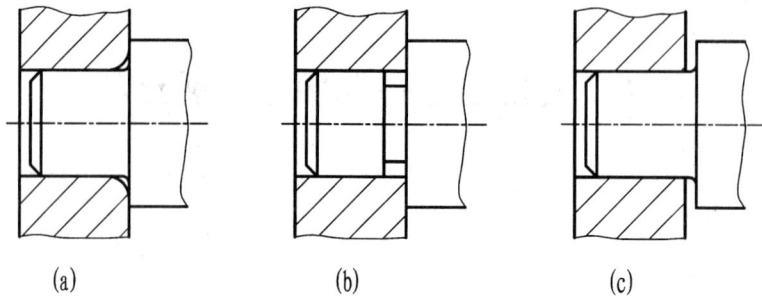

图 8-5 轴肩与孔口接触的画法

(a) 正确；(b) 正确；(c) 错误

（2）两个零件在同一方向的接触面只能有一个，这样，既可保证接触面达到良好的接触，又便于零件的加工，如图 8-6 所示。

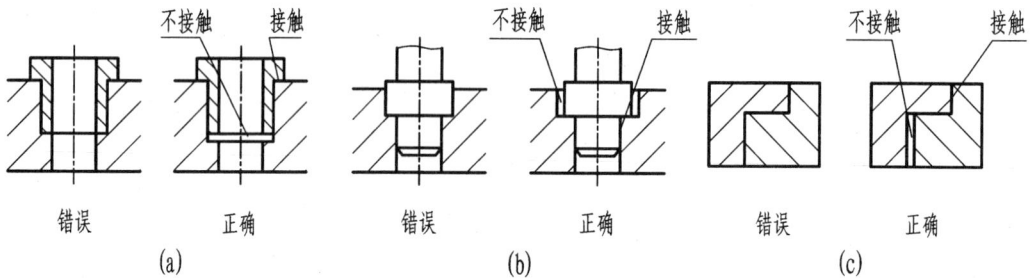

图 8-6 同一方向上只能有一个接触面

（3）为使螺栓、螺钉、垫圈等紧固件与被连接件接触良好，减少加工面积，应把被连接件表面加工成凸台或凹坑，如图 8-7 所示。

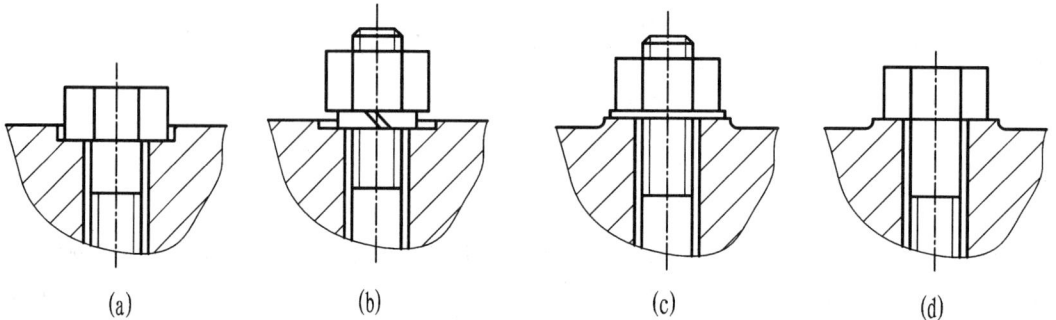

图 8-7 凹坑或凸台

8.6 画装配图

在画装配图之前，必须对该装配体的功用、工作原理、结构特点，以及装配体中各零件的装配关系等有一个全面的了解和认识。现以图 8-8 所示的千斤顶为例，说明装配图的画图步骤。

8.6.1 了解装配关系和工作原理

图8-8所示千斤顶为汽车修理或机械安装时用来起重或顶压的工具。它利用螺旋传动顶举重物，由绞杠、螺旋杆等7个零件组成。绞杠6穿在螺旋杆3顶部的孔中，把螺旋杆3从螺套2中旋出，顶垫4上部即可把重物举起。螺套2镶在底座1的内孔中，并用螺钉7紧定。在螺旋杆3的球面形顶部套有一个顶垫4，为使顶垫随螺旋杆一起转动而不脱落，在螺旋杆3的顶部加工环形槽，将紧定螺钉5的端部伸进环形槽锁住。

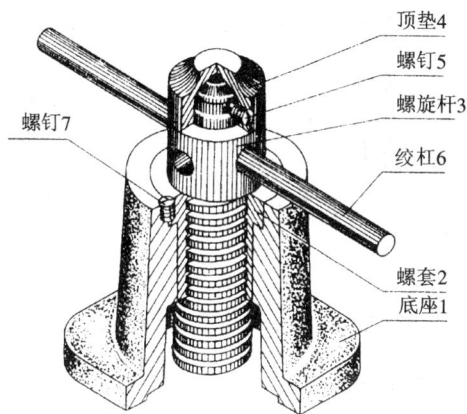

图8-8 千斤顶

8.6.2 视图选择

装配图的主视图应以工作位置放置，以反映装配关系的方向为投射方向，并尽可能地反映工作原理。

图8-9为千斤顶的装配图。主视图按部件的工作位置放置，采用单一剖切面剖切的全剖视图，清楚地反映了千斤顶各零件的装配关系及螺旋杆、螺套、底座等主要零件的结构形状。对于主视图未能表达或表达不清的装配关系及主要零件的结构形状，应选用其它视图加以补充。如图8-9所示，千斤顶的俯视图是采用单一剖切面剖切的 A—A 全剖视图，表达螺旋杆、螺套、底座和紧定螺钉俯视方向的形状及连接关系。用 B—B 移出断面表达螺旋杆上用于穿绞杠的四个通孔的结构。

以上表达方案，比较清楚地反映了千斤顶各零件之间的装配关系及主要零件的结构形状。

8.6.3 画图步骤

1. 合理布图，画出基准线

首先根据部件大小、视图数量，定比例和图纸幅面，画出图框、标题栏和明细栏；然后画出各视图的基准线。

2. 画底稿

一般从主视图画起，依次画主要零件和较大零件的轮廓，再画出次要零件及细小结

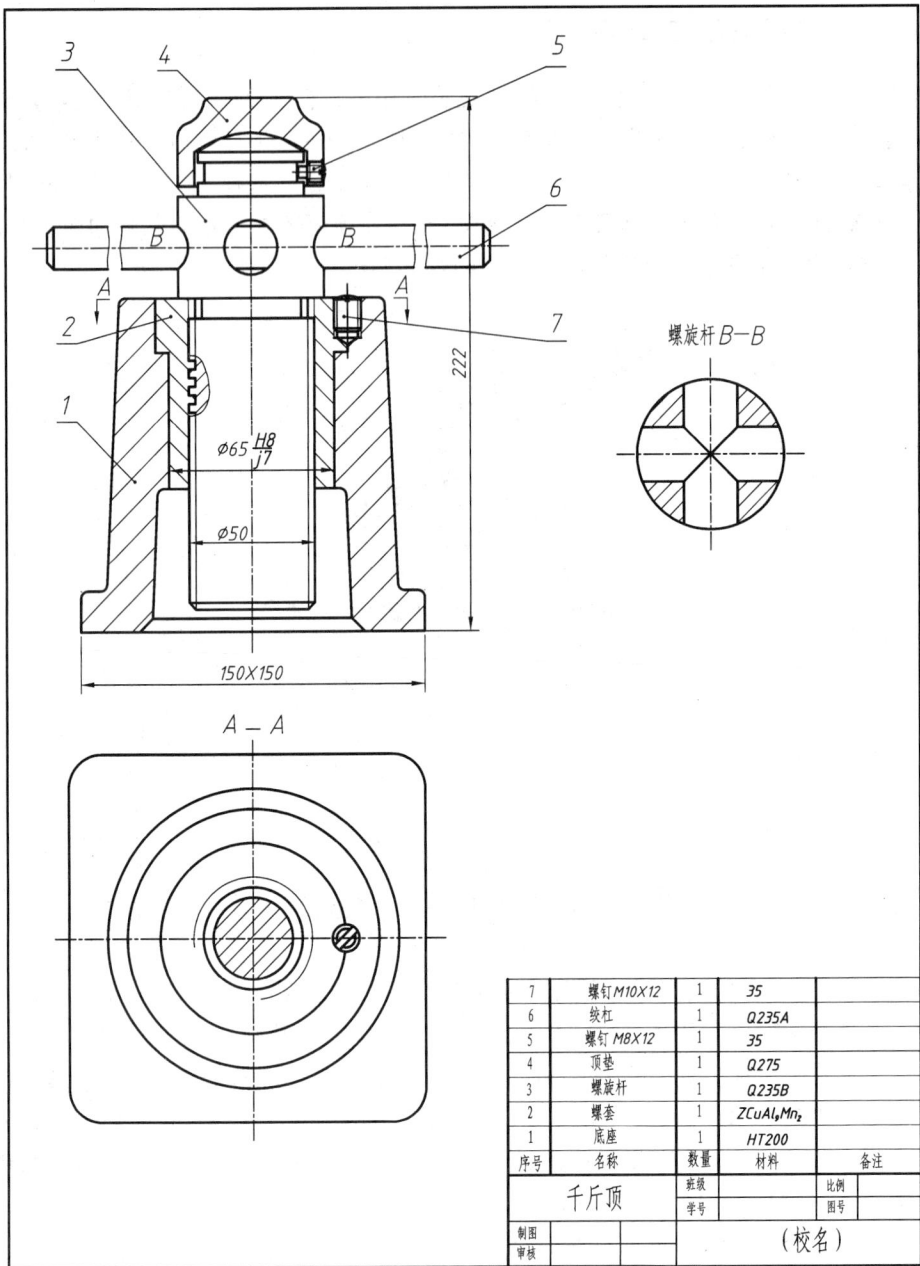

螺旋杆 B-B

7	螺钉 M10×12	1	35	
6	绞杠	1	Q235A	
5	螺钉 M8×12	1	35	
4	顶垫	1	Q275	
3	螺旋杆	1	Q235B	
2	螺套	1	ZCuAl₄Mn₂	
1	底座	1	HT200	
序号	名称	数量	材料	备注

千斤顶

图 8-9 千斤顶装配图

构。在画千斤顶的装配图时，可先画出螺旋杆、螺套、底座等主要零件及主要结构，再画出螺钉、绞杠、顶垫等非主要零件及孔、槽、螺纹等细小结构。

3. 检查、加深

检查底稿后，画剖面线，标注尺寸，编排零件序号，填写标题栏、明细栏和技术要求。按规定加深所有图线。具体画图过程见图 8-10(a)、(b)、(c)、(d)。完成后的装配图如图8-9所示。

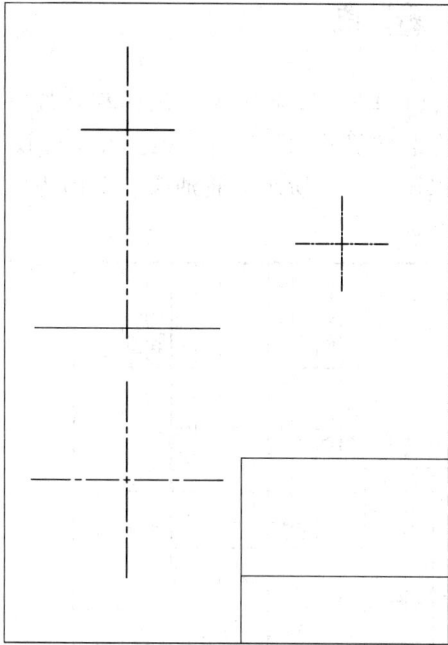

(a)

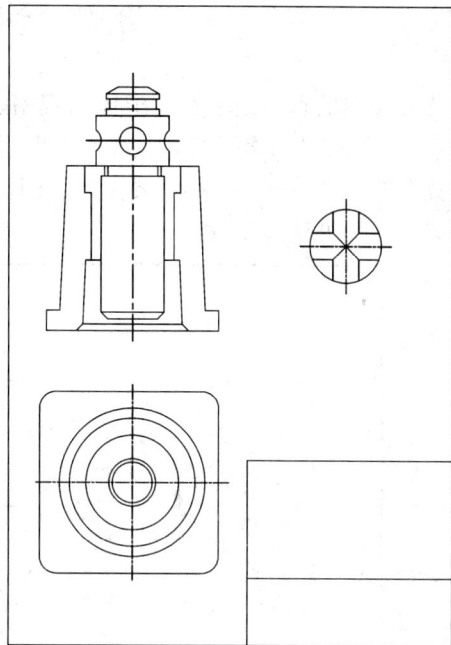

(b)

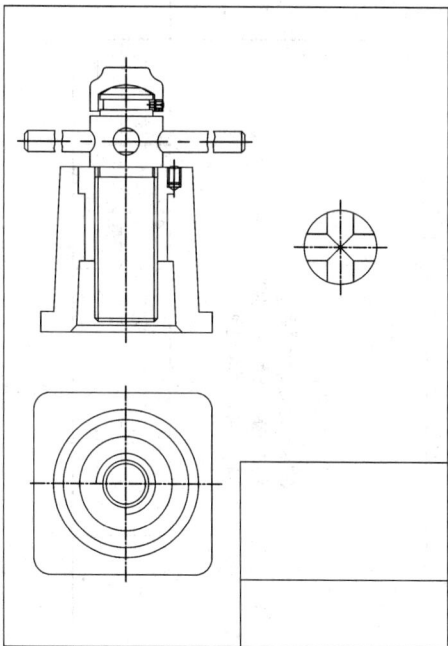

(c)

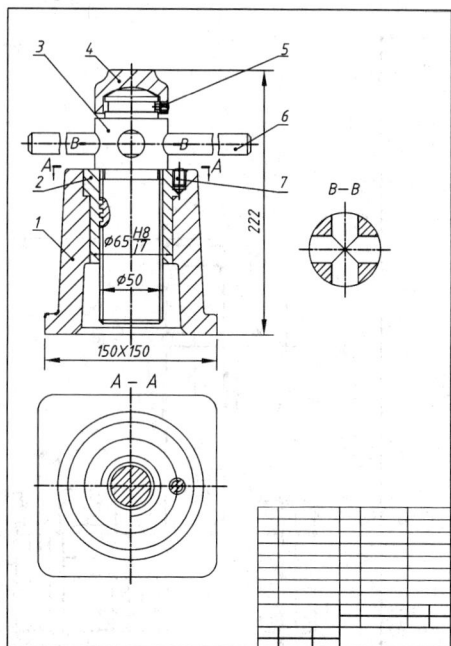

(d)

图 8-10　千斤顶装配图画图步骤

8.7 读装配图

读装配图的目的是了解装配体的规格、性能、工作原理,各零件之间的相互位置、装配关系、传动路线及各零件的主要结构形状等。在装配机器(或部件)、维护和保养设备以及在技术改造的过程中,都需要读装配图。下面以图 8-11 所示齿轮油泵装配图为例,说明读装配图的方法和步骤。

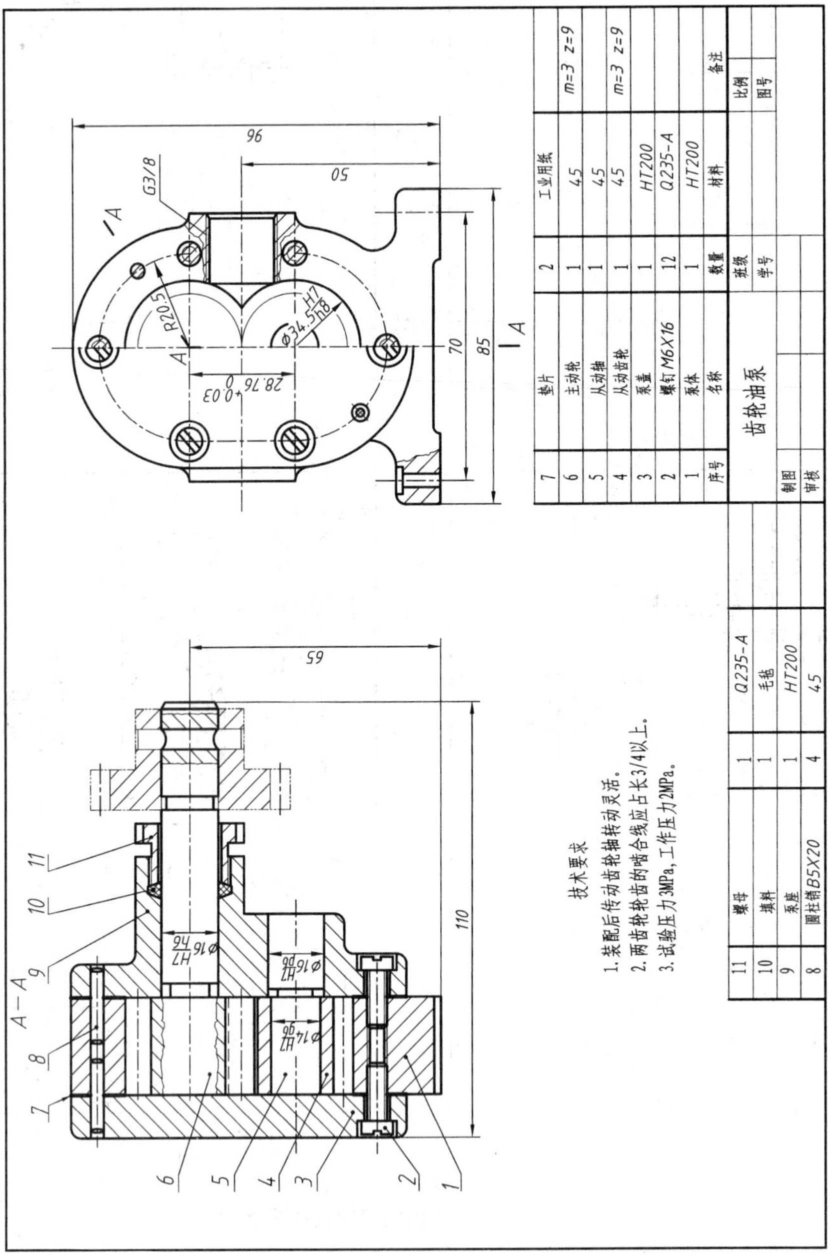

图 8-11 齿轮油泵装配图

8.7.1 概括了解

从标题栏中了解装配体的名称、用途、比例；从明细栏中了解各组成零件的名称及在装配体中的位置。

从图 8-11 中的标题栏及明细栏可知，该部件为齿轮油泵，是机器供油系统的一个部件，由 11 种零件组成，其中标准件 3 种。根据明细栏对照零件序号，可找出各零件的位置。

8.7.2 分析视图

齿轮油泵采用了两个基本视图。主视图是用 $A-A$ 旋转剖得到的全剖视图，它表达了齿轮油泵的主要装配关系。左视图是沿垫片与泵体结合面剖开，并采用局部剖视，表达了一对齿轮啮合及吸、压油的情况。

8.7.3 分析零件

在分析清楚各视图表达的内容后，对照明细栏和图中序号，按投影关系，逐一了解各零件的结构形状。

8.7.4 分析传动关系及工作原理

分析工作原理，一般从传动关系入手，齿轮油泵由泵体、泵盖、主动轮、从动齿轮等组成。从图 8-11 的齿轮油泵的主视图可以看出，外部动力传给主动轮 6，带动从动齿轮 4 产生旋转运动。左视图补充表达了一对齿轮的吸压油的过程，从主视图中可知，主动轮 6 与泵座 9 的配合为 $\varnothing16H7/h6$，从动轴 5 与从动齿轮 4 的配合为 $\varnothing14H7/g6$，从动轴 5 与泵座 9 的配合为 $\varnothing16H/p6$，泵体 1 与左边泵盖 3 及右边泵座 9 之间用件 2 螺钉连接，用圆柱销 8 定位。当动力传给齿轮时，主动轮 6 旋转，带动与它啮合的从动齿轮 4 作反向旋转，在进口处容积由小变大，致使泵体进口处压力降低，油被吸入，经过

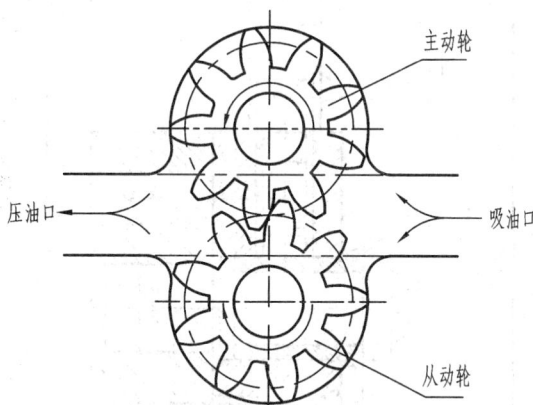

图 8-12　齿轮油泵工作原理

齿槽带入出口处，因此出口处的容积由大变小，使吸入的油以较高的压力从出口处流出。如图 8-12 所示。

8.7.5 由装配图拆画零件图

根据装配图拆画零件图，是设计工作的重要环节，也是检验是否读懂装配图的有效方法。拆画零件图不仅需要较强的读图、画图能力，而且要有一定的设计和工艺知识，拆画零件图必须在读懂装配图后进行。现以钻模装配图 8-13 为例，说明拆画零件图的方法和步骤。

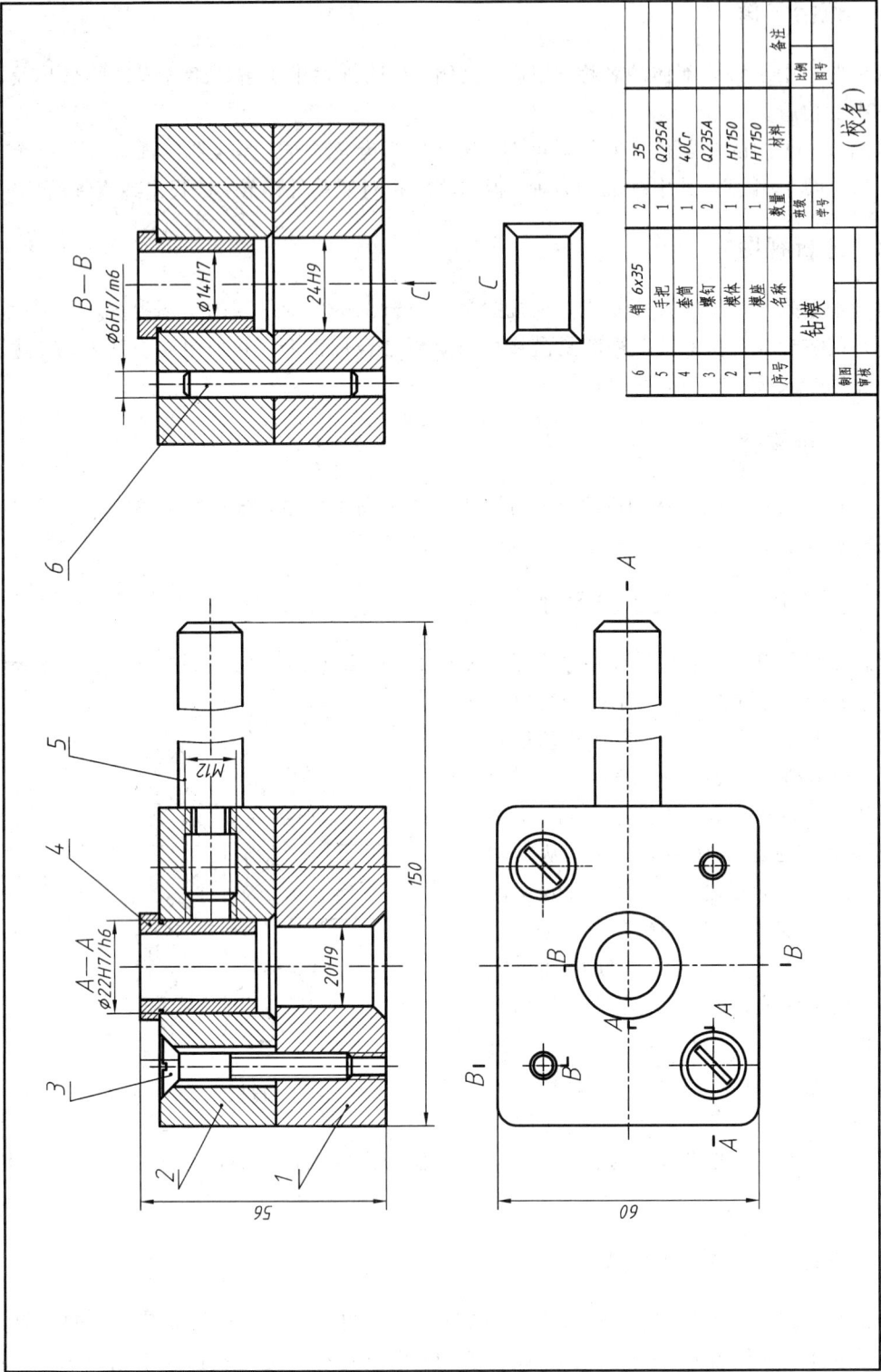

图 8 - 13 钻模装配图

6	销 6×35	2	35		
5	手把	1	Q235A		
4	套筒	1	40Cr		
3	螺钉	2	Q235A		
2	模体	1	HT150		
1	模座	1	HT150		
序号	名称	数量	材料	备注	
		班级		比例	
		学号		图号	
制图		钻模			
审核		(校名)			

· 146 ·

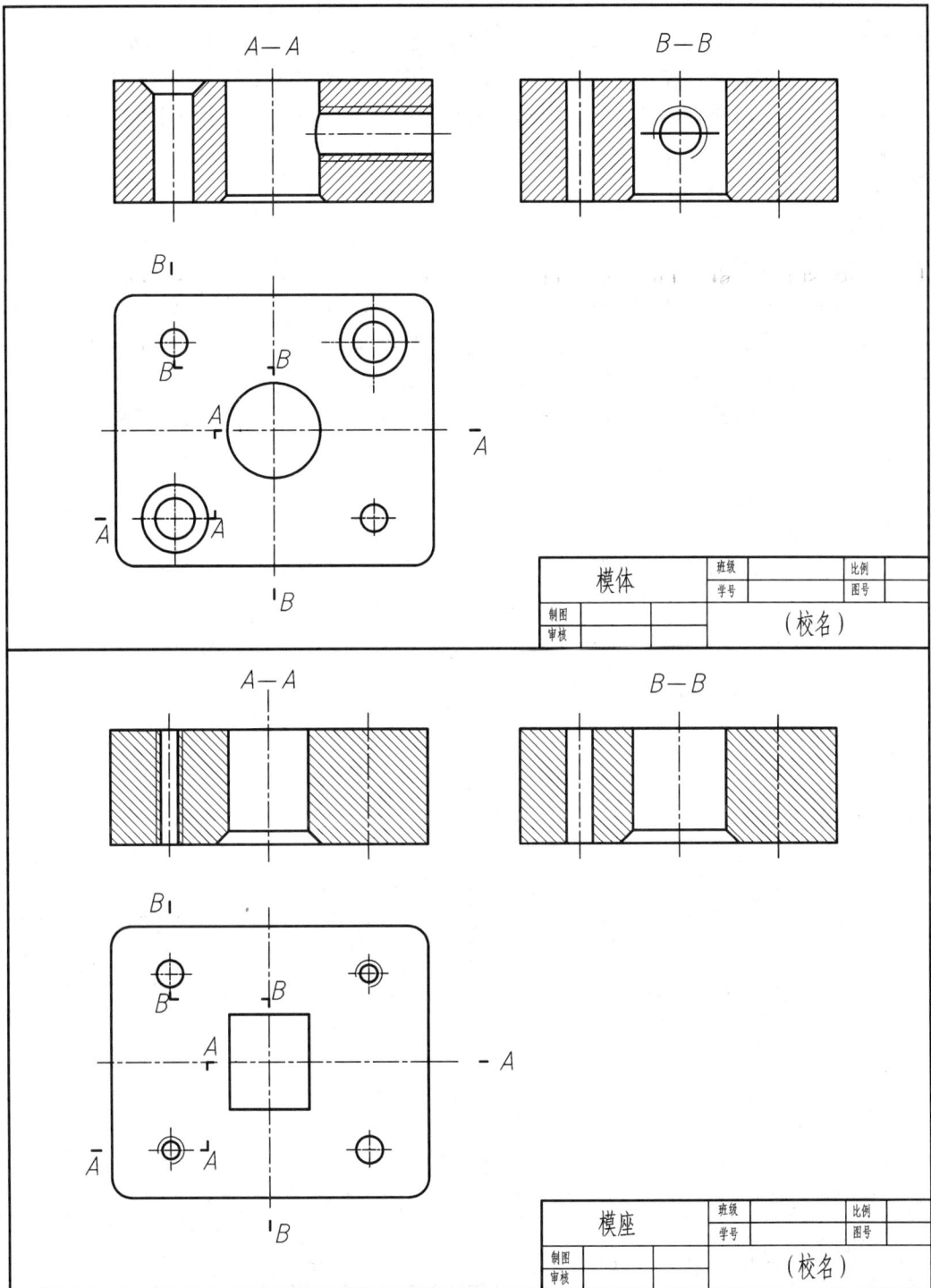

图 8 - 14　模体模座零件图

（1）读懂装配图，搞清装配关系。

（2）分离零件，根据装配图中零件序号，剖面线方向及间隔确定零件的范围。把每个零件的视图从装配图中分离出来，然后对照投影关系，想象出它们的结构形状。

（3）画零件图，选取表达方案，按零件图的作图方法画零件图。

例如，对于 1 号零件模座，从主视图与左视图的剖面线范围，看出模座的长、宽、高尺寸，从主视图与左视图的装配关系看出模座上开有两个销孔与两个螺孔。孔的定位尺寸从俯视图中可以确定；对于 2 号零件模体，其分析方法与 1 号零件模座的类似，由此拆画出 1 号与 2 号零件图，如图 8-14 所示。

拆画零件图时应注意以下几点：

（1）标准件不需要画出零件图，如图 8-13 中的螺钉 3 为标准件，属于外购件。

（2）零件的表达方案不一定与装配图一致，如套筒 4 画零件图时，按轴线水平画出，符合加工位置。对于轴套类零件，一般按加工位置选取主视图。

（3）零件的工艺结构（如倒角、倒圆）在装配图中可省略不画，但在拆画零件图时应表示清楚。如套筒中的倒角应画出。

（4）对于装配图上已有的尺寸，零件图上必须标出；对于配合尺寸，要查表注出偏差尺寸或注出代号。

（5）零件的表面结构、尺寸公差等，应根据零件的装配关系等知识确定。

图 8-15 为套筒与手把标有尺寸及技术要求的零件图。

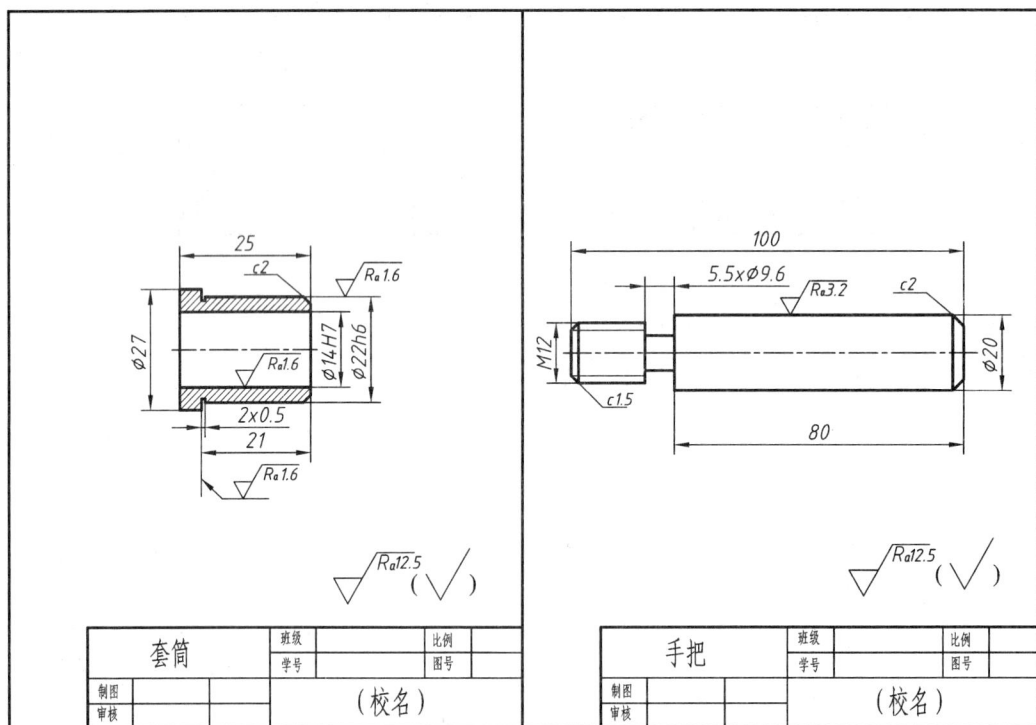

图 8-15　套筒与手把零件图

第9章 计 算 机 绘 图

随着计算机应用技术的普及,计算机绘图已经成为所有工科院校制图课中必不可少的内容之一。AutoCAD 绘图软件是目前世界上最流行的计算机辅助设计软件之一,广泛应用于建筑和机械等领域。本章主要介绍应用 AutoCAD 2011 绘制二维工程图的基本方法。

9.1 AutoCAD 2011 基础知识

9.1.1 AutoCAD 2011 的绘图界面

AutoCAD 2011 的用户界面包括两种风格:Fluent 风格界面和经典风格界面。Fluent 风格界面主要使用功能区、快速启动工具栏和应用程序菜单访问常用命令。经典风格界面主要通过主菜单和工具栏访问常用命令。单击菜单栏中的"工具"/"工作空间"/"AutoCAD 经典",可将 Fluent 风格界面切换到经典风格界面。

启动 AutoCAD 2011 以后,计算机将显示出如图 9-1 所示 Fluent 风格的工作界面。这就是 AutoCAD 2011 的应用程序窗口,也就是用户的绘图环境。用户可以使用应用程序菜单、快速访问工具栏和功能区访问许多常用命令。

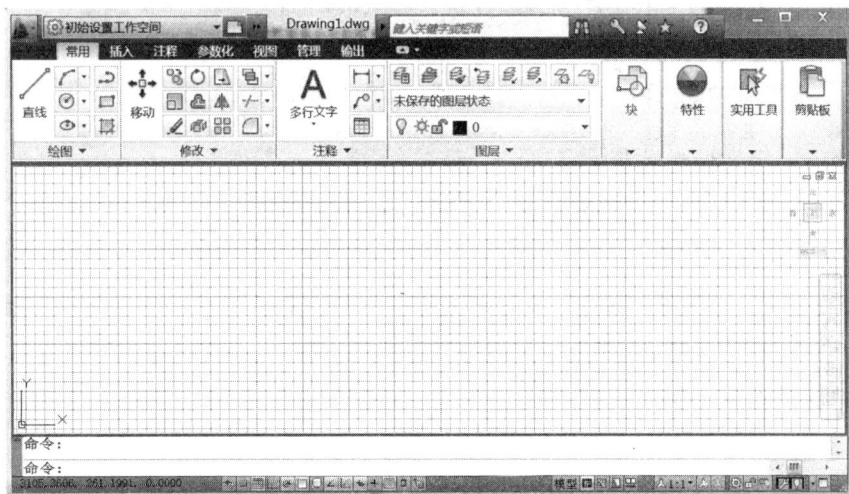

图 9-1 AutoCAD 2011 的绘图界面

1. 标题栏

AutoCAD 2011 用户界面中最上面灰色条的右侧为标题栏,用于显示程序图标以及当前图形文件的名称(刚开始的新图形系统暂定名为 Drawing1.dwg),其右侧各按钮可用来实现最小化、最大化、还原和关闭。

2. 应用程序菜单

使用鼠标左键单击界面左上角图标 ![icon]，弹出应用程序菜单对话框。单击对话框中的相应命令按钮，可以创建、打开和发布文件。在对话框上方的搜索框可以对执行命令进行实时搜索。在搜索框的下方的文件列表中可以查看、排序和访问最近打开的支持文件。

3. 快速访问工具栏

快速访问工具栏位于应用程序窗口顶部偏左侧（如图9-2所示），可提供对命令集的直接访问。

图9-2　快速访问工具栏

用户可以向快速访问工具栏中添加功能区的按钮。在功能区中单击鼠标右键，然后单击"添加到快速访问工具栏"。按钮会添加到快速访问工具栏中默认命令的右侧。

4. 功能区

功能区是显示基于任务的工具和控件的选项板。功能区由许多面板组成，这些面板被组织到依任务进行标记的选项卡中。例如 AutoCAD 2011 的默认界面的功能区选项卡包括"常用"、"插入"、"注释"、"参数化"、"视图"、"管理"、"输出"等，而"常用"选项卡由"绘图"、"修改"、"注释"、"图层"、"块"等功能区面板组成。"绘图"和"修改"功能区如图9-3所示。

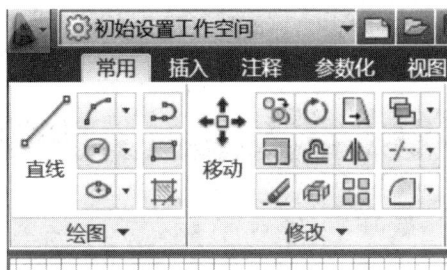

图9-3　"绘图"和"修改"功能区

5. 经典菜单栏

单击"快速访问工具栏"最后一项的黑色三角符号，在弹出的"自定义快速访问工具栏"中单击"显示菜单栏"，即可在功能区上方显示经典菜单栏。默认情况下，经典菜单栏显示在 AutoCAD 的经典工作空间中。

6. 绘图区

绘图区是用户绘图和进行编辑的工作区域。它位于屏幕中间的空白区，并占据了屏幕的大部分面积，用户绘制的图形将显示在这个区域内。利用视窗功能可使绘图区无限增大或减小，因此，无论多大的图形，都可置于其中。

7. 命令提示行

命令文本栏位于绘图区的下方，由命令栏和历史窗口两部分组成，前者显示输入命令的内容及提示信息，后者存有 AutoCAD 2011 启动后所用过的命令及提示信息。绘图时，用户应时刻关注命令行的提示信息，以便准确快捷地绘图。

8. 状态栏

状态栏位于绘图界面的最底部，包括应用程序状态栏和图形状态栏，如图 9-1 所示。

应用程序状态栏显示了光标的坐标值、绘图工具以及用于快速查看和注释缩放的工具。用户可以以图标或文字的形式查看图形工具按钮。通过捕捉工具、极轴工具、对象捕捉工具和对象追踪工具的快捷菜单，用户可以轻松更改这些绘图工具的设置。

图形状态栏显示缩放注释的若干工具，对于模型空间和图纸空间，将显示不同的工具。

9. 工具选项板

工具选项板是"工具选项板"窗口中的选项卡形式区域，它提供了一种用来组织、共享和放置块、图案填充及其它工具的有效方法，不用时可以关闭。依次单击"视图"选项卡/"选项板"面板/"工具选项板"，即可打开"工具选项板"窗口。

10. 快捷菜单

快捷菜单是用来显示快速获取当前动作的有关命令。在屏幕的不同区域内单击鼠标右键时，可以显示不同的快捷菜单。快捷菜单上通常包含以下选项：重复执行输入的上一个命令；取消当前命令；显示用户最近输入的命令的列表；剪切、复制以及从剪贴板粘贴；选择其它命令选项；显示对话框，例如"选项"或"自定义"；放弃输入的上一个命令。

9.1.2 坐标系及坐标的输入

在 AutoCAD 2011 中，一般采用三种坐标系，即笛卡尔坐标系(CCS)、世界坐标系(WCS)和用户坐标系(UCS)。笛卡尔坐标系用来确定点的位置。在屏幕底部状态栏中所显示的三维坐标值就是笛卡尔坐标系中的数值。世界坐标系是 AutoCAD 默认的基本坐标系，它由三个相互垂直相交坐标轴 X、Y、Z 组成，其中 X 轴正向水平向右，Y 轴正向垂直向上，Z 轴正向为垂直 XY 平面且指向操作者，坐标系原点位于屏幕左下角。默认情况下，用户坐标系与世界坐标系是重合的。绘图时，用户可以根据需要在原有坐标系的基础上，通过改变坐标系的原点位置和坐标轴的方向来建立新的用户坐标系。

在绘图过程中，用户通常采用坐标输入来确定点的位置。常用的坐标输入法有绝对坐标、相对坐标和极坐标。

绝对坐标以坐标原点(0,0,0)作为基准点来确定点的位置，以(X,Y,Z)的形式表示该点相对于原点的位移量。

相对坐标是某点相对于某一特定点的相对位置。相对坐标的表示方法为(@X,Y,Z)。例如，上一操作点的绝对坐标为(10,10)，用键盘输入相对坐标(@-2,5)，则相当于确定了绝对坐标为(8,15)的点位置。

极坐标是用通过某点相对于极点的距离和该点与极点的连线与 X 轴正方向所成夹角来确定点的。在系统默认情况下，AutoCAD 2011 以逆时针方向来测量角度。极坐标又可分为绝对极坐标和相对极坐标。绝对极坐标以坐标系中的原点为极点，例如 20<30，表示该点到原点的距离为 20，该点和原点之间的连线与 X 轴正方向的夹角为 30°。相对极坐标

以上一个操作点为极点，例如@10<60，表示两点之间的距离为10，两点连线与X轴正方向夹角为60°。

9.1.3 设置绘图界限

AutoCAD系统对作图范围没有限制，绘图区可以看做是一幅无穷大的图纸。设置作图的有效区域会给绘图带来方便。

单击"格式"/"图形界限"菜单命令。（或在命令行输入Limits并按回车键），命令行提示序列如下：

指定左下角点或［开(ON)/关(OFF)］<0.0000，0.0000>：（指定图限左下角坐标并回车）

指定右上角点 <420.0000，297.0000>：（指定图限右上角坐标并回车）

其中，选项"开"表示打开图限检查，如果所绘图形超出了图限，则系统不绘出此图形并给出提示信息，从而保证绘图的正确性。"关"表示关闭图限检查。另外，绘图界限也用于辅助栅格的显示和图形缩放。当打开栅格时，系统只在图形界限内显示栅格，而将图形全部缩放时，系统将按图形界限缩放图形。

9.2 绘 图 命 令

9.2.1 绘制直线(Line)

在 AutoCAD 2011 中，最常见、最基本的图形实体是直线。执行直线命令时，一次可以画一条直线，也可以连续画多条彼此间相互独立的线段。每条直线段的起点和终点位置可以通过鼠标拾取或用键盘输入。

单击"绘图"功能区上的 ✐ 按钮(或单击"绘图"/"直线"菜单命令或单击绘图工具栏上的 ✐ 按钮或在命令提示行输入 Line 并按回车键)，命令行出现以下提示符序列：

指定第一点：（请输入线段起点）

指定下一点或［放弃(U)］：（输入线段终点或输入"U"取消上一步指定的起点位置）

指定下一点或［放弃(U)］：（输入线段终点或输入"U"取消上一步画线操作）

指定下一点或［闭合(C)/放弃(U)］：（输入线段终点或输入"C"自动形成闭合的折线，输入"U"取消上一步画线操作）

单击鼠标右键，选择确定，可以结束直线操作。（也可以按回车键或空格键结束。）

9.2.2 绘制多段线(Pline)

多段线是由若干直线和圆弧连接而成的折线或曲线，是可以统一进行编辑的单一实体。多段线中的线条可以设置成不同的线宽和不同的线型。

单击"绘图"功能区上的 ➥ 按钮(或单击"绘图"/"多段线"菜单命令或单击绘图工具栏上的 ➥ 按钮或在命令提示行输入 PLine 并按回车键)，命令行出现以下提示符序列：

指定起点：（输入多段线的起点）

当前线宽为 0.0000

指定下一个点或[圆弧(A)/半宽(H)/长度(L)/放弃(U)/宽度(W)]：

指定下一点或[圆弧(A)/闭合(C)半宽(H)/长度(L)/放弃(U)/宽度(W)]：

各选项含义如下：

指定下一点：此选项要求输入多段线的下一端点的位置，为默认项。

圆弧(A)：此选项的功能是使"多段线"命令由绘制直线方式改为绘制圆弧方式。输入 A 并回车，会产生以下提示：

指定圆弧的端点或[角度(A)/圆心(CE)/闭合(CL)/方向(D)/半宽(H)/直线(L)/半径(R)/第二个点(S)/放弃(U)/宽度(W)]：

该提示各项含义如下：

指定圆弧的端点：该选项为默认项，用户可以直接确定圆弧的终点。

角度：该选项要求用户输入圆弧所对应的圆心角。

圆心：该选项要求用户指定圆弧的中心。

方向：该选项可以重新指定圆弧的起始方向。

直线：该选项表示重新返回绘制直线方式。

半径：该选项要求用户输入圆弧的半径。

第二个点：该选项表示用三点法绘制圆弧。

其余选项含义与"多段线"命令中的同名选项含义相同，不再赘述。

闭合：封闭多段线。

半宽：设置多段线宽度的一半。

长度：输入下一段多线段的长度。

放弃：取消上一步的操作。

宽度：设置多段线的宽度。

绘制图 9-4 的操作步骤如下：

(1) 单击绘图工具栏上的 ➜ 按钮。

(2) 单击状态栏上的"正交"按钮，打开正交方式。

(3) 在绘图区指定任意一点 A。移动鼠标指向 A 点正右方，输入 50 并回车，确定 B 点。

(4) 输入 A 回车，转入绘制圆弧方式。在系统提示下输入 W 回车，分别输入起点宽度 "0"和端点宽度"1"。移动鼠标指向 B 点正下方，输入 30 并回车，确定 C 点。

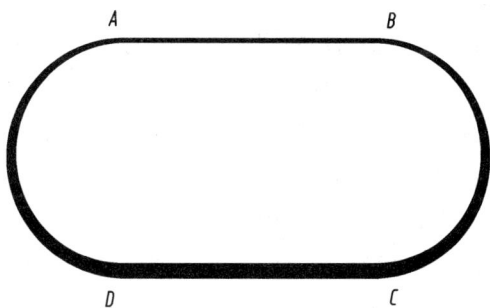

图 9-4　绘制多段线

(5) 输入 L 回车，转入绘制直线方式。移动鼠标指向 C 点正左方，输入 50 并回车，确定 D 点。

(6) 输入 A 回车，再转入绘制圆弧方式。在系统提示下输入 W 回车，分别输入起点宽度"1"和端点宽度"0"并回车。输入 CL 回车，封闭图线并结束命令。

在 AutoCAD 2011 中，可以利用夹点功能对多段线进行修改。多段线夹点是多功能的，为重塑多段线的形状提供了上下文相关的选项。单击多段线的任何位置，会显示出一些蓝色的夹持点，可以通过拖动不同夹点来编辑多段线的形状。

9.2.3 绘制圆(Circle)

AutoCAD 2011 提供了六种画圆方式，这些方式是根据圆心、半径、直径以及圆上的点等参数的不同组合来控制的。如图 9-5 所示。

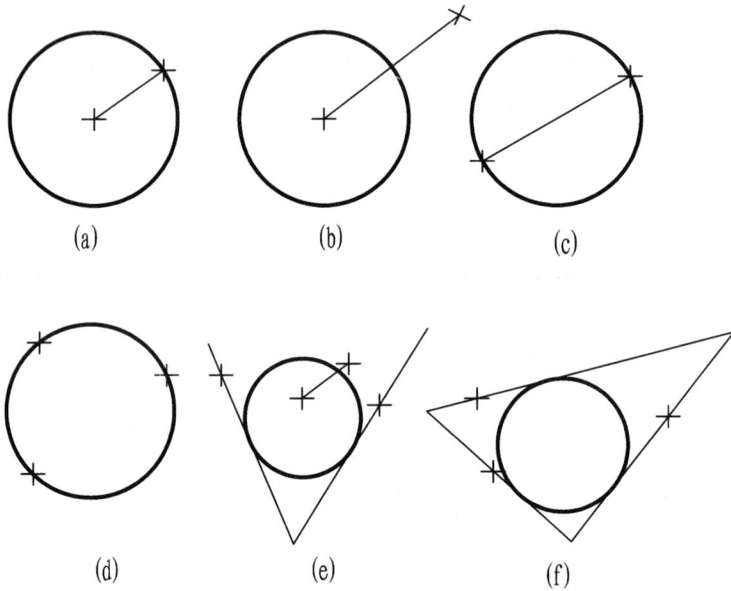

图 9-5 绘制圆的各种方法

在图 9-5 中，缺省方式是指定圆心和半径，如图(a)；图(b)是指定圆心和直径；图(c)是确定直径的两个端点；图(d)是指输入圆周上的任意三个点的值；图(e)是指定半径创建与两个对象相切的圆；图(f)是创建与三个对象相切的圆。

启动圆命令可以通过单击"绘图"功能区上的 ◎ 按钮（或单击"绘图"/"圆"菜单下的相应选项或单击工具栏按钮 ◎ 或命令行输入 Circle）。

图 9-6 为"绘图"/"圆"选项下级菜单。

指定圆心和半径方式绘制圆的步骤如下：

(1) 单击"绘图"功能区上的 ◎ 按钮。

(2) 命令行提示序列如下：

指定圆的圆心或 [三点(3P)/两点(2P)/相切、相切、半径(T)]:（指定圆心）

指定圆的半径或 [直径(D)]:（指定半径）

其它画圆方式与该方式类似，用户可以根据命令提示操作，这里不再详细介绍。

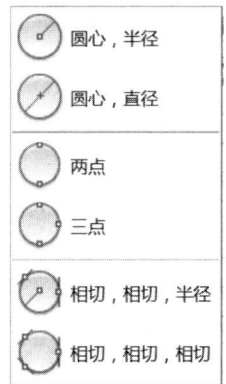

图 9-6 "圆"选项下级菜单

9.2.4 绘制圆弧(Arc)

AutoCAD 2011 提供了 10 余种不同的画圆弧方式。这些方式是根据圆弧的起点、方向、终点、弧心角、弦长等参数来确定的。单击"绘图"功能区 按钮右侧的黑三角，即可打开绘制圆弧的下级菜单，如图 9-7 所示。如果从命令行或工具栏输入命令，可根据命令行的提示输入相应选项绘制圆弧。默认情况下按逆时针方向绘制。

指定起点、圆心、端点方式绘制圆弧的步骤如下：

(1) 单击"绘图"功能区 按钮。

(2) 命令行提示序列如下：

指定圆弧的起点或〔圆心(C)〕：(指定起点)

指定圆弧的第二个点或〔圆心(C)/端点(E)〕：_c 指定圆弧的圆心：(指定圆心)

指定圆弧的端点或〔角度(A)/弦长(L)〕：(指定端点)

其它画圆弧方式与该方式类似，这里不再详细介绍。

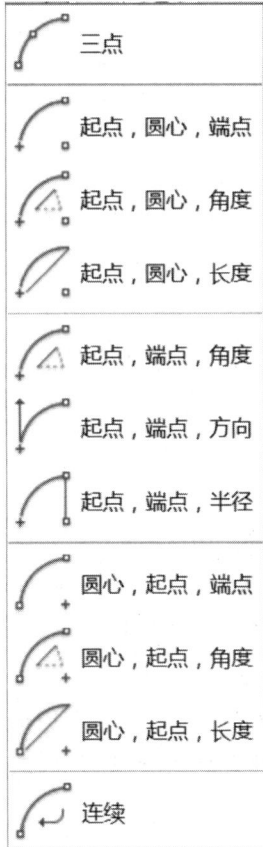

	三点
	起点，圆心，端点
	起点，圆心，角度
	起点，圆心，长度
	起点，端点，角度
	起点，端点，方向
	起点，端点，半径
	圆心，起点，端点
	圆心，起点，角度
	圆心，起点，长度
	连续

图 9-7 "圆弧"选项下级菜单

9.2.5 绘制矩形(Rectangle)

绘制矩形可用直线命令完成，但是 AutoCAD 2011 提供了更简单的方法。只需要确定矩形的两个对角点即可，而且系统把用 Rectangle 命令绘制出的矩形作为一个实体处理，这与 Line 命令绘制出的矩形是有区别的。

单击"绘图"功能区的 ▢ (或单击"绘图"/"矩形"菜单命令或单击绘图工具栏上的 ▢ 按钮或在命令提示行输入 Rectangle 并按回车键)，命令行提示序列如下：

指定第一个角点或［倒角（C）/标高（E）/圆角（F）/厚度（T）/宽度（W）］：（指定第一角点）

指定另一个角点或［尺寸(D)］：（指定另一个角点）

命令行中其它各选项功能如下：

倒角：通过该选项可设置矩形的倒角长度，绘制出四角带倒角的矩形。

标高和厚度：这两个选项都是空间概念，与二维图形的绘制无关。

圆角：通过该选项可设置矩形的圆角半径，绘制出一个带圆角的矩形。

宽度：该选项用于设置矩形四条边的线宽。

9.2.6　绘制多边形(Polygon)

AutoCAD 2011 提供了绘制正多边形的命令，利用该命令可以方便地绘制出边数从 3 到 1024 的正多边形。根据已知条件的不同，用户可以采用三种不同的方法绘制正多边形。

1. 由边长确定正多边形

用这种方法的命令行提示符序列如下：

单击"绘图"功能区的 ⬡ 按钮(或单击"绘图"/"正多边形"菜单命令或单击绘图工具栏上的按钮 ⬡ 或输入 polygon 并回车)，命令行提示序列如下：

输入边的数目＜6＞：（输入边数）

指定正多边形的中心点或［边(E)］：（输入字母 E）

指定边的第一个端点：（输入点）

指定边的第二个端点：（输入点）

2. 用内接法绘制正多边形

用这种方法的命令行提示符序列如下：

单击"绘图"功能区的 ⬡ 按钮(或单击"绘图"/"正多边形"菜单命令或单击绘图工具栏上的按钮 ⬡ 或输入 polygon 并回车)，命令行提示序列如下：

输入边的数目 ＜6＞：（输入边数）

指定正多边形的中心点或［边(E)］：（指定正多边形的中心点）

输入选项［内接于圆(I)/外切于圆(C)］＜I＞：（输入字母 I）

指定圆的半径：（输入半径）

3. 用外切法绘制正多边形

这种方法与内接法类似。

9.2.7　图案填充(Hatch)

工程制图中有许多复杂的剖面，为了区分不同的零件，一般采用不同的填充来区别不同的剖面。AutoCAD 2011 提供了 Hatch 命令来实现这一功能。

单击"绘图"功能区的 ⊞ 按钮(或单击"绘图"/"图案填充"菜单命令或单击按钮 ⊞ 或输入 Hatch 并回车)。系统将显示"图案填充创建"选项卡内容,如图 9-8 所示。

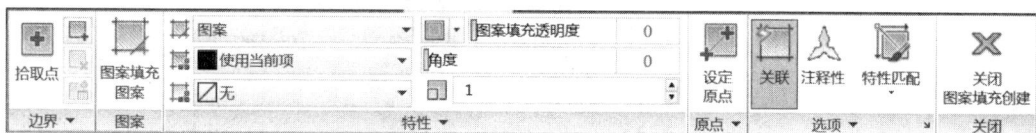

图 9-8 "图案填充创建"功能区面板

"图案填充创建"选项卡包含"边界"、"图案"、"特性"、"原点"、"选项"、"关闭"等六个功能区。"边界"功能区用来选择拾取边界的方式。"拾取点"方式是通过单击封闭图形区域内的任意点来选择填充区域的,"选择"方式是通过拾取形成封闭图形的曲线来实现选择填充区域的;"图案"功能区用来选择填充图案。金属零件的填充图案为 45°倾斜线,在面板上选取 ANSI31 图案即可;"特性"功能区用来设置填充图案的角度和间隔。角度设置为 0,则表示向右倾斜 45°角度;设置为 90,则表示向左倾斜 45°。

填充区域的步骤如下:

(1) 在"边界"功能区单击"拾取点"按钮。

(2) 在"图案"功能区单击 ANSI31 按钮。

(3) 在"特性"功能区设置填充角度和间隔。

(4) 在要填充的每个区域内指定一点,单击鼠标右键确认即可。

9.2.8 文字

文字在图纸信息表达中非常重要,例如图纸中的明细表和技术要求等说明部分。AutoCAD 2011 中,标注文本有两种方式:单行文字和多行文字。

1. 定义文字样式(Style)

标注文本之前,先要给文本字体定义一种样式,字体的样式包括所用的字体文件、字体大小、宽度系数等参数。

单击"常用"选项卡中"注释"功能区面板下的黑三角,在弹出菜单中单击 Ａ 按钮(或单击"格式"/"文字样式"菜单命令或单击文字工具栏按钮 Ａ 或在命令行输入 Style 并回车)。系统将弹出"文字样式"对话框,如图 9-9 所示。

该对话框各区域的作用如下:

样式区域:默认为 Standard。用户可以选择"新建"按钮创建新的样式,在打开的对话框中输入新样式的名称。

字体区域:"字体名"下拉列表框中包含用户 Windows 系统中所有字体文件,如楷体、仿宋体等。"高度"文本框可以设置字体的高度,默认值为 0。若取默认值,则在进行文本标注时系统提示输入高度。

"效果"区域:"颠倒"确定是否将文字旋转 180°;"反向"确定是否将文字以镜像方式标注;"垂直"确定文字是水平标注还是垂直标注;"宽度因子"用来设置文字的宽度系数;"倾斜角度"用来设置文字的倾斜角度。

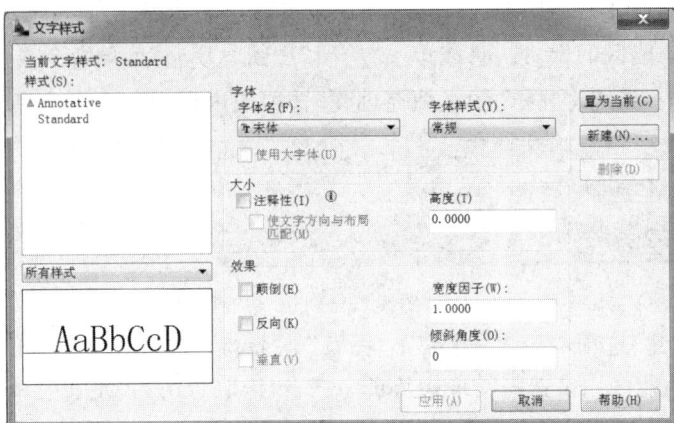

图 9-9 "文字样式"对话框

预览区域：用来预览所设置的字体样式，用户可随时根据需要修改。

字体样式设置完毕后，选择"应用"按钮便可将其设置为当前样式，进行文字标注了。

2. 创建单行文字(Text)

可以使用单行文字创建一行或多行文字，通过按 ENTER 键结束每一行文字。其中每行文字都是独立的对象，可对其进行重定位、调整格式或进行其它修改。单击"常用"选项卡中"注释"功能区的 A 按钮(或单击"注释"选项卡中"文字"功能区的 A 按钮或单击"绘图"/"文字"/"单行文字"菜单命令)，命令行提示序列如下：

命令：_text

当前文字样式："Standard" 文字高度：2.5000 注释性：否

指定文字的起点或 [对正(J)/样式(S)]：

(1) 指定文字的起点提示序列如下：

指定高度 <2.5000>：(指定高度)

指定文字的旋转角度 <0>：(确定倾斜角度)

输入文字：(输入文本，完成后两次回车结束命令)

(2) 在"指定文字的起点或 [对正(J)/样式(S)]："提示下输入 J，提示如下：

输入选项

[对齐(A)/调整(F)/中心(C)/中间(M)/右(R)/左上(TL)/中上(TC)/右上(TR)/左中(ML)/正中(MC)/右中(MR)/左下(BL)/中下(BC)/右下(BR)]：

各项含义如下：

对齐：要求用户指定标注文字基线的起点和终点位置。

调整：要求用户指定标注文字基线的起点、终点及字体高度。

中心：要求用户指定标注文字基线的中点。

中间：要求用户指定标注文字中线的中点。

右：要求用户指定标注文字基线的右侧端点。

左上：要求用户指定标注文字顶线左边端点。

中上：要求用户指定标注文字顶线的中点。

其它选项含义可以此类推。

（3）在"指定文字的起点或［对正(J)/样式(S)］："提示下输入 S，提示如下：

输入样式名或［?］<Standard>：(要求输入已定义过的字体样式名称)

如果输入?，在提示"输入要列出的文字样式 < * >："回车，系统打开文本窗口。此窗口列出当前文件中所有字体文件。

3. 创建多行文字(Mtext)

如果标注的文字较多，而且内容复杂，则可以通过输入或导入文字创建多行文字对象。该命令可一次标注多行文字，各行文字都以指定宽度排列对齐，并且作为一个对象。输入文字之前，应指定文字边框的对角点。文字边框用于定义多行文字对象中段落的宽度。多行文字对象的长度取决于文字量，而不是边框的长度。可以用夹点移动或旋转多行文字对象。

单击"常用"选项卡中"注释"功能区的 🅰 按钮(或单击"注释"选项卡中"文字"功能区的 🅰 按钮或单击"绘图"/"文字"/"多行文字"菜单命令)，命令行提示序列如下：

命令：_mtext 当前文字样式："Standard" 文字高度：2.5 注释性：否

指定第一角点：(指定边框的对角点以定义多行文字对象的宽度)

如果功能区处于活动状态，则将显示"多行文字"功能区上下文选项卡。如果功能区未处于活动状态，则将显示"文字编辑器"功能区面板，如图 9-10 所示。

图 9-10 "文字编辑器"面板

可以利用"文字编辑器"面板的相应按钮对文字进行样式、格式以及对齐方式的修改。

要替代当前文字样式，请按以下方式选择文字：

（1）若要选择一个或多个字母，则在字符上单击并拖动定点设备；

（2）若要选择词语，则双击该词语；

（3）若要选择段落，则三击该段落。

在功能区上，按以下方式更改格式：

（1）若要更改选定文字的字体，则从列表格中选择一种字体；

（2）若要更改选定文字的高度，则在"文字高度"框中输入新值；

（3）若要使用粗体或斜体设定 TrueType 字体的文字的格式，或者为任意字体创建下划线文字或上划线文字，则单击功能区上的相应按钮。SHX 字体不支持粗体或斜体；

（4）若要向选定的文字应用颜色，则从"颜色"列表格中选择一种颜色。单击"选择颜色"选项，可显示"选择颜色"对话框。

若要保存更改并退出编辑器，则使用以下方法之一：

（1）在 MTEXT 功能区上下文选项卡的"关闭"面板中，单击"关闭文字编辑器"；

（2）单击编辑器外部的图形；

（3）按 CTRL＋ENTER 组合键。

拖动标尺上的第一行缩进滑块可以对每个段落的首行进行缩进，如果要对每个段落的其它行进行缩进，则拖动段落滑块即可。若要设定制表符，则在标尺上单击所需的制表位位置。

4. 特殊字符的输入

在"文字编辑器"选项卡上的"插入"功能区单击"符号"，在弹出的菜单上单击选项之一，或单击"其它"显示"字符映射表"对话框。若要访问"字符映射表"对话框，则必须先安装"charmap.exe"。在"字符映射表"对话框中，选择一种字体。若要插入单个字符，则将选定的字符拖到编辑器中。若要插入多个字符，则单击"选定"，将所有字符都添加到"复制字符"框中。选择了所有所需的字符后，单击"复制"。在编辑器中单击鼠标右键。单击"粘贴"。

在实际绘图中，有些特殊字符不能从键盘上直接输入，用户可采用 AutoCAD 2011 提供的特殊字符控制码从键盘输入。如："％％O"是打开或关闭文字上划线功能，"％％U"是打开或关闭文字下画线功能，"％％D"是表示符号"。"，"％％C"是表示符号"Φ"，"％％P"是表示符号"±"，"％％％"是表示符号"％"

9.3 编 辑 命 令

9.3.1 实体选择

AutoCAD 2011 提供了两种使用图形编辑功能的方法：一种是先调用命令，然后系统提示选择要编辑的实体；另一种是先选择实体，再调用编辑命令。无论使用哪种方法，都必须选择要编辑的目标。系统提供了 4 种创建选择集的方法：

（1）选择编辑命令后，选取要编辑的对象并按回车键。

（2）输入 Select 命令，然后选择对象并按回车键。

（3）利用定位设备选择对象，然后选择编辑命令。

（4）通过快速选择集命令 Qselect 创建选择集。

无论采用哪种方法，系统都会提示"选择对象"，同时"十"字光标会变成拾取框。此时用户可以按下面介绍的对象选择方式进行响应。

1. 直接点取法创建选择集

（1）点取法：用鼠标将拾取框移动到要选择的目标上单击可连续选取单个目标，之后按下回车键或鼠标右键确认拾取结果即可。

（2）窗口选择法：单击鼠标左键，然后向右下方拖动光标，在绘图区上拉出一个实线框，当此实线框将要选目标完全框住后，单击鼠标左键，实线框中的所有目标由实线变为虚线，表明已被选取。

（3）交叉选择法：单击鼠标左键，然后向左下方拖动光标，在绘图区上拉出一个虚线框，当此虚线框将要选目标框住后，单击鼠标左键，被虚线框框中的所有目标由实线变为虚线，表明已被选取。

注意：窗口选择方式中与矩形边界相交的图形对象不被选中。而交叉选择方式中与矩形边界相交的图形对象是被选中的。

2. 使用选项法创建选择集

在"选择对象："提示下，输入"?"可获取选项提示信息如下：

需要点或窗口（W）/上一个（L）/窗交（C）/框（BOX）/全部（ALL）/栏选（F）/圈围（WP）/圈交（CP）/编组（G）/类（CL）/添加（A）/删除（R）/多个（M）/上一个（P）/放弃（U）/自动（AU）/单个（SI）

选择对象：

此提示信息包含了系统所提供的所有对象选择方式，共 16 种。常用选项功能如下：

窗口：与前面介绍的窗口选择法用法相同。

上一个：选取最近构造的可见对象。

窗交：与前面介绍的交叉选择法用法相同。

全部：选取绘图区全部的对象。

栏选：通过若干点形成一系列彼此相交的折线，来选取与该折线相交的所有对象。

添加：转换到加入模式。用户可以用任何方式选取对象并将其加入构造集。

删除：转换到删除模式。用户可以用任何方式选取对象并将其从当前构造集移走。

上一个：将执行当前编辑命令之前所构造的选择集作为当前选择集。

放弃：取消最近一次加入到选择集的对象。

9.3.2　图形的复制

图形的复制主要包括复制、镜像、偏移和阵列等命令。

1. 复制（Copy）

使用复制命令可以在保持原有对象不变的基础上，将选择好的对象复制到图中的其它任何位置。也可以利用剪切板在其它应用程序与图形之间进行复制。

单击"常用"选项卡中的"修改"面板上的 按钮（或单击"修改"/"复制"菜单命令或单击修改工具栏按钮 或在命令行输入 Copy 并按回车键），命令行出现以下提示符序列：

命令：_copy

选择对象：（选择要复制的目标）

指定基点或［位移（D）］＜位移＞：（输入基点或位移）

指定第二个点或 ＜使用第一个点作为位移＞：（输入第二点或位移）

指定第二个点或［退出（E）/放弃（U）］＜退出＞：（输入第二点或位移，用户可以将选定对象进行多份复制。或单击右键确认）

2. 镜像（Mirror）

镜像命令对创建对称的对象非常有用，因为可以快速地绘制半个对象，然后将其镜像，而不必绘制整个对象。绕轴（镜像线）翻转对象可以创建镜像图像，如果要指定临时镜像线，则输入两点即可。可以选择是删除原对象还是保留原对象。该命令是将选定的对象沿一条指定的直线对称复制。如图 9-11 所示。

单击"常用"选项卡中的"修改"面板上的 按钮（或单击"修改"/"镜像"菜单命令或单击修改工具栏按钮 或在命令行输入 Mirror 并按回车键），命令行出现以下提示符序列：

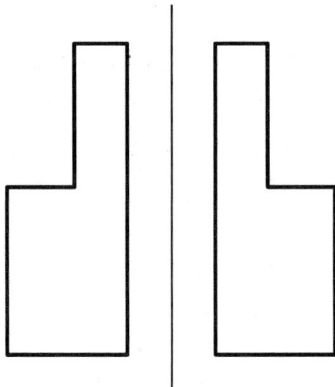

图 9 - 11 镜像图形

命令：_mirror

选择对象：（选择要镜像的目标并右键确认）

指定镜像线的第一点：（指定第一点）

指定镜像线的第二点：（指定第二点）

是否删除源对象？［是(Y)/否(N)］＜N＞：（按 Enter 键或右键确认选项 N 保留原始对象，或者输入 y 将其删除）

注意：默认情况下，镜像文字、图案填充、属性和属性定义时，它们在镜像图像中不会反转或倒置。文字的对齐和对正方式在镜像对象前后相同。如果确实要反转文字，则将 Mirrtext 系统变量设定为 1。

改变变量 Mirrtext 值操作方法如下：

命令：setvar

输入变量名或［?］：mirrtext

输入 MIRRTEXT 的新值＜0＞：

3. 偏移(Offset)

偏移命令用于创建形状与选定对象的形状平行的新对象，如图 9 - 12 所示。偏移圆或圆弧可以创建更大或更小的圆或圆弧，取决于向哪一侧偏移。可以偏移直线、圆弧、圆、椭圆和椭圆弧(形成椭圆形样条曲线)、二维多段线、样条曲线等。

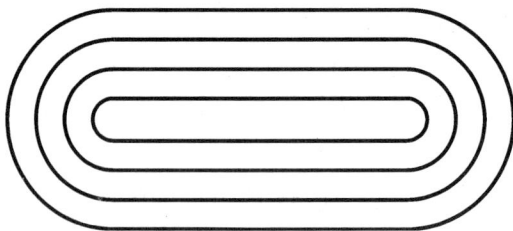

图 9 - 12 偏移图形

单击"常用"选项卡中的"修改"面板上的 按钮(或单击"修改"/"偏移"菜单命令或单击修改工具栏按钮 或在命令行输入 Offset 并按回车键)，命令行出现以下提示符序列：

当前设置：删除源＝否　图层＝源　OFFSETGAPTYPE＝0

指定偏移距离或〔通过(T)/删除(E)/图层(L)〕<2.0000>：（输入距离并回车或输入 T 使偏移对象通过一点）

选择要偏移的对象，或〔退出(E)/放弃(U)〕<退出>：（选择对象）

指定要偏移的那一侧上的点，或〔退出(E)/多个(M)/放弃(U)〕<退出>：（指定点）

系统会重复出现以下序列，直到选择另一个要偏移的对象，或者按 Enter 键结束命令。

选择要偏移的对象，或〔退出(E)/放弃(U)〕<退出>：（选择对象）

指定要偏移的那一侧上的点，或〔退出(E)/多个(M)/放弃(U)〕<退出>：（指定点）

二维多段线和样条曲线在偏移距离大于可调整的距离时将自动进行修剪。创建更长多段线的闭合二维多段线会导致线段间存在潜在间隙，OFFSETGAPTYPE 系统变量控制这些潜在间隙的闭合方式。

4. 阵列(Array)

阵列命令用来对选中目标进行一次或多次复制，并构成一种规则的排列模式。阵列的排列模式有两种：矩形阵列和环形阵列。对于矩形阵列，可以控制行和列的数目以及它们之间的距离来创建对象的副本。对于环形阵列，可以控制对象副本的数目并决定是否旋转副本。对于创建多个定间距的对象，阵列比复制要快。

单击"常用"选项卡中的"修改"面板上的 品 按钮（或单击"修改"/"阵列"菜单命令或单击修改工具栏 品 按钮或在命令行输入 Array 并按回车键），系统将弹出图 9-13 所示的"阵列"对话框（此时被选中的为矩形阵列）。用户可以从对话框中设置矩形阵列的相关信息。

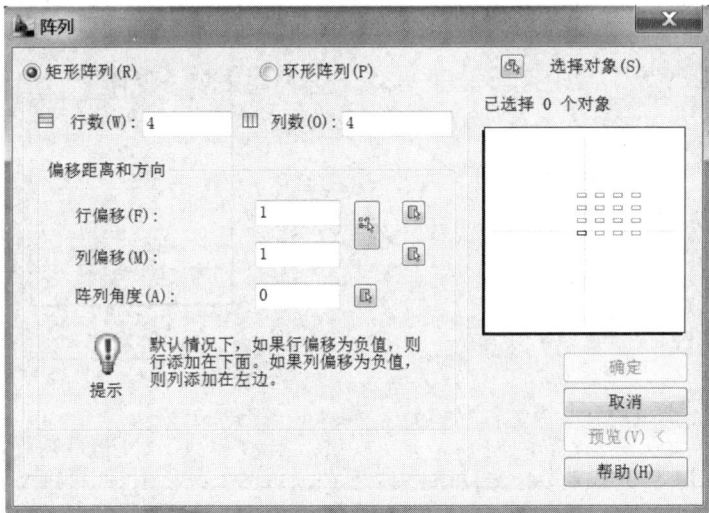

图 9-13 "矩形阵列"对话框

图 9-14 所示图形的操作步骤如下：

(1) 绘制长为 10、宽为 5 的矩形。

(2) 单击"常用"选项卡中的"修改"面板上的 品 按钮，打开"矩形阵列"对话框。

(3) 单击对话框中的"选择对象"按钮，"阵列"对话框将关闭，程序提示选择对象。选择绘制好的矩形并按 Enter 键。

（4）在"行数（W）"文本框中输入 3，在"列数（O）"文本框中输入 4，在"行偏移"文本框中输入 10，在"列偏移"文本框中输入 15，在"阵列角度"文本框输入 0。

（5）单击"确定"按钮。

注意：还可以采取下列方法之一确定"行偏移"和"列偏移"的水平和垂直间距（偏移）。

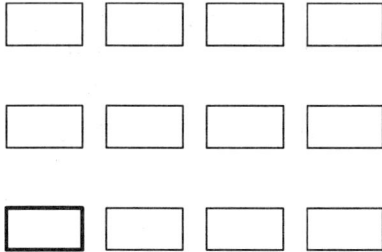

图 9-14　矩形阵列图形

① 在"行偏移"和"列偏移"框中，输入行间距和列间距。添加加号（＋）或减号（－）确定方向。

② 单击"拾取行列偏移"按钮，使用定点设备指定阵列中某个单元的相对角点。此单元决定行和列的水平和垂直间距。

③ 单击"拾取行偏移"或"拾取列偏移"按钮，使用定点设备指定水平和垂直间距。

如果在图 9-13 所示的"阵列"对话框选中环形阵列，将会出现如图 9-15 所示的"环形阵列"对话框。用户可以从对话框中设置环形阵列的相关信息。

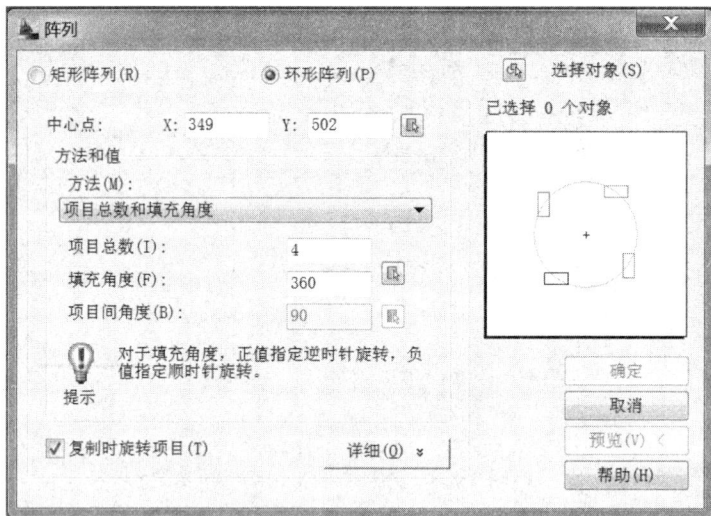

图 9-15　"环形阵列"对话框

图 9-16(a)所示图形的操作步骤如下：

（1）绘制长为 10、宽为 5 的矩形。

（2）单击"常用"选项卡中的"修改"面板上的 🔡 按钮，在弹出的"阵列"对话框中选中"环形阵列（P）"。

（3）单击对话框中的"选择对象"按钮，"阵列"对话框将关闭，程序提示选择对象。选择绘制好的矩形并按 Enter 键。

（4）单击中心点按钮，在绘图区选择复制图形的中心点。

（5）在"项目总数"文本框中输入 6，在"填充角度"文本框中输入 360，选中"复制时旋转项目"复选框。

（6）单击"确定"按钮。

如果上述操作中不选"复制时旋转项目"，则阵列结果为图 9-16(b)所示图形。

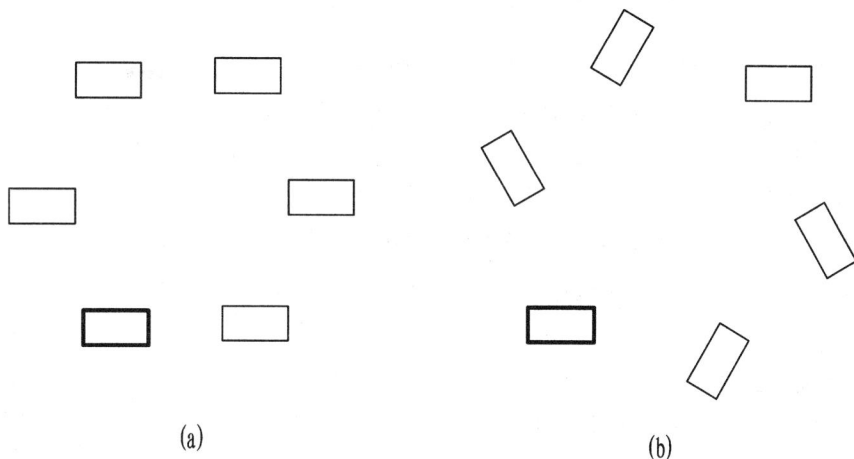

(a)   (b)

图 9-16　环形阵列图形

如果为阵列指定的大量行和列，则创建副本可能需要很长时间。默认情况下，可以由一个命令生成的阵列元素数目限制在 100 000 个左右。此限制由注册表中的 Maxarray 设置控制。

9.3.3　图形的位移

图形的位移主要包括移动、旋转、拉伸和改变实体长度等命令。

1. 移动(Move)

移动命令可以从原对象以指定的角度和方向移动对象。使用坐标、栅格捕捉、对象捕捉和其它工具可以精确移动对象。

单击"常用"选项卡中的"修改"面板上的 ✛ 按钮(或单击"修改"/"移动"菜单命令或单击修改工具栏按钮 ✛ 或在命令行输入 Move 并按回车键)，命令行出现以下提示符序列：

命令：_move

选择对象：(选择要移动的目标)

选择对象：(回车)

指定基点或位移：(输入基点)

指定位移的第二点或 ＜用第一点作位移＞：(输入第二点，命令执行完毕)

可以利用移动命令将对象从模型空间移动到图纸空间(或从图纸空间移动到模型空间)。其操作步骤如下：

（1）单击布局选项卡。

（2）单击"常用"选项卡中的"修改"面板上的 ![] 按钮（默认面板不显示该按钮，单击"修改"面板下的黑三角打开折叠按钮即可显示）。

（3）选择要移动的一个或多个对象。

（4）按 Enter 键，该对象被移动到新的空间并根据新空间的大小相应地缩放。

2. 旋转(Rotate)

旋转命令可以绕指定基点旋转图形中的对象。用户可以通过输入角度值和拖动光标两种方式进行旋转对象。

按指定角度旋转对象的操作需要输入旋转角度值(0°～360°)，还可以按弧度、百分度或勘测方向输入值。输入正角度值逆时针或顺时针旋转对象，这取决于"图形单位"对话框中的"方向控制"设置。通过拖动旋转对象的操作是绕基点拖动对象并指定第二点。为了更加精确，请使用"正交"模式、极轴追踪或对象捕捉。

单击"常用"选项卡中的"修改"面板上的 ![] 按钮（或单击"修改"/"旋转"菜单命令或单击修改工具栏按钮 ![] 或在命令行输入 Rotate 并按回车键），命令行出现以下提示符序列：

命令：_rotate

UCS 当前的正角方向：ANGDIR＝逆时针 ANGBASE＝0

选择对象：（选择要旋转的目标）

选择对象：（回车）

指定基点：（输入基点）

指定旋转角度，或［复制(C)/参照(R)］：（输入旋转的角度，然后回车结束命令）

如果输入 C 选择复制，则在旋转后将保留原图形；如果输入 R，则将选定的对象从指定参照角度旋转到绝对角度；也可以绕基点拖动对象并指定旋转对象的终止位置点。

3. 拉伸(Stretch)

拉伸命令可以对对象被选择的部分进行拉伸，而不改变没有选定的部分。使用该命令时图形选择窗口外的部分不会有任何改变，选择窗口内的部分会随窗口的移动而移动，但不会有形状的改变，只有与选择窗口相交的部分会自动伸缩。

单击"常用"选项卡中的"修改"面板上的 ![] 按钮（或单击"修改"/"拉伸"菜单命令或单击修改工具栏按钮 ![] 或在命令行输入 Stretch 并按回车键），命令行出现以下提示符序列：

命令：_stretch

以交叉窗口或交叉多边形选择要拉伸的对象…

选择对象：指定对角点（用交叉窗口选择对象，如图 9-17 的虚线框）

选择对象：（回车）

指定基点或位移：（指定基点）

指定位移的第二个点或 ＜用第一个点作位移＞：（指定第二个点）

4. 改变实体长度(Lengthen)

用此命令可以延长或缩短直线或非闭合曲线的长度，也可以改变圆弧的包含角。

单击"常用"选项卡中的"修改"面板上的 ![] 按钮（或单击"修改"/"拉长"菜单命令或单击修改工具栏按钮 ![] 或在命令行输入 Lengthen 并按回车键。注意：默认面板不显示该按

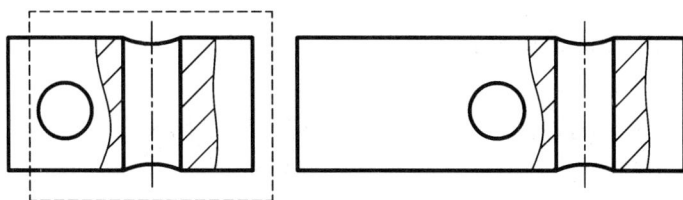

图 9 – 17　拉伸图形

钮，单击"修改"面板下的黑三角，打开折叠按钮即可显示），命令行出现以下提示符序列：

命令：_lengthen

选择对象或［增量(DE)/百分数(P)/全部(T)/动态(DY)］:（选择对象）

当前长度：（对象当前长度数值）

选择对象或［增量(DE)/百分数(P)/全部(T)/动态(DY)］:

此时用户可以选择不同选项来编辑所选对象，各项含义如下：

增量：输入值为选择对象的长度或角度的伸长或缩短量（正数延长，负数缩短）。

百分数：输入百分数（大于 100 延长，小于 100 缩短）。

全部：将选定对象的长度或角度改变为指定的数值。

动态：用光标动态地改变所选对象的长度或角度。

9.3.4　图形的修改

图形的修改主要包括删除、延伸、剪切、打断、圆角、倒角和比例缩放等命令。

1. 删除(Erase)

删除命令可以通过多种方法从图形中删除对象并清除显示。可以使用 PURGE 删除未使用的命名对象和未命名对象。可以清除的某些未命名对象包括块定义、标注样式、图层、线型和文字样式。

单击"常用"选项卡中的"修改"面板上的 ✐ 按钮（或单击"修改"/"删除"菜单命令或单击修改工具栏按钮 ✐ 或在命令行输入 Erase 并按回车键），命令行出现以下提示符序列：

命令：_erase

选择对象：（拾取要删除的对象）

选择对象：（按回车或鼠标右键，结束命令）

在进行某些编辑操作时会在显示区域中留下加号形状的标记（称为点标记）和杂散像素，使用 REDRAW 可以删除点标记，使用 REGEN 可以删除凌乱的像素。

2. 剪切(Trim)

剪切命令可以将选定对象落在指定边界一侧的部分剪裁掉，如图 9 – 18 所示。

单击"常用"选项卡中的"修改"面板上的 ✂ 按钮（或单击"修改"/"剪切"菜单命令或单击修改工具栏按钮 ✂ 或在命令行输入 Trim 并按回车键。），命令行出现以下提示符序列：

命令：_trim

当前设置：投影＝UCS，边＝无

选择剪切边…

选择对象：（拾取作为剪切边的对象）

选择对象：（回车）

选择要修剪的对象，或按住 Shift 键选择要延伸的对象，或［投影（P）/边（E）/放弃（U）］：（选择要修剪的对象或按住 Shift 键选择要延伸的对象，然后单击鼠标右键确认，结束操作）

此时，用户也可以输入相应字母选择方括号中的三个选项，其各项含义为：

投影：在 3D 空间中用投影模式来延伸或修剪对象。

边：用于选定的对象与所选边界不相交，但与其延长线相交的情况。

放弃：用于取消上一次操作。

3. 延伸（Extend）

延伸命令可以通过缩短或拉长，使对象与其它对象的边相接，如图 9-18 所示。这意味着可以先创建对象（例如直线），然后调整该对象，使其恰好位于其它对象之间。选择的边界边无需与修剪对象相交。

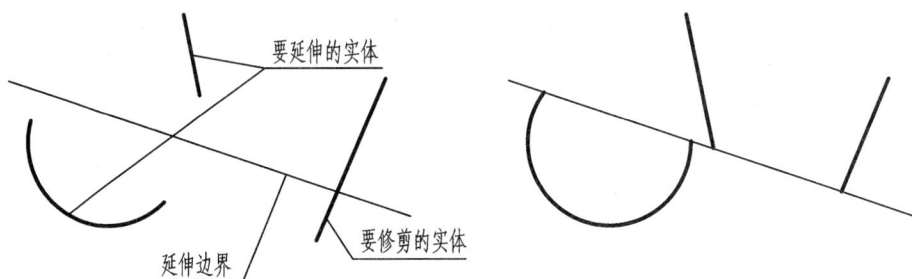

图 9-18　剪切与延伸实体对象图形

单击"常用"选项卡中的"修改"面板上的 ⊣ 按钮（或单击"修改"/"延伸"菜单命令或单击修改工具栏按钮 ⊣ 或在命令行输入 Extend 并按回车键。注意：默认面板不显示该按钮，单击 ⊣ 按钮旁的黑三角，打开折叠按钮即可显示），命令行出现以下提示符序列：

命令：_extend

当前设置：投影＝UCS，边＝无

选择边界的边…

选择对象：（选择作为边界的对象）

选择对象：（回车）

选择要延伸的对象，或按住 Shift 键选择要修剪的对象，或［投影（P）/边（E）/放弃（U）］：（选择要延伸的对象或按住 Shift 键选择要修剪的对象，然后单击鼠标右键确认，结束操作）

方括号中的三个选项含义与"剪切"命令相同。

4. 打断（Break）

打断命令用于将一个对象打断为两个对象，对象之间可以具有间隙，也可以没有间隙。

单击"常用"选项卡中的"修改"面板上的 ⊡ 按钮（或单击"修改"/"打断"菜单命令或单

击修改工具栏按钮 🖽 或在命令行输入 Break 并按回车键。注意：默认面板不显示该按钮，单击"修改"面板下的黑三角，打开折叠按钮即可显示），命令行出现以下提示符序列：

命令：_break

选择对象：（选择要打断的对象，并把拾取点作为第一个打断点）

指定第二个打断点或［第一点（F）］：（指定第二个打断点，命令执行完毕）

此时输入 F 并回车，可以重新指定第一点和第二点。如果指定的第一点和第二点重合，则对象将被该点分成两部分。

如果打断的对象是圆，则系统是按逆时针方向切掉两点之间的部分。用户要注意选择两个打断点的顺序。

5. 圆角（Fillet）

圆角命令是利用指定半径的圆弧将两个对象光滑地连接起来。

单击"常用"选项卡中的"修改"面板上的 🗀 按钮（或单击"修改"/"圆角"菜单命令或单击修改工具栏按钮 🗀 或在命令行输入 Fillet 并按回车键），命令行出现以下提示符序列：

命令：_fillet

当前设置：模式 = 修剪，半径 = 2.0000

选择第一个对象或［多段线（P）/半径（R）/修剪（T）/多个（U）］：（选择第一个对象）

选择第二个对象：（选择第二个对象，命令执行完毕）

在"选择第一个对象"的提示下，其它各项含义为：

多段线：对二维多段线倒圆角，系统会对选定的多段线的每个顶点倒圆角。

半径：用来改变当前圆角半径值。当半径为 0 时，执行结果是将选定的两条线延长并使它们相交。AutoCAD 2011 允许用户对平行的两条线倒圆角，此时圆角直径等于两平行线之间的垂直距离，而系统当前的圆角半径被忽略并保持不变。

修剪：用于确定倒圆角后目标实体在圆角处的修剪状态。

多个：选择该项后，用户可以连续对多个实体对象进行倒圆角操作。

6. 倒角（Chamfer）

倒角命令可以通过延伸或裁剪对象使两个不平行的对象恰好相交（倒角距离为 0 时），或将它们用一条斜线相连。

单击"常用"选项卡中的"修改"面板上的 🗀 按钮（或单击"修改"/"倒角"菜单命令或单击修改工具栏按钮 🗀 或在命令行输入 Chamfer 并按回车键。注意：默认面板不显示该按钮，单击 🗀 按钮旁的黑三角，打开折叠按钮即可显示），命令行出现以下提示符序列：

命令：_chamfer

（"修剪"模式）当前倒角距离 1 = 0.0000，距离 2 = 0.0000

选择第一条直线或［多段线（P）/距离（D）/角度（A）/修剪（T）/方式（M）/多个（U）］：（输入字母 d，设置倒角距离）

指定第一个倒角距离 ＜0.0000＞：（输入距离值）

指定第二个倒角距离 ＜1.0000＞：（输入距离值）

选择第一条直线或［多段线（P）/距离（D）/角度（A）/修剪（T）/方式（M）/多个（U）］：

（选择第一条直线）

　　选择第二条直线：（选择第二条直线）

　　在"选择第一条直线"的提示下，其它各项含义如下：

　　距离：设置两个方向的倒角距离。

　　角度：设置第一条直线的倒角距离和角度。

　　方式：该选项下要求用户在【距离】和【角度】两种倒角方式中选一种。

　　多段线、修剪和多个的含义与圆角中的同名选项相同。

7. 比例缩放(Scale)

　　比例缩放命令可以将选择对象按给定的基点和比例因子进行放大（比例因子大于 1）或缩小（比例因子小于 1）。

　　单击"常用"选项卡中的"修改"面板上的 ▣ 按钮（或单击"修改"/"比例缩放"菜单命令或单击修改工具栏按钮 ▣ 或在命令行输入 Scale 并按回车键），命令行出现以下提示符序列：

　　命令：_scale

　　选择对象：（选择要缩放的对象）

　　选择对象：（回车）

　　指定基点：（指定基点）

　　指定比例因子或［参照(R)］：（输入比例因子，然后回车）

　　用户也可以在"指定比例因子或［参照(R)］："提示下输入 R，选择参照方式。它是通过输入两个长度，用其比值来确定比例因子的大小的。

9.3.5　改变对象的特性

　　绘制的每个对象都具有特性。有些特性是常规特性，适用于多数对象，例如图层、颜色、线型、透明度和打印样式。有些特性是特定于某个对象的特性，例如，圆的特性包括半径和面积，直线的特性包括长度和角度。

1. 使用"快捷特性"选项板改变对象的特性

　　该命令是采用对话框的形式来改变实体属性的。

　　单击"修改"/"特性"菜单命令（或在命令行输入
Properties 并按回车键），系统将弹出如图 9 - 19 所示
的"特性"对话框，也就是对象特性管理器。选择的对
象不同，对话框显示的内容也不同。选择单个对象时，
对话框显示该对象的全部特性；选择多个对象时，对
话框显示所选对象的共有特性；未选择对象时，对话
框显示整个图形的特性。不管选择什么对象，该对话
框都会列出对象的通用特性，这些通用特性包括如下
几项：

　　颜色：显示或设置颜色。

　　图层：显示或设置图层。

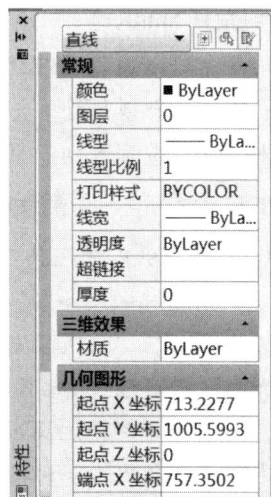

图 9 - 19　"特性"对话框

线型：显示或设置线型。

线型比例：显示或设置线型比例。

打印样式：显示或设置打印样式。

线宽：显示或设置线宽。

厚度：显示或设置厚度。

用户可按下列方式修改对象属性：

（1）用键盘直接输入一个值。

（2）从特性选项右侧的下拉列表中选择一个值。

（3）从附加对话框中选择一个特性值。

2. 使用功能区中的"特性"面板

使用"常用"选项卡上的"特性"面板，用户可以便捷地确认或更改特性（例如颜色、图层和线型）的设置。"特性"面板的工作方式类似于特性选项板。"特性"面板如图 9-20 所示。

图 9-20 "特性"面板

如果没有选择任何对象，则该面板将显示将来创建的对象的默认特性。如果选择了一个或多个对象，则控件将会显示选定对象的当前特性。如果选择了一个或多个对象但是其特性不同，则这些特性的控件将为空白。如果选择了一个或多个对象，且在功能区更改了某一特性，则选定的对象将根据指定值进行更改。

3. 在对象之间复制特性

使用"特性匹配"，可以将一个对象的某些特性或所有特性复制到其它对象。可以复制的特性类型包括（但不仅限于）：颜色、图层、线型、线型比例、线宽等。

默认情况下，所有可用特性均可自动从选定的第一个对象复制到其它对象。如果不希望复制特定特性，则使用"设置"选项禁止复制该特性。可以在执行命令过程中随时选择"设置"选项。

单击"常用"选项卡中的"特性"面板上的 ![按钮] 按钮（或单击"修改"/"特性匹配"菜单命令或在命令行输入 matchprop 并按回车键），命令行出现以下提示符序列：

命令：'_matchprop

选择源对象：（选择要复制其特性的对象）

当前活动设置：颜色 图层 线型 线型比例 线宽 透明度 厚度 打印样式 标注 文字 填充图案 多段线 视口 表格材质 阴影显示 多重引线

选择目标对象或［设置(S)］：（连续选择要应用选定特性的对象）

按 Enter 键结束。

如果要控制传输的特性，在"选择目标对象或［设置(S)］："的提示下输入 S（设置）。在

"特性设置"对话框中，清除不希望复制的项目(默认情况下所有项目均处于打开状态)。单击"确定"按钮。

9.4 辅 助 工 具

为了快速精确地绘图，AutoCAD 2011 系统提供了多个有效、实用的绘图辅助工具，如"正交"、"栅格"、"捕捉"、"极轴"等。通过设置和使用这些工具，可帮助用户快速和精确的定位，以加速图形的绘制过程。

9.4.1 正交、栅格与捕捉

AutoCAD 2011 提供了与绘图人员的丁字尺类似的绘图和编辑工具。创建或移动对象时，使用"正交"模式可以将光标限制在水平或垂直轴上。

在命令行输入坐标值或指定对象捕捉时，AutoCAD 2011 将替代"正交"模式。

打开或关闭"正交"模式的方法：单击状态栏上的"正交"按钮 。

"栅格"是点的矩阵，延伸到指定为图形界限的整个区域。使用栅格类似于在图形下放置一张坐标纸。利用栅格可以对齐对象并直观显示对象之间的距离。打印图形时，栅格不被打印。

设置栅格间距的步骤如下：

(1) 单击"工具"/"草图设置"菜单选项，弹出"草图设置"对话框，如图 9-21 所示。

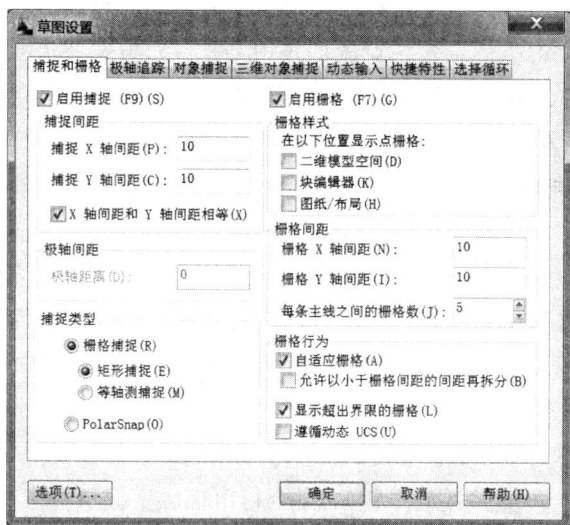

图 9-21 "草图设置"对话框

(2) 在"捕捉和栅格"选项卡下的"栅格间距"栏的"栅格 X 轴间距"中，以单位形式输入水平栅格间距。如果要为"栅格 Y 轴间距"设置相同的值，则按"Enter"键。否则，请在"栅格 Y 轴间距"中输入新值。

(3) 在"捕捉类型"栏，选择"栅格捕捉"和"矩形捕捉"。

(4) 选择"确定"。

显示或关闭"栅格"的方法：单击状态栏上的"栅格"按钮 ▦ 或在"草图设置"对话框的"捕捉和栅格"选项卡上，选择"启用栅格"复选框。

"捕捉"模式用于限制"十"字光标，使其按照用户定义的间距移动。当"捕捉"模式打开时，光标似乎附着或捕捉到不可见的栅格，有助于使用定点设备精确地定位。

设置捕捉间距和旋转捕捉角的步骤如下：

(1) 单击"工具"/"草图设置"菜单选项，弹出"草图设置"对话框，如图 9-21 所示。

(2) 在"捕捉间距"栏的"捕捉 X 轴间距"和"捕捉 Y 轴间距"中，分别以单位形式输入水平和垂直捕捉间距。

(3) 在"捕捉类型"栏，选择"栅格捕捉"和"矩形捕捉"。

(4) 选择"确定"。

打开或关闭"捕捉"的方法：单击状态栏上的"捕捉"按钮 ▦ 或在"草图设置"对话框的"捕捉和栅格"选项卡上，选择"启用捕捉"复选框。

绘图时，捕捉间距不一定必须与栅格间距相匹配。例如，可以设置较宽的栅格间距用作参照，但使用较小的捕捉间距以保证定位点时的精确性。如果需要沿特定的对齐或角度绘图，则可以改变捕捉角度。

9.4.2　对象捕捉

在绘图过程中，可以用光标捕捉对象上的几何点，如端点、中点、交点、圆心等。系统提供了两种对象捕捉方式：即自动对象捕捉方式和临时对象捕捉方式。

1. 自动对象捕捉方式

单击状态栏上的"对象捕捉"按钮 ▢ ，可以打开或关闭自动对象捕捉功能。该功能一旦打开，则在每次执行命令时，对象捕捉方式都会自动打开。系统能自动捕捉到的对象可在"草图设置"对话框中的"对象捕捉"选项卡下进行设置。

2. 临时对象捕捉方式

单击"对象捕捉"工具栏上的相应按钮可以执行临时对象捕捉功能。它是一次性的对象捕捉，点取一个按钮后，相应的对象捕捉功能只对后续一次选择有效。"对象捕捉"工具栏如图 9-22 所示。

图 9-22　"对象捕捉"工具栏

9.4.3　自动追踪方式

"自动追踪"有助于按指定角度或与其它对象的指定关系绘制对象。当"自动追踪"打开时，临时对齐路径有助于以精确的位置和角度创建对象。它包括两种追踪方式："极轴追踪"和"对象捕捉追踪"。可以通过单击状态栏上的"极轴追踪"按钮 ⊿ 或"对象捕捉追踪"按钮 ⊿ 打开或关闭这两种方式。

1. 对象捕捉追踪

"对象捕捉追踪"要与对象捕捉一起使用。必须设置对象捕捉，才能从对象的捕捉点进行追踪。默认情况下，对象捕捉追踪将设置为正交。对齐路径将显示在已获取的对象点的0°、90°、180°和270°方向上。

改变对象追踪设置的步骤如下：

(1) 单击"工具"/"草图设置"菜单选项。

(2) 在弹出的"草图设置"对话框的"极轴追踪"选项卡下，在"对象捕捉追踪设置"下选择："仅正交追踪"或"用所有极轴角设置追踪"。

仅正交追踪：只显示过获取对象点的水平或垂直追踪路径。

用所有极轴角设置追踪：将极轴角应用到对象捕捉追踪。如果设置极轴角增量为30°，则对象追踪将以30°为增量显示对齐路径。

(3) 选择"确定"。

使用对象捕捉追踪的步骤如下：

(1) 打开对象追踪并启动一个绘图命令，如 ARC、CIRCLE 或 LINE。也可以将极轴追踪与编辑命令结合使用，如 COPY 和 MOVE。

(2) 将光标移动到一个对象捕捉点处，不要单击，暂时停顿即可获取该点。已获取的点将显示一个"＋"。可同时获取多个点。获取点之后，当移动光标时，将显示通过该点的对齐路径。

2. 极轴追踪

使用"极轴追踪"，光标将沿极轴角度按指定增量进行移动。创建或修改对象时，可以使用"极轴追踪"以显示由指定的极轴角度所定义的临时对齐路径。默认角度测量值为90°。如果选择了45°极轴增量角，当光标经过0°或45°角时，系统将显示对齐路径和工具栏提示。当光标从该角度移开时，对齐路径和工具栏提示消失。

"正交"模式将光标限制在水平或垂直轴上，因此不能同时打开"正交"模式和极轴追踪。"正交"模式打开时，极轴追踪会自动关闭。

可以使用极轴追踪沿着90°、60°、45°、30°、22.5°、18°、15°、10°和5°的极轴角增量进行追踪，也可以指定其它角度。

设置极轴追踪角度的步骤如下：

(1) 从"工具"菜单中选择"草图设置"。

(2) 在"草图设置"对话框中的"极轴追踪"选项卡上，选择"启用极轴追踪"。

(3) 在"增量角"列表中，选择"极轴追踪角度"。

(4) 在"极轴角测量"下，指定极轴追踪增量是基于 UCS 还是相对于上一个创建的对象。

(5) 选择"确定"。

使用极轴追踪绘制对象的步骤如下：

(1) 打开极轴追踪并启动一个绘图命令。

(2) 输入起点。

(3) 移动光标，在指定的追踪角度处将显示极轴追踪虚线。

（4）在合适位置输入端点。

9.5 尺寸样式与标注

尺寸标注是工程制图的重要组成部分，AutoCAD 2011 提供了多种类型的尺寸标注样式及标注方法。可以在各个方向上为各类对象创建标注，也可以方便快速地以一定格式创建符合行业或项目标准的标注。

9.5.1 尺寸样式

标注样式控制标注的格式和外观。不同国家、不同行业有不同的标注标准，进行尺寸标注前，必须设置符合所用标准的标注样式。

在 AutoCAD 2011 中，可以用对话框来设置标注样式，步骤如下：

（1）单击"常用"选项卡中"注释"功能区面板下的黑三角，在弹出菜单中单击 ◢ 按钮（或单击"格式"/"文字样式"菜单命令或单击"注释"选项卡中"标注"功能区面板右下角的 ◥ 或在命令行输入 Dimstyle 并回车），系统将弹出"标注样式管理器"对话框，如图 9-23 所示。

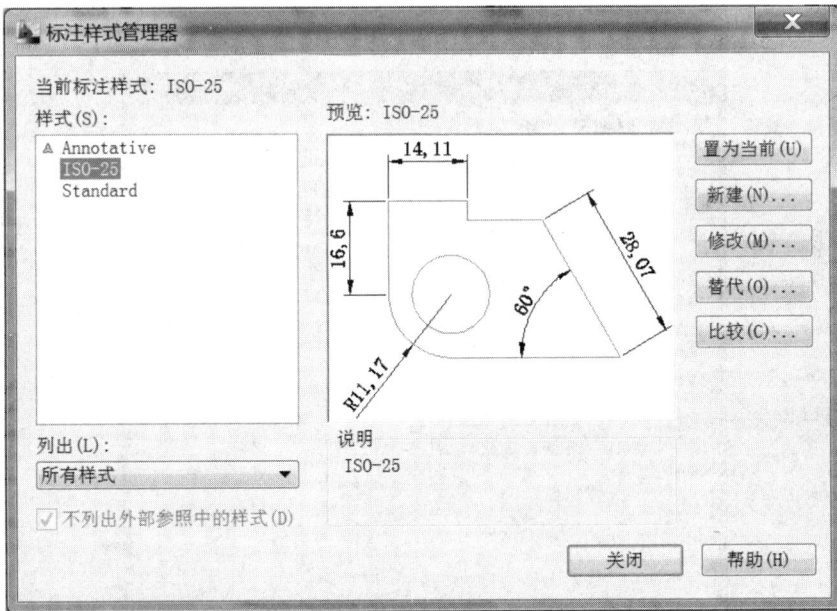

图 9-23 标注样式管理器

（2）在对话框中单击"新建"按钮，将弹出"创建新标注样式"对话框。

（3）在"新样式名"编辑框中，输入"新样式名"，如：样式1。

（4）在"基础样式"下拉列表中选择要用作创建新样式的样式模板，如：ISO-25。

（5）在"用于"下拉列表中指定新样式将用于哪些标注类型。

（6）单击"继续"按钮，将弹出"新建标注样式"对话框。

（7）对话框中各选项卡的设置如下：

线：设置尺寸线、尺寸界线，以控制尺寸标注的几何外观。如图9-24所示。

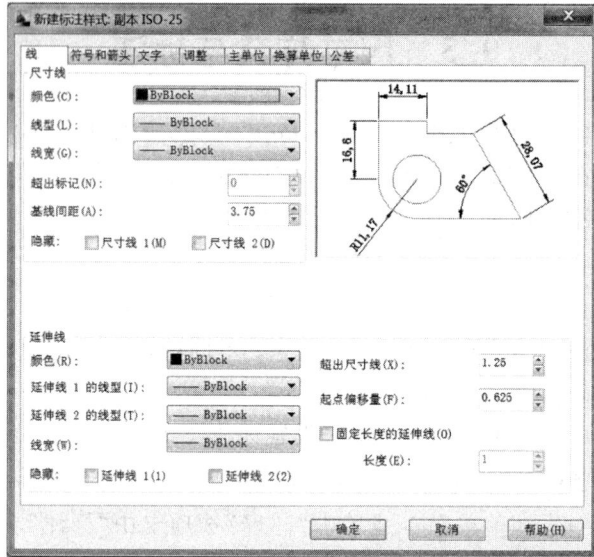

图9-24 "线"选项卡

符号和箭头：设置箭头、圆心标记、弧长符号和半径标注折弯等。

文字：设置标注文字的格式、位置及对齐方式等特性。如图9-25所示。

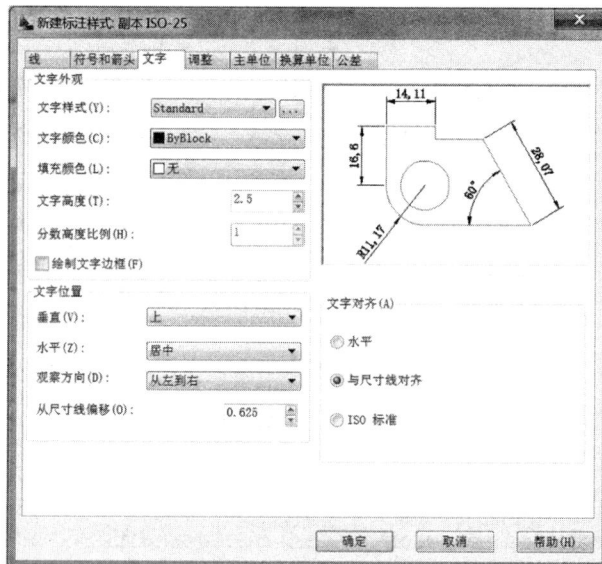

图9-25 "文字"选项卡

调整：用于控制标注文字、箭头、引线及尺寸的放置。

主单位：设置主单位的格式及精度，同时还可以设置标注文字的前缀和后缀。

换算单位：用于设置换算单位的格式和精度。

公差：控制公差的显示及格式。

（8）完成以上各项设置后，单击"确定"。

（9）单击"标注样式管理器"对话框中的"关闭"按钮，完成设置。

图 9 - 23 所示的"标注样式管理器"对话框中其它按钮含义如下：

置为当前：选择此按钮，将把"样式"列表中选择的标注样式设置为当前尺寸标注样式。标注尺寸时，系统使用当前标注样式进行标注。

修改：选择此按钮，将弹出"修改标注样式"对话框，用于修改当前尺寸标注样式。

替代：选择此按钮，将弹出"替代当前样式"对话框。用户可以设置临时的尺寸标注样式，用来替代当前尺寸标注样式的相应设置。这不会改变当前所选样式的设置。

比较：选择此按钮，将弹出"比较标注样式"对话框。它主要用于比较两个尺寸标注样式特性的差异或显示单个尺寸标注样式的所有特性。用户将比较结果输出到剪贴板上，然后可以粘贴在其它的应用程序中。

9.5.2 尺寸标注

AutoCAD 2011 系统为用户提供了各种尺寸标注的方法，"标注"功能区面板如图 9 - 26 所示。

图 9 - 26 "标注"面板

线性标注：用于标注两点间的距离，标注时可以创建水平、垂直或旋转的线性标注。

对齐标注：用于标注尺寸线平行于尺寸界线原点的线性标注。如斜线、斜面的标注。

坐标标注：测量原点（称为基准）到标注特征（例如部件上的一个孔）的垂直距离。这种标注保持特征点与基准点的精确偏移量，从而避免增大误差。

半径标注：使用可选的中心线或中心标记测量圆弧和圆的半径。

直径标注：使用可选的中心线或中心标记测量圆弧和圆的直径。

角度标注：测量两条直线或三个点之间的角度。

快速标注：可以一次性标注多个相邻或相近实体的同一类尺寸。如：基线、连续等。

基线标注：自同一基线处测量的多个标注。

连续标注：创建首尾相连的多个标注。

在创建基线或连续标注之前，必须创建线性、对齐或角度标注。可自当前任务的最近创建的标注中以增量方式创建基线标注。

快速引线：可以对图形对象中的某一部分作注释说明。

公差标注：创建形位公差标注。

圆心标注：标注圆或圆弧的中心标记。

1. 创建线性、对齐、坐标、半径、直径、角度等标注

标注方法类似，步骤如下：

（1）单击"标注"面板上的相应按钮。

（2）选择标注对象或输入标注对象的起、末两点。

（3）指定尺寸线位置。

标注示例如图 9 - 27 所示。

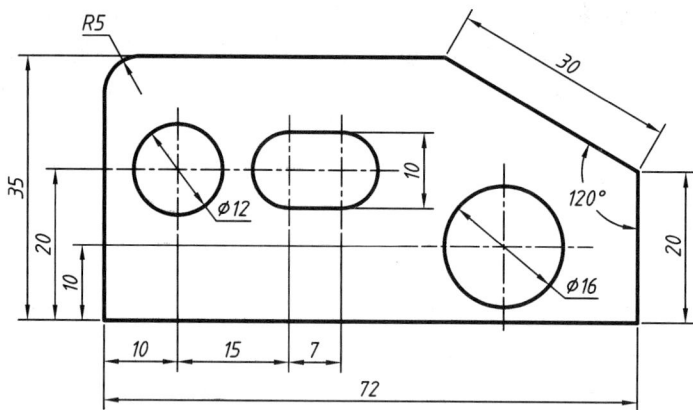

图 9 - 27　标注示例

2. 几何公差标注

几何公差表示特征的形状、轮廓、方向、位置和跳动的允许偏差。可以使用特征控制框添加几何公差。这些框中包含单个标注的所有公差信息。

特征控制框由至少两个框格组成。第一个特征控制框包含一个几何特征符号，表示应用公差的几何特征，例如位置、轮廓、形状、方向或跳动。几何公差控制直线度、平面度、圆度和圆柱度；轮廓控制直线和表面。第二个框格包含公差值。在公差值前有一个指定符号，公差值后有一个包容条件符号。

创建几何公差的步骤如下：

（1）单击"标注"面板上的 按扭，打开"几何公差"对话框。

（2）在"几何公差"对话框中，单击"符号"下的第一个矩形，然后选择一个插入符号。

（3）在"公差1"下，单击第一个黑框，插入直径符号。

（4）在"文字"框中，输入第一个公差值。

（5）要添加包容条件（可选），单击第二个黑框，然后单击"包容条件"对话框中的符号以进行插入。

（6）在"几何公差"对话框中，加入第二个公差值（可选）。

（7）在"基准1"、"基准2"和"基准3"下输入基准参考字母。

（8）单击黑框，为每个基准参考插入包容条件符号。

（9）在"高度"框中输入高度。

（10）单击"投影公差带"方框，插入符号。

（11）在"基准标识符"框中，添加一个基准值。

（12）选择"确定"。

（13）在图形中，指定特征控制框的位置。

创建带有引线的形位公差的步骤如下：

（1）在命令提示下，输入 leader。

（2）指定引线的起点。

（3）指定引线的第二点。

（4）按两次 Enter 键以显示"注释"选项。

（5）输入 T（公差），然后创建特征控制框，特征控制框将附着到引线的端点。

9.5.3　多重引线标注

引线对象是一条直线或样条曲线，其中一端带有箭头，另一端带有多行文字对象或块。在某些情况下，有一条短水平线（又称为基线）将文字或块和特征控制框连接到引线上。基线和引线与多行文字对象或块关联，因此当重定位基线时，内容和引线将随其移动。

单击"常用"选项卡中"注释"功能区面板下的黑三角，在弹出菜单中单击 按钮（或单击"格式"/"多重引线样式"菜单命令或单击"注释"选项卡中"引线"功能区面板右下角的 或在命令行输入 Mleaderstyle 并回车），系统将弹出"多重引线样式管理器"对话框，如图 9-28 所示。

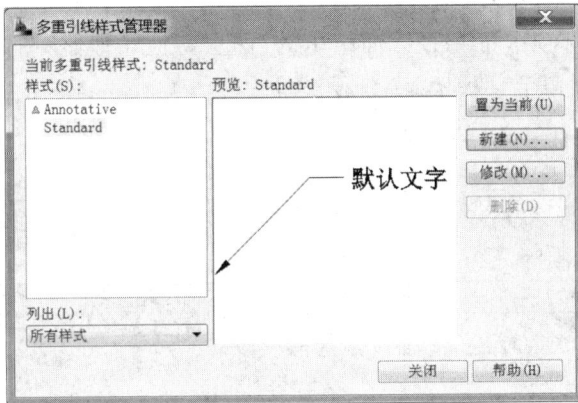

图 9-28　"多重引线样式管理器"对话框

在对话框中单击"新建"，在"创建新多重引线样式"对话框中指定新多重引线样式的名称。在"修改多重引线样式"对话框的"引线格式"选项卡中，可以对引线的类型、颜色、线型、线宽以及箭头的符号和尺寸等进行设置。在"引线结构"选项卡上，可以指定多重引线基线的点的最大数目、设定基线距离等。在"内容"选项卡上，为多重引线指定文字或块，并对指定的文字或块进行设置。

可以从图形中的任意点或部件创建引线并在绘制时控制其外观。引线可以是直线段或平滑的样条曲线。使用直线创建引线的步骤如下：

（1）单击"常用"选项卡中的"注释"面板上的"多重引线"按钮（或单击"注释"选项卡中的"引线"面板上的"多重引线"按钮或在命令提示下，输入 Mleader 并回车）。

（2）在命令提示下，输入 O 以选择选项。

（3）输入 L 可指定引线。

（4）输入 T 可指定引线类型。

（5）输入 S 以指定直线引线。

（6）在图形中，单击引线头的起点。

（7）单击引线的端点。

（8）输入多行文字内容。

（9）在弹出的"文字编辑器"面板上单击"确定"。

9.6　图　　层

通常采用图层来组织不同类型的图形信息，以便使图形的结构更加清晰，相同种类的图形更好管理。图层就好比是透明的图纸，透过上层可以看到下层。在 AutoCAD 中，系统允许用户创建无限多个图层，并为每个图层指定相应的名称、颜色、线型、线宽等特性参数。另外，系统还提供了大量的图层管理功能，使用户在组织图形时非常方便。

9.6.1　图层创建

在绘图过程中，用户可随时利用【图层特性管理器】对话框，方便、快捷地创建新图层，并设置图层的各项特性。步骤如下：

（1）单击"常用"选项卡下"图层"面板中的"图层特性管理器"按钮 （或"格式"/"图层"菜单命令或单击图层工具栏按钮 或在命令行输入 Layer 并回车），系统将弹出如图 9 - 29 所示的"图层特性管理器"对话框。

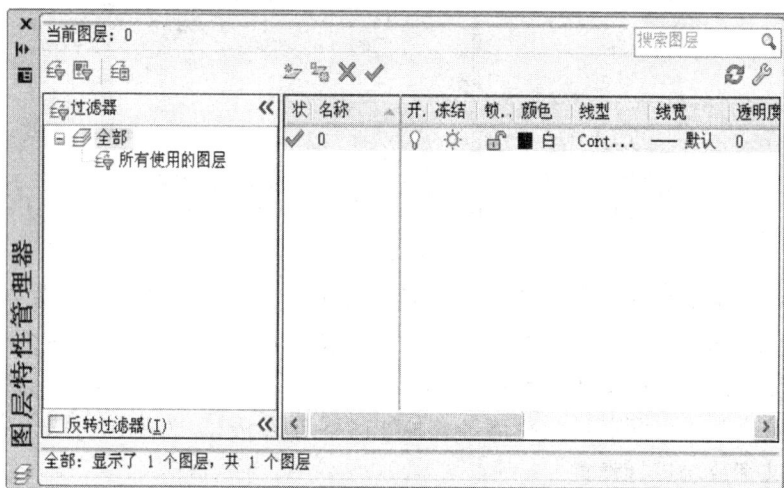

图 9 - 29　"图层特性管理器"对话框

（2）单击 按钮，在对话框中就会创建名称为"图层1"的新图层。用户可以将此图层名进行修改。

（3）设置图层颜色。首先单击"颜色"栏下对应于所选图层名的图标，在弹出的"选择颜色"对话框指定所需的图层颜色，然后单击"确定"按钮。

（4）设置图层线型。首先单击"线型"栏下对应于所选图层名的图标，在弹出的"选择线型"对话框指定所需线宽，然后单击"确定"按钮。如果"选择线型"对话框中没有所需线型，则单击"加载"按钮,系统会弹出"加载或重载线型"对话框。该对话框列出了线型文件中所有的线型,选择要加载的线型并单击"确定",就可将该线型加载到当前图形之中。

(5)设置图层线宽。首先单击"线宽"栏下对应于所选图层名的图标,在弹出的"线宽"对话框指定所需线宽,然后单击"确定"按钮。

9.6.2 图层控制

(1)设置当前图层。虽然系统允许用户建立多个图层,但只能在当前图层上绘图。把某个图层设置为当前图层的方法有四种:

① 在"图层特性管理器"对话框中选择一个图层,然后单击 ✔ 按钮;

② 双击要设置为当前层的"图层名称";

③ 在要设置为当前层的图层信息上单击右键,在弹出的快捷菜单中选择"置为当前"选项;

④ 单击"图层"工具栏中显示当前图层的区域,在列表中选择要设置为当前层的"图层名称"。

注意:被冻结的图层不能设置为当前层。

(2)删除图层。在"图层特性管理器"对话框中选择一个或多个图层,然后单击 ✖ 按钮即可。但是,当前图层或包含有对象的图层是不能删除的,如果一定要删除包含有对象的图层,必须先删除此图层的所有对象,然后再删除图层。

(3)控制图层的可见性。通过图层的"打开与关闭",可以控制图层对象的可见性。如果图层被打开,则该图层上的图形可以在图形显示器上显示或在绘图仪上输出。被关闭的图层上所有对象不会在屏幕上显示,也不会被输出。但是,这些对象仍存在于图形中,在刷新图形时还是要对它们进行计算。用户可通过单击"开"栏下对应于所选图层名的图标来设置图层的打开或关闭。

(4)图层的冻结与解冻。如果图层被冻结,则该层上的图形实体不能被显示或输出,而且也不参加图形之间的运算。被解冻的图层则正好相反。从可见性来看,冻结与关闭是相同的,但冻结的图层不参加图形处理过程的运算,而关闭的图层则要参加运算。所以,在复杂的图形中冻结不需要的层可以大大加快系统重新生成图形的速度。

注意:当前层是不能被冻结的。

(5)图的锁定与解锁。锁定层上的图形实体仍然可见,但不能对其进行编辑和修改。即使锁定层为当前层,仍然可以在该层上作图、改变线型和颜色、冻结以及使用对象捕捉。用户可通过单击"锁定"栏下对应于所选图层名的图标来设置图层的锁定或解锁。

9.7 图 块

图块是由一组对象构成的集合。在操作过程中,它被作为一个独立的整体对象来处理。用户可以根据需要按一定比例和角度将图块插入到指定位置,也可以将其作为普通实体对象进行编辑。使用图块有以下优点:

(1)便于创建图块库。把经常使用的图形定义为图块,并形成图块库,这有利于反复使用相同的图形。如：常用符号、标准件图等。

（2）便于图形修改。可以通过修改图块的定义，自动更新图形中插入的所有该图块。

（3）可以节省磁盘空间。图块作为一个整体单元，每次插入，系统只需保存其特征参数（如块名、插入坐标、缩放比例、旋转角度等），而不保存图块中每个实体的特征参数。在绘制比较复杂的图形时，利用图块可以节省大量的磁盘空间。

9.7.1　图块创建

图块根据其使用的范围，可分成两种：一种图块只能在其所在的当前图形文件中使用，不能被其它图形引用；另一种是公共图块，即可供其它图形文件插入和引用的图块。

（1）在当前图形中定义块，可以将其随时插入。步骤如下：

① 绘制要定义成块的图形。

② 单击常用选项卡中的"块"面板上的按钮 ![icon]（单击"插入"选项卡中的"块"面板上的按钮 ![icon] 或单击"绘图"/"块"/"创建"菜单命令或单击绘图工具栏按钮 ![icon]）。

③ 在弹出的"块定义"对话框中的"名称"框中输入块名，如图 9-30 所示。

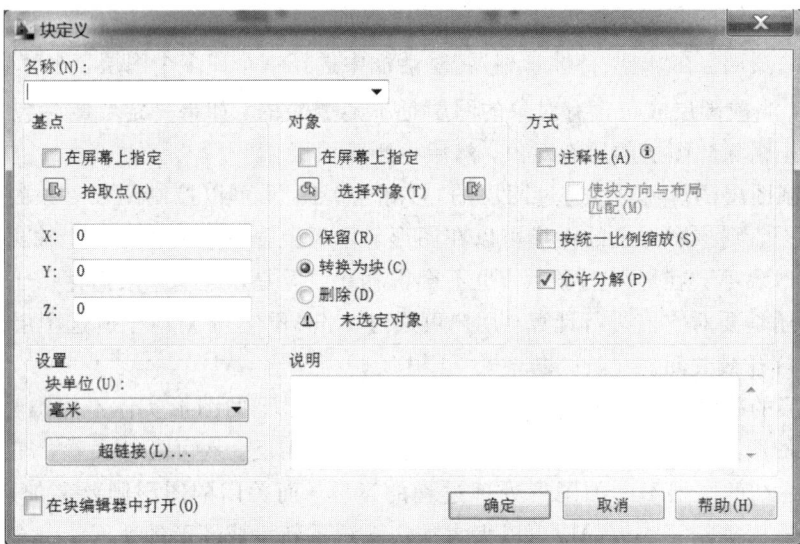

图 9-30　"块定义"对话框

④ 在"对象"下选择"保留"或"转换为块"或"删除"。"保留"表示在图形中保留用于创建块定义的原对象。"转换为块"表示定义块后用块替换原选定对象。"删除"表示定义块后删除原对象。

⑤ 单击"选择对象"按钮。

⑥ 选择要包括在块定义中的对象。然后按 ENTER 键完成对象选择。

⑦ 在"块定义"对话框中的"基点"下，选择"拾取点"，使用定点设备指定一个点或输入该点的 X，Y，Z 坐标即可。

⑧ 在"说明"框中输入块定义的说明。

⑨ 选择"确定"。

（2）将块或选定对象保存为新图形文件的步骤如下：

① 在命令提示下，输入 Wblock 并回车，将弹出的"写块"对话框，如图 9 - 31 所示。

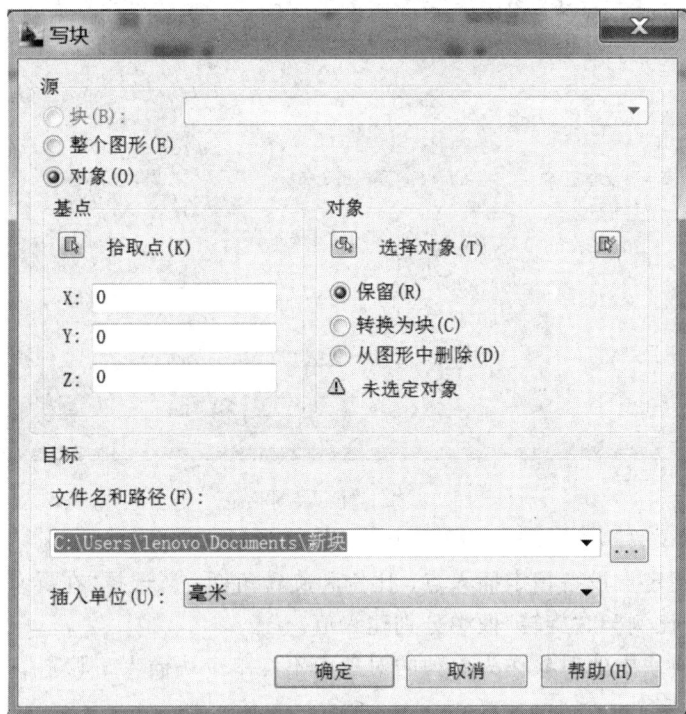

图 9 - 31 "写块"对话框

② 在对话框中选择"对象"。"块"表示选择要保存为文件的块。"整个图形"表示选择当前图形作为一个块。"对象"表示选择要保存为文件的对象。

③ 单击"选择对象"。若要在图形中保留用于创建新图形的原对象，则确保未选中"从图形中删除"选项。如果选择了该选项，则将从图形中删除原对象。如果必要，则使用 OOPS 恢复它们。

④ 使用定点设备选择要包括在新图形中的对象。按 ENTER 键完成对象选择。

⑤ 在"写块"对话框中的"基点"下，单击"指定点"，使用定点设备指定一个点作为新图形的原点（0，0，0）或输入作为新图形原点的 X，Y，Z 坐标。

⑥ 在"目标"下，输入新图形的文件名称和路径，或单击［...］按钮显示标准的文件选择对话框。

⑦ 单击"确定"。

9.7.2 图块插入

创建了图块后，可以用图块插入命令将其插入到当前图形文件中。步骤如下：

（1）单击常用选项卡中的"块"面板上的按钮 🔲（单击"插入"选项卡中的"块"面板上的按钮 🔲 或单击"绘图"/"块"/"插入"菜单命令或单击绘图工具栏按钮 🔲），如图 9 - 32 所示。

（2）如果要插入的块在当前图形文件中，则可以在"插入"对话框中的"名称"栏，从列表中选择块名。如果要插入不在当前文件中的块或图形文件，则可以单击"浏览"按钮，在

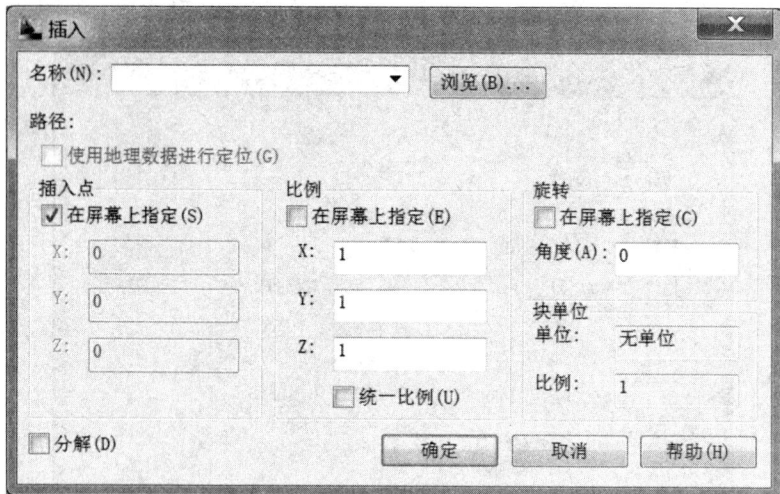

图 9-32 "插入"对话框

弹出的"选择图形文件"对话框中选择要插入的块或图形文件。

（3）需要使用定点设备指定插入点、比例和旋转角度，请选择"在屏幕上指定"。否则，请在"插入点"、"比例"和"旋转"框中分别输入值。

（4）如果要将块中的对象作为单独的对象而不是单个块插入，则选择"分解"。

（5）选择"确定"。

用户也可以通过拖放以块的形式插入图形文件，步骤如下：

（1）从 Windows 资源管理器或任一文件夹中，将图形文件图标拖放到 AutoCAD 2011 绘图区域。释放按钮时，AutoCAD 2011 将提示指定插入点。

（2）指定插入点、缩放比例和旋转值。

附　　录

附表1　普通螺纹直径与螺距标准组合系列(摘自 GB/T 193—2003)　　（单位：mm）

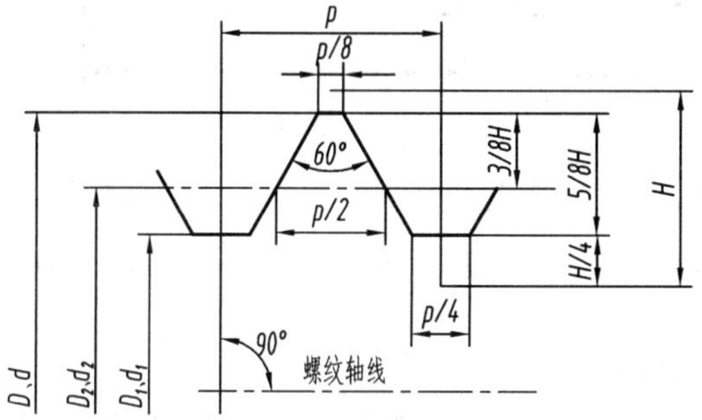

D ——内螺纹大径

d ——外螺纹大径

D_2 ——内螺纹中径

d_2 ——外螺纹中径

D_1 ——内螺纹小径

d_1 ——外螺纹小径

P ——螺距

标记示例：

$M10-6g$(粗牙普通外螺纹、公称直径 $d=10$、右旋、中径及大径公差带均为 $6g$、中等旋合长度)

$M10\times1-6H-LH$(细牙普通内螺纹、公称直径 $D=10$、螺距 $P=1$、左旋、中径及小径公差带均为 $6H$、中等旋合长度)

公称直径 D、d			螺距 P									
			粗牙	细　　牙								
第一系列	第二系列	第三系列		3	2	1.5	1.25	1	0.75	0.5	0.35	0.25	0.2
	3.5		0.6								0.35		
4			0.7							0.5			
	4.5		0.75							0.5			
5			0.8							0.5			
		5.5								0.5			
6			1						0.75				
	7		1						0.75				
8			1.25					1	0.75				
		9	1.25					1	0.75				
10			1.5				1.25	1	0.75				
		11	1.5			1.5		1	0.75				
12			1.75				1.25	1					
	14		2			1.5	1.25	1					
		15				1.5		1					
16			2			1.5		1					
		17				1.5		1					
	18		2.5		2	1.5		1					
20			2.5		2	1.5		1					
	22		2.5		2	1.5		1					
24			3		2	1.5		1					
		25			2	1.5		1					

注：$M14\times1.25$ 仅用于发动机的火花塞。

附表 2　六 角 头 螺 栓　　（单位：mm）

六角头螺栓（GB/T 5780－2000）　　六角头螺栓－全螺纹（GB/T 5783－2000）

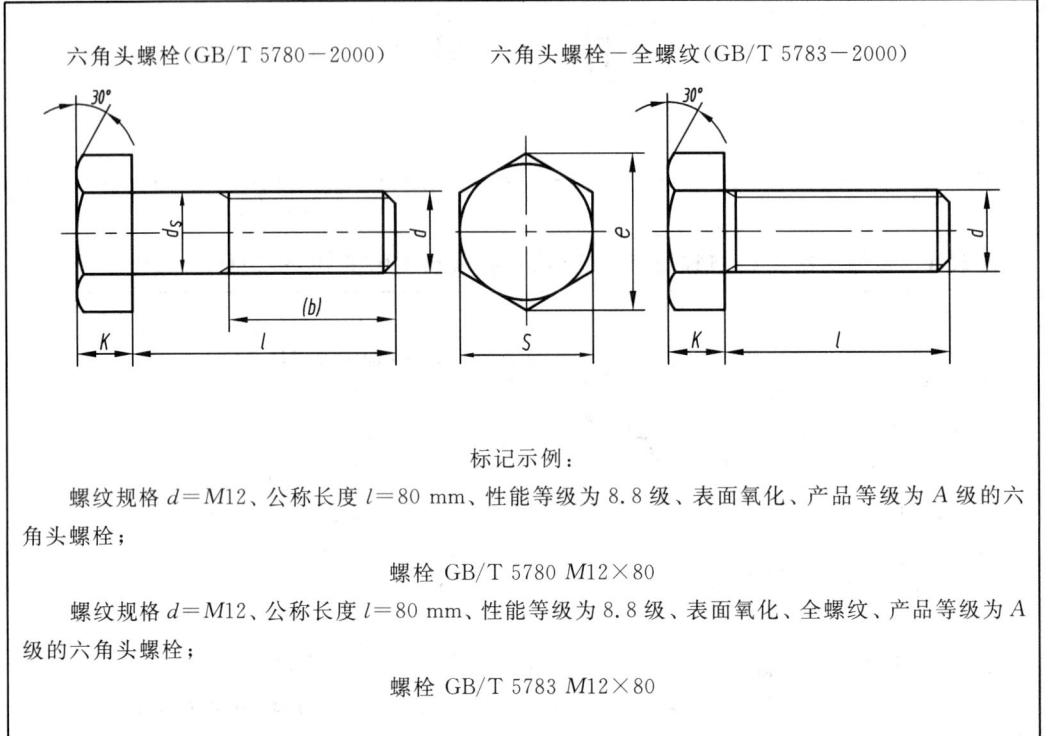

标记示例：

螺纹规格 $d=M12$、公称长度 $l=80$ mm、性能等级为 8.8 级、表面氧化、产品等级为 A 级的六角头螺栓；

螺栓 GB/T 5780 $M12×80$

螺纹规格 $d=M12$、公称长度 $l=80$ mm、性能等级为 8.8 级、表面氧化、全螺纹、产品等级为 A 级的六角头螺栓；

螺栓 GB/T 5783 $M12×80$

螺纹规格	d	M4	M5	M6	M8	M10	M12	M16	M20	M24	M30	M36	M42	M48
b 参考	$l≤125$	14	16	18	22	26	30	38	46	54	66	78	—	—
	$125<l≤200$	—	—	—	28	32	36	44	52	60	72	84	96	108
	$l>200$	—	—	—	—	—	—	57	65	73	85	97	109	121
	k	2.8	3.5	4	5.3	6.4	7.5	10	12.5	15	18.7	22.5	26	30
	d_{smax}	4	5	6	8	10	12	16	20	24	30	36	42	48
	s_{max}	7	8	10	13	16	18	24	30	36	46	55	65	75
e_{min}	A	7.66	8.79	11.05	14.38	17.77	20.03	26.75	33.53	39.98	—	—	—	—
	B	—	8.63	10.89	14.20	17.59	19.85	26.17	32.95	39.55	50.85	60.79	72.02	82.60
l 范围	GB/T 5782	25～40	25～50	30～60	35～80	40～100	45～120	55～160	65～200	80～240	90～300	110～360	130～400	140～400
	GB/T 5783	8～40	10～50	12～60	16～80	20～100	25～100	35～100	40～100				80～500	100～500
l 系列	GB/T 5782	20～65(5 进位)、70～160(10 进位)、180～400(20 进位)												
	GB/T 5783	8、10、12、16、18、20～65(5 进位)、70～160(10 进位)、180～500(20 进位)												

附表 3　1 型六角螺母

1 型六角螺母—A 和 B 级(摘自 GB/T 6170—2000)

1 型六角螺母—细牙—A 和 B 级(摘自 GB/T 6171—2000)

T 型六角螺母—C 级(摘自 GB/T 41—2000)　　　　(单位：mm)

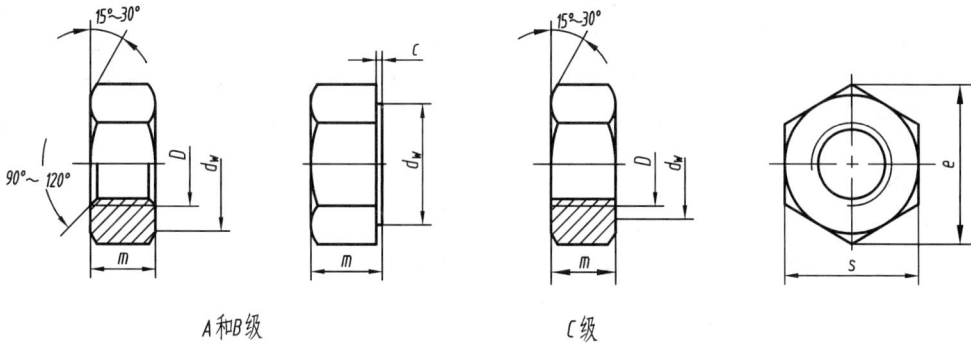

A 和 B 级　　　　　　　　　C 级

标记示例：

螺母 GB/T 41 M12

(螺纹规格 D＝M12、性能等级为 5 级、不经表面处理、C 级的六角螺母)

螺母 GB/T 6171 M24×2

(螺纹规格 D＝M24、螺距 P＝2、性能等级为 10 级、不经表面处理、B 级的 1 型细牙六角螺母)

螺纹 规格	D	M4	M5	M6	M8	M10	M12	M16	M20	M24	M30	M36	M42	M48
	$D×P$	—	—	—	M8 ×1	M10 ×1	M12 ×1.5	M16 ×1.5	M20 ×2	M24 ×2	M30 ×2	M36 ×3	M42 ×3	M48 ×3
	C	0.4	0.5			0.6			0.8				1	
	S_{max}	7	8	10	13	16	18	24	30	36	46	55	65	75
e_{min}	A、B 级	7.66	8.79	11.05	14.38	17.77	20.03	26.75	32.95	39.95	50.85	60.79	72.02	82.6
	C 级	—	8.63	10.89	14.2	17.59	19.85	26.17						
m_{max}	A、B 级	3.2	4.7	5.2	6.8	8.4	10.8	14.8	18	21.5	25.6	31	34	38
	C 级	—	5.6	6.1	7.9	9.5	12.2	15.9	18.7	22.3	26.4	31.5	34.9	38.9
d_{wmin}	A、B 级	5.9	6.9	8.9	11.6	14.6	16.6	22.5	27.7	33.2	42.7	51.1	60.6	69.4
	C 级	—	6.9	8.7	11.5	14.5	16.5	22						

注：1. P 为螺距。

2. A 级用于 D≤16 的螺母；B 级用于 D＞16 的螺母；C 级用于 D≥5 的螺母。

3. 螺纹公差：A、B 级为 6H，C 级为 7H；机械性能等级：A、B 级为 6、8、10 级，C 级为 4、5 级。

附表4　垫　圈　（单位：mm）

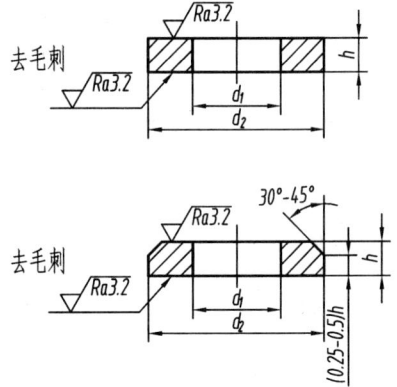

小垫圈－A级（摘自 GB/T 848—2002）
平垫圈－A级（摘自 GB/T 97.1—2002）
平垫圈　倒角型－A级（摘自 GB/T 97.2—2002）
平垫圈－C级（摘自 GB/T 95—2002）
大垫圈－A 和 C 级（摘自 GB/T 96—2002）
特大垫圈－C级（摘自 GB/T 5287—2002）

标记示例：

垫圈　GB/T 95　8

（标准系列、公称规格 8 mm、硬度等级为 100 HV 级、不经表面处理、产品等级为 C 级的平垫圈）

垫圈　GB/T 97.2　8

（标准系列、公称规格 8 mm、硬度等级为 200 HV 级、不经表面处理、产品等级为 A 级、倒角型平垫圈）

公称规格 （螺纹大径 d）	标准系列 GB/T 95（C级）			标准系列 GB/T 97.1（A级）			标准系列 GB/T 97.2（A级）			特大系列 GB/T 5287（C级）			大系列 GB/T 96（A和C级）			小系列 GB/T 848（A级）		
	d_{1min}	d_{2max}	h	d_{1min}	d_{2max}	h	d_{1min}	d_{2max}	h	d_{1min}	d_{2max}	h	d_{1min}	d_{2max}	h	d_{1min}	d_{2max}	h
4	4.5	9	0.8	4.3	9	0.8	—	—	—	—	—	—	4.3	12	1	4.3	8	0.5
5	5.5	10	1	5.3	10	1	5.3	10	1	5.5	18	2	5.3	15	1	5.3	9	1
6	6.6	12	1.6	6.4	12	1.6	6.4	12	1.6	6.6	22	2	6.4	18	1.6	6.4	11	1.6
8	9	16	1.6	8.4	16	1.6	8.4	16	1.6	9	28	3	8.4	24	2	8.4	15	1.6
10	11	20	2	10.5	20	2	10.5	20	2	11	34	3	10.5	30	2.5	10.5	18	1.6
12	13.5	24	2.5	13	24	2.5	13	24	2.5	13.5	44	4	13	37	3	13	20	2
14	15.5	28	2.5	15	28	2.5	15	28	2.5	15.5	50	4	15	44	3	15	24	2.5
16	17.5	30	3	17	30	3	17	30	3	17.5	56	5	17	50	3	17	28	2.5
20	22	37	3	21	37	3	21	37	3	22	72	5	21	60	4	21	34	3
24	26	44	4	25	44	4	25	44	4	26	85	6	26	72	5	25	39	4
30	33	56	4	31	56	4	31	56	4	33	105	6	33	92	6	31	50	4
36	39	66	5	37	66	5	37	66	5	39	125	8	39	110	8	37	60	5
42	45	78	8	45	78	8	45	78	8	—	—	—	45	125	10	—	—	—
48	52	92	8	52	92	8	45	92	8	—	—	—	52	145	10	—	—	—

注：1. A 级适用于精装配系列，C 级适用于中等装配系列。

2. C 级垫圈没有 $Ra3.2$ 和去毛刺的要求。

3. GB/T 848—2002 主要用于圆柱头螺钉，其它用于标准的六角螺柱、螺母和螺钉。

A 型　　　　B 型　　　　C 型

标记示例:

GB/T 1096　键 16×10×100(普通 A 型平键:$b=16$,$h=10$,$L=100$)

GB/T 1096　键 B 16×10×100(普通 B 型平键:$b=16$,$h=10$,$L=100$)

GB/T 1096　键 C 16×10×100(普通 C 型平键:$b=16$,$h=10$,$L=100$)

轴	键		键槽											
			宽度 b						深度				半径 r	
				极限偏差					轴 t		毂 t_1			
公称直径 d	键尺寸 $b×h$ (h9)	长度 L (h11)	基本尺寸 b	松联接 轴 H9	松联接 毂 D10	正常联接 轴 N9	正常联接 毂 JS9	紧密联接 轴和毂 P9	基本尺寸	极限偏差	基本尺寸	极限偏差	最小	最大
>10~12	4×4	8~45	4	+0.030	+0.078	0		−0.012	2.5	+0.1	1.8	+0.1	0.08	0.16
>12~17	5×5	10~56	5	0	+0.030	−0.030	±0.015	−0.042	3.0		2.3			
>17~22	6×6	14~70	6						3.5		2.8		0.16	0.25
>22~30	8×7	18~90	8	+0.036	+0.098	0		−0.015	4.0		3.3			
>30~38	10×8	22~110	10	0	+0.040	−0.036	±0.018	−0.051	5.0	0	3.3	0		
>38~44	12×8	28~140	12						5.0		3.3		0.25	0.40
>44~50	14×9	36~160	14	+0.043	+0.120	0		−0.018	5.5		3.8			
>50~58	16×10	45~180	16	0	+0.050	−0.043	±0.022	−0.061	6.0		4.3			
>58~65	18×11	50~200	18						7.0		4.4			
>65~75	20×12	56~220	20	+0.052	+0.149	0		−0.022	7.5	+0.2	4.9	+0.2	0.40	0.60
>75~85	22×14	63~250	22	0	+0.065	−0.052	±0.026	−0.074	9.0	0	5.4	0		
>85~95	25×14	70~280	25						9.0		5.4			
>95~110	28×16	80~320	28						10		6.4			

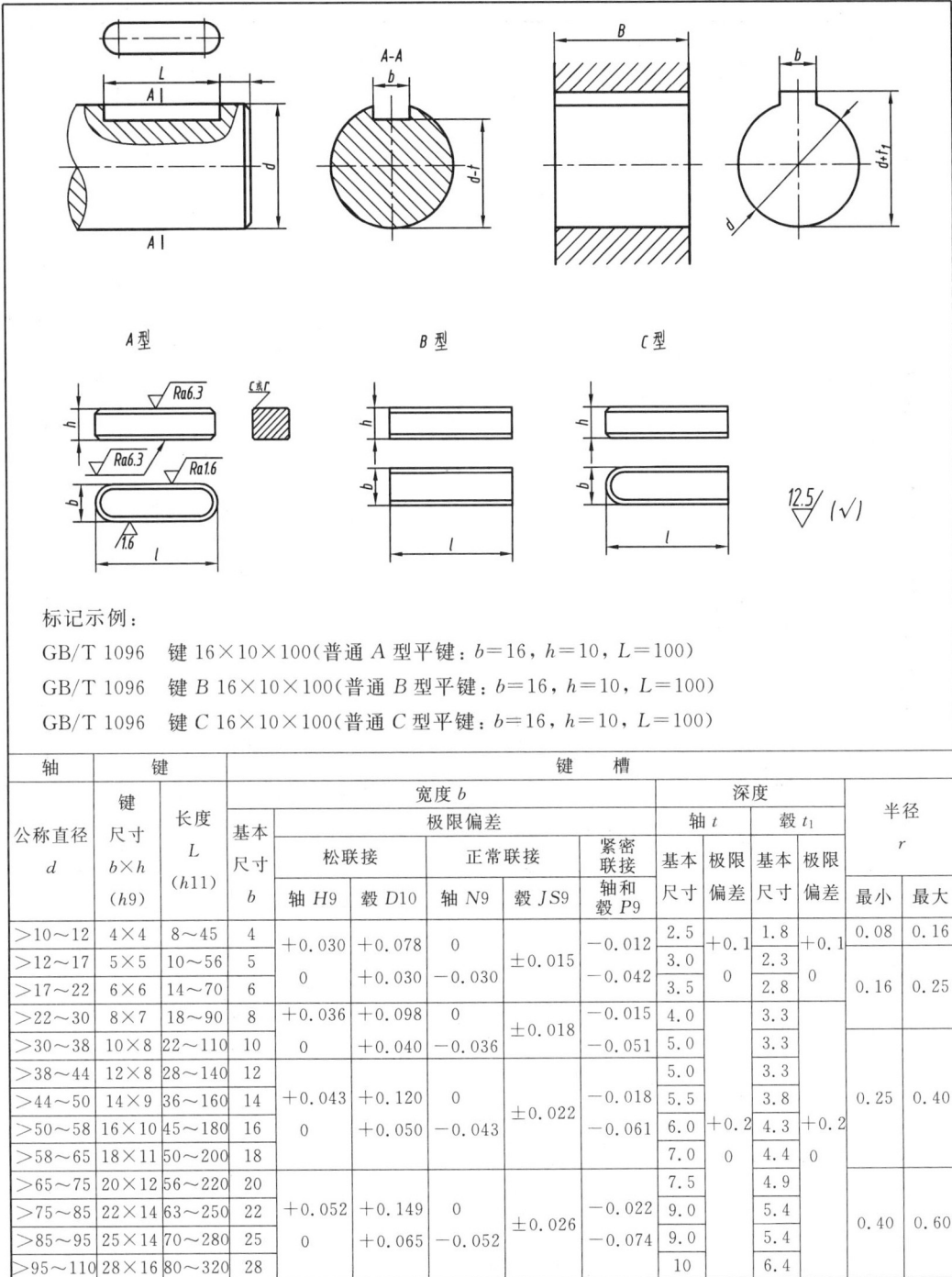

注:1. $(d-t)$ 和 $(d+t_1)$ 两个组合尺寸的极限偏差,按相应的 t 和 t_1 的极限偏差选取,但 $(d-t)$ 极限偏差应取负号(—)。

2. L 系列:6~22(2进位)、25、28、32、36、40、45、50、56、63、70、80、90、100、110、125、140、160、180、200、220、250、280、320、360、400、450、500。

3. 键 b 的极限偏差为 h9,键 h 的极限偏差为 h11,键长 L 的极限偏差为 h14。

附表 6 圆柱销（不淬硬钢和奥氏体不锈钢）（摘自 GB/T 119.1—2000）

（单位：mm）

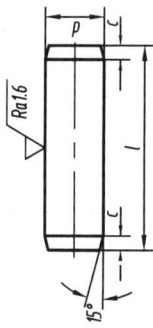

标记示例：

销 GB/T 119.1　6 m6×30

（公称直径 d=6、公差为 m6、公称长度 l=30，材料为钢，不经表面处理的圆柱销）

销 GB/T 119.1　6 m6×30—A1

（公称直径 d=10、公差为 m6、公称长度 l=90，材料为 A1 组奥氏体不锈钢，表面简单处理的圆柱销）

d（公称）m6/h8	2	3	4	5	6	8	10	12	16	20	25
c≈	0.35	0.5	0.63	0.8	1.2	1.6	2	2.5	3	3.5	4
l范围	6~20	8~30	8~40	10~50	12~60	14~80	18~95	22~140	26~180	35~200	50~200
l系列（公称）	2、3、4、5、6~32（2 进位）、35~100（5 进位）、120~≥200（按 20 递增）										

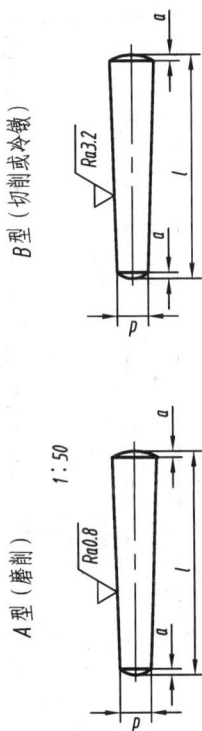

附表 7　圆锥销(摘自 GB/T 117—2000)

(单位：mm)

A 型(磨削)　　　　　B 型(切削或冷镦)

标记示例：

销　GB/T 117　10×60

(公称直径 d=10, 长度 l=60, 材料为 35 钢, 热处理硬度 28~38HRC, 表面氧化处理的 A 型圆锥销)

$d_{公称}$	2	2.5	3	4	5	6	8	10	12	16	20	25
$a≈$	0.25	0.3	0.4	0.5	0.63	0.8	1.0	1.2	1.6	2.0	2.5	3.0
$l_{商品}$	10~35	10~35	12~45	14~55	18~60	22~90	22~120	26~160	32~180	40~200	45~200	50~200
$l_{系列}$	2、3、4、5、6~32(2 进位)、35~100(5 进位)、120~200(20 进位)											

（单位：mm）

附表 8　开口销（摘自 GB/T 91—2000）

标记示例：

销　GB/T 91　5×50

（公称直径 $d=5$，长度 $l=50$，材料为低低碳钢，不经表面处理的开口销）

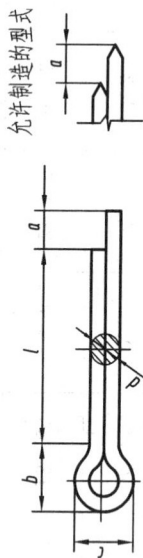

允许制造的型式

	公称	0.8	1	1.2	1.6	2	2.5	3.2	4	5	6.3	8	10	12
d	max	0.7	0.9	1	1.4	1.8	2.3	2.9	3.7	4.6	5.9	7.5	9.5	11.4
	min	0.6	0.8	0.9	1.3	1.7	2.1	2.7	3.5	4.4	5.7	7.3	9.3	11.1
c_{max}		1.4	1.8	2	2.8	3.6	4.6	5.8	7.4	9.2	11.8	15	19	24.8
b		2.4	3	3	3.2	4	5	6.4	8	10	12.6	16	20	26
a_{max}		1.6			2.5		3.2		4			6.3		
$l_{范围}$		5~16	6~20	8~26	8~32	10~40	12~50	14~65	18~80	22~100	30~120	40~160	45~200	70~200
$l_{系列}$		4、5、6~32(2进位)、36、40~100(5进位)、120~200(20进位)												

注：销孔的公称直径等于 $d_{公称}$，$d_{min} \leqslant$（销的直径）$\leqslant d_{max}$。

· 192 ·

附表 9 滚 动 轴 承 （单位：mm）

深沟球轴承 （摘自 GB/T 4459.7—1998）	圆锥滚子轴承 （摘自 GB/T 4459.7—1998）	推力球轴承 （摘自 GB/T 4459.7—1998）

标记示例：

滚动轴承 6308 GB/T 276—1994 ｜ 滚动轴承 30209 GB/T 297—1994 ｜ 滚动轴承 51205 GB/T 301—1995

轴承型号	d	D	B	轴承型号	d	D	B	C	T	轴承型号	d	D	H	d_{1min}
尺寸系列(02)				尺寸系列(02)						尺寸系列(12)				
6202	15	35	11	30 203	17	40	12	11	13.25	51 202	15	32	12	17
6203	17	40	12	30 204	20	47	14	12	15.25	51 203	17	35	12	19
6204	20	47	14	30 205	25	52	15	13	16.25	51 204	20	40	14	22
6205	25	52	15	30 206	30	62	16	14	17.25	51 205	25	47	15	27
6206	30	62	16	30 207	35	72	17	15	18.25	51 206	30	52	16	32
6207	35	72	17	30 208	40	80	18	16	19.75	51 207	35	62	18	37
6208	40	80	18	30 209	45	85	19	16	20.75	51 208	40	68	19	42
6209	45	85	19	30 210	50	90	20	17	21.75	51 209	45	73	20	47
6210	50	90	20	30 211	55	100	21	18	22.75	51 210	50	78	22	52
6211	55	100	21	30 212	60	110	22	19	23.75	51 211	55	90	25	57
6212	60	110	22	30 213	65	120	23	20	24.75	51 212	60	95	26	62
尺寸系列(03)				尺寸系列(03)						尺寸系列(13)				
6302	15	42	13	30 302	15	42	13	11	14.25	51 304	20	47	18	22
6303	17	47	14	30 303	17	47	14	12	15.25	51 305	25	52	18	27
6304	20	52	15	30 304	20	52	15	13	16.25	51 306	30	60	21	32
6305	25	62	17	30 305	25	62	17	15	18.25	51 307	35	68	24	37
6306	30	72	19	30 306	30	72	19	16	20.75	51 308	40	78	26	42
6307	35	80	21	30 307	35	80	21	18	22.75	51 309	45	85	28	47
6308	40	90	23	30 308	40	90	23	20	25.25	51 310	50	95	31	52
6309	45	100	25	30 309	45	100	25	22	27.25	51 311	55	105	35	57
6310	50	110	27	30 310	50	110	27	23	29.25	51 312	60	110	35	62
6311	55	120	29	30 311	55	120	29	25	31.5	51 313	65	115	36	67
6312	60	130	31	30 312	60	130	31	26	33.5	51 314	70	125	40	72
6313	65	140	33	30 313	65	140	33	28	36.0	51 315	75	135	44	77

附表 10　优先配合中轴的极限偏差(摘自 GB/T 1800.2—2009)　　(单位：μm)

公称尺寸/mm 大于	至	c11	d9	f7	g6	h6	h7	h9	h11	k6	n6	p6	s6	u6
—	3	−60 −120	−20 −45	−6 −16	−2 −8	0 −6	0 −10	0 −25	0 −60	+6 0	+10 +4	+12 +6	+20 +14	+24 +18
3	6	−70 −145	−30 −60	−10 −22	−4 −12	0 −8	0 −12	0 −30	0 −75	+9 +1	+16 +8	+20 +12	+27 +19	+31 +23
6	10	−80 −170	−40 −76	−13 −28	−5 −14	0 −9	0 −15	0 −36	0 −90	+10 +1	+19 +10	+24 +15	+32 +23	+37 +28
10	14	−95 −205	−50 −93	−16 −34	−6 −17	0 −11	0 −18	0 −43	0 −110	+12 +1	+23 +12	+29 +18	+39 +28	+44 +33
14	18	−95 −205	−50 −93	−16 −34	−6 −17	0 −11	0 −18	0 −43	0 −110	+12 +1	+23 +12	+29 +18	+39 +28	+44 +33
18	24	−110 −240	−65 −117	−20 −41	−7 −20	0 −13	0 −21	0 −52	0 −130	+15 +2	+28 +15	+35 +22	+48 +35	+54 +41
24	30	−110 −240	−65 −117	−20 −41	−7 −20	0 −13	0 −21	0 −52	0 −130	+15 +2	+28 +15	+35 +22	+48 +35	+61 +48
30	40	−120 −280	−80 −142	−25 −50	−9 −25	0 −16	0 −25	0 −62	0 −160	+18 +2	+33 +17	+42 +26	+59 +43	+76 +60
40	50	−130 −290	−80 −142	−25 −50	−9 −25	0 −16	0 −25	0 −62	0 −160	+18 +2	+33 +17	+42 +26	+59 +43	+86 +70
50	65	−140 −330	−100 −174	−30 −60	−10 −29	0 −19	0 −30	0 −74	0 −190	+21 +2	+39 +20	+51 +32	+72 +53	+106 +87
65	80	−150 −340	−100 −174	−30 −60	−10 −29	0 −19	0 −30	0 −74	0 −190	+21 +2	+39 +20	+51 +32	+78 +59	+121 +102
80	100	−170 −390	−120 −207	−36 −71	−12 −34	0 −22	0 −35	0 −87	0 −220	+25 +3	+45 +23	+59 +37	+93 +71	+146 +124
100	120	−180 −400	−120 −207	−36 −71	−12 −34	0 −22	0 −35	0 −87	0 −220	+25 +3	+45 +23	+59 +37	+101 +79	+166 +144
120	140	−200 −450	−145 −245	−43 −83	−14 −39	0 −25	0 −40	0 −100	0 −250	+28 +3	+52 +27	+68 +43	+117 +92	+195 +170
140	160	−210 −460	−145 −245	−43 −83	−14 −39	0 −25	0 −40	0 −100	0 −250	+28 +3	+52 +27	+68 +43	+125 +100	+215 +190
160	180	−230 −480	−145 −245	−43 −83	−14 −39	0 −25	0 −40	0 −100	0 −250	+28 +3	+52 +27	+68 +43	+133 +108	+235 +210
180	200	−240 −530	−170 −285	−50 −96	−15 −44	0 −29	0 −46	0 −115	0 −290	+33 +4	+60 +31	+79 +50	+151 +122	+265 +236
200	225	−260 −550	−170 −285	−50 −96	−15 −44	0 −29	0 −46	0 −115	0 −290	+33 +4	+60 +31	+79 +50	+159 +130	+287 +258
225	250	−280 −570	−170 −285	−50 −96	−15 −44	0 −29	0 −46	0 −115	0 −290	+33 +4	+60 +31	+79 +50	+169 +140	+313 +284
250	280	−300 −620	−190 −320	−56 −108	−17 −49	0 −32	0 −52	0 −130	0 −320	+36 +4	+66 +34	+88 +56	+190 +158	+347 +315
280	315	−330 −650	−190 −320	−56 −108	−17 −49	0 −32	0 −52	0 −130	0 −320	+36 +4	+66 +34	+88 +56	+202 +170	+382 +350
315	355	−360 −720	−210 −350	−62 −119	−18 −54	0 −36	0 −57	0 −140	0 −360	+40 +4	+73 +37	+98 +62	+226 +190	+426 +390
355	400	−400 −760	−210 −350	−62 −119	−18 −54	0 −36	0 −57	0 −140	0 −360	+40 +4	+73 +37	+98 +62	+244 +208	+471 +435
400	450	−440 −840	−230 −385	−68 −131	−20 −60	0 −40	0 −63	0 −155	0 −400	+45 +5	+80 +40	+108 +68	+272 +232	+530 +490
450	500	−480 −880	−230 −385	−68 −131	−20 −60	0 −40	0 −63	0 −155	0 −400	+45 +5	+80 +40	+108 +68	+292 +252	+580 +540

附表 11　优先配合中孔的极限偏差(摘自 GB/T 1800.2—2009)　(单位：μm)

公称尺寸/mm		公差带												
大于	至	C11	D9	F8	G7	H7	H8	H9	H11	K7	N7	P7	S7	U7
—	3	+120 / +60	+45 / +20	+20 / +6	+12 / +2	+10 / 0	+14 / 0	+25 / 0	+60 / 0	0 / −10	−4 / −14	−6 / −16	−14 / −24	−18 / −28
3	6	+145 / +70	+60 / +30	+28 / +10	+16 / +4	+12 / 0	+18 / 0	+30 / 0	+75 / 0	+3 / −9	−4 / −16	−8 / −20	−15 / −27	−19 / −31
6	10	+170 / +80	+76 / +40	+35 / +13	+20 / +5	+15 / 0	+22 / 0	+36 / 0	+90 / 0	+5 / −10	−4 / −19	−9 / −24	−17 / −32	−22 / −37
10	14	+205 / +95	+93 / +50	+43 / +16	+24 / +6	+18 / 0	+27 / 0	+43 / 0	+110 / 0	+6 / −12	−5 / −23	−11 / −29	−21 / −39	−26 / −44
14	18	+205 / +95	+93 / +50	+43 / +16	+24 / +6	+18 / 0	+27 / 0	+43 / 0	+110 / 0	+6 / −12	−5 / −23	−11 / −29	−21 / −39	−26 / −44
18	24	+240 / +110	+117 / +65	+53 / +20	+28 / +7	+21 / 0	+33 / 0	+52 / 0	+130 / 0	+6 / −15	−7 / −28	−14 / −35	−27 / −48	−33 / −54
24	30	+240 / +110	+117 / +65	+53 / +20	+28 / +7	+21 / 0	+33 / 0	+52 / 0	+130 / 0	+6 / −15	−7 / −28	−14 / −35	−27 / −48	−40 / −61
30	40	+280 / +120	+142 / +80	+64 / +25	+34 / +9	+25 / 0	+39 / 0	+62 / 0	+160 / 0	+7 / −18	−8 / −33	−17 / −42	−34 / −59	−51 / −76
40	50	+290 / +130	+142 / +80	+64 / +25	+34 / +9	+25 / 0	+39 / 0	+62 / 0	+160 / 0	+7 / −18	−8 / −33	−17 / −42	−34 / −59	−61 / −86
50	65	+330 / +140	+174 / +100	+76 / +30	+40 / +10	+30 / 0	+46 / 0	+74 / 0	+190 / 0	+9 / −21	−9 / −39	−21 / −51	−42 / −72	−76 / −106
65	80	+340 / +150	+174 / +100	+76 / +30	+40 / +10	+30 / 0	+46 / 0	+74 / 0	+190 / 0	+9 / −21	−9 / −39	−21 / −51	−48 / −78	−91 / −121
80	100	+390 / +170	+207 / +120	+90 / +36	+47 / +12	+35 / 0	+54 / 0	+87 / 0	+220 / 0	+10 / −25	−10 / −45	−24 / −59	−58 / −93	−111 / −146
100	120	+400 / +180	+207 / +120	+90 / +36	+47 / +12	+35 / 0	+54 / 0	+87 / 0	+220 / 0	+10 / −25	−10 / −45	−24 / −59	−66 / −101	−131 / −166
120	140	+450 / +200	+245 / +145	+106 / +43	+54 / +14	+40 / 0	+63 / 0	+100 / 0	+250 / 0	+12 / −28	−12 / −52	−28 / −68	−77 / −117	−155 / −195
140	160	+460 / +210	+245 / +145	+106 / +43	+54 / +14	+40 / 0	+63 / 0	+100 / 0	+250 / 0	+12 / −28	−12 / −52	−28 / −68	−85 / −125	−175 / −215
160	180	+480 / +230	+245 / +145	+106 / +43	+54 / +14	+40 / 0	+63 / 0	+100 / 0	+250 / 0	+12 / −28	−12 / −52	−28 / −68	−93 / −133	−195 / −235
180	200	+530 / +240	+285 / +170	+122 / +50	+61 / +15	+46 / 0	+72 / 0	+115 / 0	+290 / 0	+13 / −33	−14 / −60	−33 / −79	−105 / −151	−219 / −265
200	225	+550 / +260	+285 / +170	+122 / +50	+61 / +15	+46 / 0	+72 / 0	+115 / 0	+290 / 0	+13 / −33	−14 / −60	−33 / −79	−113 / −159	−241 / −287
225	250	+570 / +280	+285 / +170	+122 / +50	+61 / +15	+46 / 0	+72 / 0	+115 / 0	+290 / 0	+13 / −33	−14 / −60	−33 / −79	−123 / −169	−267 / −313
250	280	+620 / +300	+320 / +190	+137 / +56	+69 / +17	+52 / 0	+81 / 0	+130 / 0	+320 / 0	+16 / −36	−14 / −66	−36 / −88	−138 / −190	−295 / −347
280	315	+650 / +330	+320 / +190	+137 / +56	+69 / +17	+52 / 0	+81 / 0	+130 / 0	+320 / 0	+16 / −36	−14 / −66	−36 / −88	−150 / −202	−330 / −382
315	355	+720 / +360	+350 / +210	+151 / +62	+75 / +18	+57 / 0	+89 / 0	+140 / 0	+360 / 0	+17 / −40	−16 / −73	−41 / −98	−169 / −226	−369 / −426
355	400	+760 / +400	+350 / +210	+151 / +62	+75 / +18	+57 / 0	+89 / 0	+140 / 0	+360 / 0	+17 / −40	−16 / −73	−41 / −98	−187 / −244	−414 / −471
400	450	+840 / +440	+385 / +230	+165 / +68	+83 / +20	+63 / 0	+97 / 0	+155 / 0	+400 / 0	+18 / −45	−17 / −80	−45 / −108	−209 / −272	−467 / −530
450	500	+880 / +480	+385 / +230	+165 / +68	+83 / +20	+63 / 0	+97 / 0	+155 / 0	+400 / 0	+18 / −45	−17 / −80	−45 / −108	−229 / −292	−517 / −580

参 考 文 献

[1] 姜勇，王辉辉. AutoCAD 2011 中文版基础教程[M]. 北京：人民邮电出版社，2011.10.

[2] 肖静，唐立新. 中文版 AutoCAD 2011 实用教程[M]. 北京：清华大学出版社，2011.6.

[3] 徐亚娥. 机械制图与计算机绘图[M]. 2 版. 西安：西安电子科技大学出版社，2009.4.

[4] 杨惠英，王玉坤. 机械制图[M]. 北京：清华大学出版社，2011.12.

[5] 高雪强，李才泼，葛敬侠，等. 机械制图[M]. 北京：清华大学出版社，2011.1.

[6] 高金莲. 工程图学[M]. 北京：机械工业出版社，2011.9.

[7] 王冰，邢伟. 机械制图与 AutoCAD[M]. 北京：航空工业出版社，2012.5.

[8] 安增桂，田耘. 机械制图[M]. 北京：中国铁道出版社，2011.8.

[9] 刘炀. 现代机械工程图学[M]. 北京：机械工业出版社，2012.7.